麻春夏

刘继祖
王红梅 著
任稳江

兰州大学出版社
LANZHOU UNIVERSITY PRESS

图书在版编目（ＣＩＰ）数据

胡麻春夏 / 刘继祖，王红梅，任稳江著. -- 兰州 ：
兰州大学出版社，2019.9
ISBN 978-7-311-05692-6

Ⅰ．①胡… Ⅱ．①刘… ②王… ③任… Ⅲ．①胡麻－
栽培技术 Ⅳ．①S565.9

中国版本图书馆CIP数据核字(2019)第209434号

策划编辑　赵　方
责任编辑　张　萍　赵　方
封面设计　宋　琦

书　　名　胡麻春夏
作　　者　刘继祖　王红梅　任稳江　著
出版发行　兰州大学出版社　（地址：兰州市天水南路222号　730000）
电　　话　0931-8912613(总编办公室)　0931-8617156(营销中心)
　　　　　0931-8914298(读者服务部)
网　　址　http://press.lzu.edu.cn
电子信箱　press@lzu.edu.cn
印　　刷　白银兴银贵印务有限公司
开　　本　710 mm×1020 mm　1/16
印　　张　23(插页2)
字　　数　365千
版　　次　2019年9月第1版
印　　次　2019年9月第1次印刷
书　　号　ISBN 978-7-311-05692-6
定　　价　78.00元

前　言

《胡麻春夏》是本日记体的胡麻记述。

始于早春胡麻播种，终于盛夏胡麻打碾装袋，每日一记。记着所见所闻，书着所思所想。笔触所到万变不离胡麻，有时从胡麻说开去，有时在云遮雾罩中回归胡麻。时而今年，时而去年，或者前年，甚至上推七八年。为着不同层次之感受，在专业与非专业间时有转换。凡罗列着无非胡麻之人和事。

2008年，受国家胡麻产业技术体系首席科学家党占海（甘肃省农科院作物所所长）研究员大力支持，白银胡麻进入国家体系，在白银市农科所组建国家胡麻产业技术体系白银综合试验站。

从此，白银胡麻成为中国胡麻国家队之一员。

长期之研究，对胡麻其作用、白银胡麻之特色、胡麻社会地位之认识均有加深。10年努力，白银胡麻已呈三大块区域生产特点，富含自然、生产境况及人文环境：祖厉河流域之旱作区——节本增效地膜栽培；黄河流域之灌溉区——高产高效间作套种栽培；井泉灌溉之砂田区——胡麻后复种栽培。

白银胡麻，水地、旱地均有种植，半干旱区、干旱区亦有分布，黄土高原丘陵地带、腾格里沙漠过渡地带兼而有之。立于干旱带和沙漠绿洲之上，论产量，有灌溉之保障；论品质，有昼夜温差之支撑。特色之明显，位置之突出，全省稀缺，全国少有。

芊芊胡麻田，条条根系纤小，束束枝条羸弱，朵朵花儿内敛。胡麻以低调示人，以柔克刚，凡大智者若愚。胡麻顶凌下种，破坚土而出苗，经风霜见雨雹，练就一身圣果金种，把人体必须又无法合成之亚麻酸富集于一体，把全身贡献给人类。百折不挠、乐于奉献可谓胡麻之精神。

无论何处，不出百里便有胡麻之地名，胡麻湾、胡麻岭、胡麻咀、胡麻梁，不一而足；胡麻很入歌，古往今来遍有胡麻之歌传颂；传统社会，逢年过节，灯火辉煌，燃的均是胡麻油灯；农村唱戏耍社火，都有胡麻油之功劳。胡麻毛沤制，胡麻用品饰品织造、老油坊胡麻油压榨，技艺之精湛、工艺之优雅，独一无二。一株胡麻，派生出多少非物质文化遗产。胡麻非限于食物，实为文化之要。

春寒料峭，撒向大地的胡麻种子，犹如赤色的金豆子；初夏时节，一片翠色田间，是不假任何调色之养眼绿；仲夏之早晨，挑着晶莹的露水，胡麻花绽放，玲珑剔透，酷似蓝宝石。夏末秋初，通体金黄，满世界遍布富贵色，金黄色的秸秆、金黄色的果子……

10年研读，10年迷恋。在白银，胡麻生于春，长于夏，是本无尽的鸿篇之巨制，字里行间满布奥妙，众多人等力图破解，小有斩获，多有迷茫。

基于职责，重在情感，借在国家胡麻产业技术体系工作之际，挥粗笔对胡麻以歌之，以咏之。

本书的出版得到了国家现代农业产业技术体系、原国家胡麻产业技术体系、国家特色油料产业技术体系的大力支持，在此表示衷心的感谢！

另外，国家特色油料产业技术体系胡麻白银综合试验站成员和部分农民技术员（以姓氏笔画为序）马泉芳、马海灵、王新民、孙小东、任亮、刘万景、刘小娥、杜世坤、李长衡、李文婷、李雨阳、杨继忠、陈彩霞、范立荣、赵生军、赵宝勰、赵振宁、俞华林、曾芳全、强旭阳等做了大量的试验示范工作，提供了相关资料，参与了本书个别篇目的撰写，在此也表示衷心的感谢！

目　录

2月19日　　乐业

2015年　星期四　农历正月初一　乙未年　【羊年】——雨水
2016年　星期五　农历正月十二　丙申年　【猴年】——雨水
2017年　星期日　农历正月廿三　丁酉年　【鸡年】

2017年2月19日，全市晴。

一

种庄稼
是干自己不愿做的事
出于无奈。
做科研
是干自己感兴趣的事
发自内心。
所谓乐业
大概就是
干自己感兴趣的事。

二

周五（2月17）
到XX
后又到YY
都是琢磨改机子的事。
看着市面上那些机子
叹服好构思
又惋惜制作很粗糙。
大概
人们都是

用精力到七成就打住了
如此
便构成了百姓群体。
如果
用精力到九成
可能就是科学家。
再加一把劲
到九九成
可能就是鼻祖级的
姑且叫圣人吧。
这回
我准备用精力到九成。

三

周日
到乡下
寻访机子组装者。
这村，那村
那村，这村
转了老半天
就是找不到。
川地找庄子
不比山地

大家都在一个平面上
谁也看不见谁
当看见时
已在眼前了。

四

有小Z
很能干
组装机子一件件
说到研制他不干。
做研制
可好玩
经济效益能翻番
自主产权最值钱。
要研制
也能行
至少要做一百台
再少咱就说拜拜。
磨到下午3点才说拜。

五

一路返回
又饿又沮丧

还得定西找三牛。
相约在周一
你说改
咱就改
年要过翘倩（定西方言：好的意思）
事要办亮嚣。

六

人有特长很下贱
因为别人不在乎你的特长
有时还爱窝个头子（会宁方言：意同枪打出头鸟）
恰好
我没有特长。
人有兴趣也很下贱
因为你与别人的兴趣不合拍
不妙
我有时有一点个人兴趣。
怎么办
干你感兴趣的事
让自己乐去吧！

3月4日　　到农家

2015年　星期三　农历正月十四　乙未年　【羊年】

2016年　星期五　农历正月廿六　丙申年　【猴年】

2017年　星期六　农历二月初七　丁酉年　【鸡年】

2017年3月4日，全市晴间多云。

一

2015年的今天是正月十四。正月十四应该干什么？放在过去，一整天要准备荞面灯盏，和面，做各种各样的造型，然后上笼蒸。小孩的主要任务是搓棉花捻灯芯。做灯捻子单调，但是个技术活，要把棉花扯匀，双手轻轻地捻，捻到半松不紧时，双折子折过来，让它自动打旋扭成绳子，再轻捋一下，一根灯芯就做好了。手妙的可以做成四股子的灯芯，也就小孩子孥指头那么粗。小孩做灯芯一般不太做得好，先是棉花扯不均匀，再是绳子捻不好，往往把手心里的搓得太紧，搓死了，吸不上油，中间的又虚笼笼的，像长虫（蛇）吸了鸟儿。每年的灯芯都是小孩做，小孩每年都要挨骂。

二

小孩最爱捏灯盏，一团荞面可以任意捏。但就因为可以任意捏，小孩捏灯盏是要被限制的。但小孩也是可以捏几个的，如自己的、大人的属相等等。小孩捏的灯盏一般是会受到夸奖的，可能是小孩手妙，也可能是小孩捏得即使丑一点也可爱。捏灯盏虽有任意性，但也有讲究，正月十五晚，王母娘娘都要到处去观灯的，如果有丑了吧唧的灯，或者冒犯天威的什么形状的灯，老太太降下罪来，那可是吃不了得兜着走。

三

2015年的昨天我们下乡，直接到了农村。因为春播就在眼前，顾不得年味还没散尽。十五还没过，就刮起了黄风土雾，家家关门闭户，连敲了几家门，他们都懒得开，就连大门口的狗都躲进窝里懒得叫唤。好不容易进了一户人家，主人一点也没表现出惊讶，或者惊喜。女主人在炕上窝着双腿坐着，抬了抬屁股算是让座，究竟抬了没抬，其实谁也没注意到，权当抬了抬，估计抬了一下。男人在地上应酬了几句，接着与来串门的娃他四奶奶继续聊。娃四奶奶说：今日趁着出来倒灰的时间来浪一下，看看你的新房子真的好得很。男人说：我把窗子做大了些。娃四奶奶说：对，这个亮得很。女人说：房顶棚也打了。娃四奶奶说：对，这个封闭得很好。女人说：暖和，四妈妈。娃四奶奶说：一点都不冻，好得很。

四

那天我们都饿了，从白银早八点出门，到农民家时已经下午两三点了。进农家，想着是一边联系工作，一边吃点饭。我们喝着黑乎乎的罐罐茶，越喝越觉得胃酸。和主人说了几句找个平而大的地搞胡麻试验示范的事，因为主人打算要到北京定居，对务了大半辈子的农业已不怎么感兴趣，话题总是被转移。男女主人忙着给娃四奶奶说房子，我们就见缝插针地把话题往饭上引，就说：你们这里有社火吗？过去耍社火是要给社火匠吃锅子的，炭火烧得"啪嗒嗒"的，吃起来那个香啊。女人说：凉水都没有，谁冻手冻脚地给他们装锅子。娃四奶奶说：我要走了，你们好好谝着。他四奶奶出来了，我们也就跟着出来了。因为我们还想着到他四奶奶家走一遭呢。出了大门，走到岔路边，他四奶奶对我们说：从这儿上去了，你们几个到那儿下去就到大路上了，那是连接高速的一条路，一直走就没错。

正说着，一阵黄风袭来，两眼土雾！

3月5日　　这九年

2015年　星期四　农历正月十五　乙未年　【羊年】

2016年　星期六　农历正月廿七　丙申年　【猴年】——惊蛰

2017年　星期日　农历二月初八　丁酉年　【鸡年】——惊蛰

2017年3月5日，全市晴。

2015年的今天是元宵节，2016年和今年的今天都是惊蛰。在白银市，只有平川和景泰的黄河河谷地带开始播种小麦，其他地方要在一周后才能陆续开犁。

算上今年，国家胡麻产业技术体系白银综合试验站的工作已进入第九个年头了。九年来，借国家产业技术体系之力，白银胡麻进入了发展的新高地。

一是孵化了一批胡麻关键技术。坚持连续多年多点的跟踪观测和调查研究，积累了大量的基础数据、日志、图片和标本，基本掌握了胡麻营养参数、主要病害消长规律、干物质积累动态等。明确了胡麻主要产区主攻方向及关键技术：旱作区实施节本增效栽培，主打地膜覆盖技术，减少和逐步取消露地胡麻栽培；沿黄灌区实施高产高效栽培，主打间作套种技术，减少和逐步取消胡麻单作栽培；砂田区实施高效栽培，主打间作套种和胡麻后复种技术。形成了"以产量为主，辅之以抗旱、抗病、抗倒"品种选择的"一主三辅"原则，提出旱作区亩产100kg左右，灌区亩产150kg以上的目标。明确了胡麻施肥标准，沿黄灌区效益最大化施肥标准是：亩施纯氮8.16kg、五氧化二磷4.87kg，适当施用钾肥。引进了2款收割机，研发了1款大型地膜胡麻穴播机、2款地膜胡麻手扶穴播机、1款露地胡麻大型宽幅条播机、1款露地胡麻手扶宽幅条播机、1款带田一体播种机等6款播种机械。确定了胡麻病虫草害无公害防控方针：秉持绿色理念，视虫情病害综合防治，可防可不防——不防。确立了"重施优质农家肥、适度施用油渣、配合施用化肥"的胡麻高值化关键技术。胡麻玉米同期播种创新研究取得成功，玉米播期提前近一个月，3月20日左右与胡麻同期播种。

二是培养了一批白银农业科研工作者。长期而稳定的经费支持，使科研人员能够安心而放心地开展工作。以问题为导向的科研方针，使科研人员能够针对当地当时的实际情况开展研究，解决实际问题。九年来，先后有37名科研人员参与胡麻产业技术体系建设，有15名科研人员晋升了技术职称。

三是为白银胡麻发展提供了技术支撑。在胡麻生产上，针对旱作、沿黄灌溉、砂田三大生产片区，提出了目标指向和技术方案，通过"科普大篷车"流动宣传，免费送技术、送种子、送农药及培训，实现了"优良品种、间作套种、地膜胡麻"等一批关键技术的基本普及，促进了白银胡麻产业的发展。

九年来的基本做法和经验，一是跟进党和政府对农业的战略部署，保证科研命题的时代性。置身大背景，建设"小"胡麻。以中央一号文件为指导，以提高土地产出率、资源利用率、劳动生产率为主要目标，提倡研究技术简约化，运用技术高效化，把绿色发展理念体现在体系建设全过程。二是关注胡麻科技的前沿信息，保持科研水平的先进性。借鉴国际国内胡麻栽培先进技术，针对白银市胡麻产业现状，在品种方面以引进为主，在栽培技术方面以原创为主，在产业发展方面以宣传引导为主，努力体现创新发展的理念。三是结合农业结构重大调整，增强科研工作的针对性。围绕农业结构、农村劳动力结构调整，把胡麻作为种植业的有机组成、21世纪功能性食品来对待，较好地体现了协调发展的理念。四是针对胡麻发展的主要问题，提高科研成果的实用性。

建设胡麻产业技术体系，我们的心得和体会是：一要树立农业最终要靠科技解决问题的主体自信，突出农业科研的地位。在生产、市场、科技融合的现代化农业体系中，科技具有决定性的作用。二是提振农业科学家的职业自信，发挥科研人员的积极作用。三是建立大农业深层次的农业科研，拓展农业科研领域。胡麻产业正处在传统农业到现代农业发展的瓶颈期，我们要按照国家产业技术体系的定位，围绕"地头到餐桌"一条线，不断扩展研究领域，不断加深研究层次，全方位促发展。四是把出成果与产业化结合起来，深化对科研目标的认识。

3月12日　　农民工

2015年　　星期四　　农历正月廿二　　乙未年　　【羊年】

2016年　　星期六　　农历二月初四　　丙申年　　【猴年】

2017年　　星期日　　农历二月十五　　丁酉年　　【鸡年】

2017年3月12日，雪后第一天。

雪的世界白茫茫一片，看得人眼晕。雪的世界不忍留下印记，任何的扰动都是对雪的否定。原本要下乡进地工作的我们，只有等待雪的离去。原本要出门进城打工的农民工们，也只有等待雪的离去。

农民工的家在农村，工作场地在城市。我们的家在城市，工作的场地在农村。我们指导他们的父母妻儿种地，他们为我们美化生活环境。就这样有紧密联系的两个群体，在一年之内却是失之交臂的。

2013年，我曾写过一段有关农民工的短文，今天借着雪后的闲暇，附录如下：

年味还未褪尽

你又换上了那件西装

虽然是从旧衣摊买来的

好帅啊——妻子惊讶地说

亲亲熟睡的孩子

瞥一眼老迈的爹娘

捧一把妻子红红的脸蛋

你又扛起了那个彩条袋

那是陪伴你多年的行李包

这才是我永远的伴侣——你对妻子说

回家来，装着一家人的希望

打工去，盛着全家人的祝福

你躺在工棚里

数着天上的星星

怎叫人好不伤心——你吼道

老婆！孩子！热炕头——

几十条汉子齐刷刷地呐喊

你像蜘蛛侠

天上地下——上蹿下跳

这就是当年爬不上低杠的你

你不是在劳动

你不是在挣钱

你是用生命在豪赌

你端起盘子
对客人把美味佳肴奉上
哪一瓶都值一个月的工钱

哪一盘都能把人馋死

你最会抽烟
烟在肚子里荡气回肠
二龙戏珠——你说
口吐烟圈滴溜溜旋转
鼻孔里喷出两道烟龙你追我赶

回家了——你几乎喊道
你对着一年的工钱说
老人家受委屈了
随后就缝进了脏兮兮的裤头里
你又穿起了那件西装
你又扛起了那个彩条袋
晨曦中年味扑面而来
……

3月13日　　无尽的雪

2015年　　星期五　　农历正月廿三　　乙未年　【羊年】

2016年　　星期日　　农历二月初五　　丙申年　【猴年】

2017年　　星期一　　农历二月十六　　丁酉年　【鸡年】

2017年3月13日，全市仍有雪花飘过，天际灰蒙蒙的。

正当准备播种的时候，就在前天，一场瑞雪不期而至。雪降得无声无息，当早起准备煨炕生火炉子的李大娘"吱呀——"一声推开门的时候，惊呆了！

噢——满世界一片白啊！有半尺厚啊！

下午我在微信里写了有关这场雪的一段话：预测比下雪重要。

上周在会宁，都喊叫：干得很啊，一冬没下雪了，到现在都没有一个雪片片。

踩着厚厚的土，心里本就烦烦的，又被这么到处喊，着实烦上加烦。有次实在受不了了，我就当着众人说：不要喊，保准雪下起来让你种不了地！此话有会宁老任、老范为证。今天，刚刚，老范打电话来，说：啊呀，神仙！我说：低调，低调！

是这场雪太让白银人兴奋，我也是意犹未尽，在雪消融过后的3月25日，在微信朋友圈中专门记录了这场春雪。

春雪

一

3月10号这周
我在下乡
乡间的路上
是尺把深的土

待播的土地
已经解冻
其实
土壤干燥
无所谓解冻

二

啊呀

一冬无雪
半春干
老天爷把我们忘了
整个农村
在喊这句话
人人在喊
喊得人人心烦

三

本来要生长庄稼的土
却在空中飞扬
本来已经布满皱纹的
脸
又得紧锁眉头
我
实在想不出
安慰的话
哪怕一句

四

就在那个
灰蒙蒙的早晨
我稀里糊涂地
接过别人的话茬
不耐烦地说
喊什么喊
保准下得进不了地
一句话让大家愣住了
沉默
短暂的沉默
之后

该干嘛干嘛去了
好像没听见似的

五

那个周结束后
老天爷把一场春雪
结结实实地
盖在了大地上
包括那浮土，那担忧
还有我那不经意的
一句话
都化作了春泥
……

3月14日　　善待你的单位

2015年　星期六　农历正月廿四　乙未年　【羊年】
2016年　星期一　农历二月初六　丙申年　【猴年】
2017年　星期二　农历二月十七　丁酉年　【鸡年】

2017年3月14日，全市雪后一片银色。

雪后是等待，一切都等雪化时。

在等待雪化的日子里，心情是少有的恬静。从宽大的窗子望过去，单位的一切都被厚厚的积雪盖住了，好的赖的，新的旧的，一切都显得那么安详。

说到单位，就想起了人民网一篇叫《善待你的单位》的文章，这篇文章在2015年很火，我们单位还专门集体学习过。

文章好啊，好就好在把单位对个人的好说透了、说到点子上了，它的思想和内容让我产生了共鸣。就在2016年的1月10日（2015年腊月初一），我把它编成了顺口溜，并发在了我的微信朋友圈里。

雪后的今天，我再把它放在这里，也算是我对单位的一点眷念一点真情流露。因为，后面我要说的人和事都是单位里的人和事，都是因为这些人和事，单位才有了故事……

一　单位

你是草，要生长，
单位就把你培养。
你是鸟，要飞天，
单位苍穹任你旋。
你是鱼，要遨游，
单位就是四大洋。
闯社会，要沟通，
单位架桥一条龙。
找他人，把事办，
单位连接最方便。
图进步，要显才，
单位就是大舞台。

二　珍惜

珍惜工作最重要，
千万不要去胡闹。
能多干，就多干，
你的上司会看见。
工作关系要珍惜，
宁受委屈不争理。
守规矩，不拆台，
做个坏人划不来。
已经有的要珍惜，
攀来比去把心失。
一旦失，不再来，
悔之晚矣去不回。

三　忌讳

第一忌讳记心扉，
自己工作不要推。
第二忌讳如重锤，
愚弄他人最不该。
第三忌讳似尖锥，
心不下沉万事亏。
三忌讳，是炸雷，
轰隆轰隆把你捶。
下三烂，不可为，
别把愚蠢当牛吹。
臊杆人，要远离，
警惕搬是和弄非。
说大话，很是衰，
苍蝇蚊子比你贼。

小聪明，耍不得，
智慧人士一排排。

四　旁观

干工作，不要玩，
谦虚谨慎有内涵。
一人做，众人观，
人人都把你看穿。
重团结，练品行，
能力不足要攻关。
离开你，单位转，
善待单位不敢慢。

五　历史

君不见，

刘玄德东躲西藏，
为单位急急忙忙。
君不见，
孙悟空一身本领，
为单位大闹天宫。
君不见，
宋公明逼上梁山，
为单位接受招安。
君不见，
贾宝玉耍得疯癫，
没单位结局太惨。

善待你的单位吧！

3月15日　　白银大地

2015年　星期日　农历正月廿五　乙未年　【羊年】

2016年　星期一　农历二月初七　丙申年　【猴年】

2017年　星期四　农历二月十八　丁酉年　【鸡年】

2017年3月15日，全市雪后大晴。

白银是一个美好的名字，白银市是一块宝地。早在汉代就有采矿业，明朝洪武年间（1368-1398），"松山之南，矿炉20座"，采矿点30余处，开采人员盛时达三四千之众，"日出斗金，集销金城"，官方在距市区10公里处凤凰山、火焰山、铜厂沟专设办矿机构"白银厂"。白银市缘此而得名。

已经发现新石器时代的文化遗址有16处之多，说明距今5000多年前就有人类在这里繁衍生息。西汉以后，境内置祖厉、鹑阴、媪围三县，西魏至唐，属古会州之地，唐末五代至北宋前期，为吐蕃所据。北宋以后，又长期为宋、西夏、金争战的前沿。明置靖虏卫、会宁县，清置红水分县（今属景泰县）、打拉池分县（今属平川区）。民国以后形成了靖远、会宁、景泰三县建制的格局。

民国时期，白银是共产党人浴血奋战的地方之一。1936年10月，举世闻名的中国工农红军一、二、四方面军会师会宁，在中国革命史册上，写下了光辉的一页。

截至2016年，白银市辖会宁、靖远、景泰三县和白银、平川二区。五县区16个乡53个镇，9个街道办事处，107个居民委员会和702个村民委员会。人口约172万人。总面积2.12万平方公里，占甘肃总面积的4.4%。东西宽174.75公里，南北长249.25公里。总耕地464.96万亩，农田有效灌溉面积152.97万亩。

白银市地处东经103°33'~105°34'，北纬35°33'~37°38'，位于黄河上游甘肃省中部地带，东与宁夏回族自治区中卫、海原、西吉县接壤，东南与平凉市静宁县相连，南部及西南部与定西市通渭县、安定区为界，西与兰州市榆中、皋兰、永登县毗邻，西北与武威市天祝、古浪县接壤，北面及东北与内蒙古自治区阿拉善左旗及宁夏回族自治区中卫市连接。

白银市属腾格里沙漠和祁连山余脉向黄土高原过渡地带，地势由东南向西北倾斜，海拔1275～3321米。全境呈桃叶形狭长状，黄河呈"S"形在腰中贯穿全境，将市内地形分为西北与东南两部分。自西北向东南，景泰、靖远、会宁三县城呈一字形构成桃叶主茎；自西向东，白银区、靖远、平川区呈一字形横列桃叶中心。黄河流经白银市258公里，占黄河甘肃段的58%，流域面积14710平方公里。水资源总量387.16亿立方米，其中地表水资源总量386.19亿立方米，主要由黄河水系及其支流祖厉河水系构成；地下水0.97亿立方米。可利用总水量为329亿立方米。

白银市为中温带半干旱区向干旱区的过渡地带。年平均气温6～9℃，年降水量180～450㎜，多集中在7、8、9三个月，占全年降水量的60%以上，属东南季风气候西北部边缘区，年蒸发量达1500～1600㎜，是年均降水量的4.5倍。北部景泰县年蒸发量最高达3390㎜。白银气候四季分明，日照充足，夏无酷暑，冬无严寒。

白银市农作物品种丰富，优质农产品种类繁多，农作物播种面积460.14万亩。粮食作物有小麦、玉米、马铃薯、水稻、糜谷、荞麦、豆类等20多种；经济作物有胡麻、啤酒大麦、甜瓜籽等；瓜果类有西瓜、甜瓜、苹果、梨、桃、杏、葡萄、红枣等20多种（60多个品种）。

白银境内有伏羲、女娲的传说，有大禹治水的遗迹，有原始文明的彩陶和石器，有见证各民族纷争和交融的长城，有丝绸之路的渡口，有红军长征胜利会师的圣地，有震惊世界的露天矿大爆破，有传统工业发展的辉煌，有恢复建市后新一轮发展的转折和崛起，这一切共同构成了一道道绚丽风景，形成了白银丰富的文化内涵。

"一五"时期，全国各地大批干部、工程技术人员和工人奔赴白银，全国精英汇聚白银，为白银提供了高素质的人才，外来人口占到了总人口的80%，使白银成为一座典型的移民城市。现在，这里生活着23个民族，长期的民族大融合，使这一地区群众的生产、生活习惯具备了鲜明特征。继承和发展了蒙古族、回族的饮食习惯，形成了餐饮名牌——靖远羊羔肉；居室既有按中原习惯建造的瓦房，也有按陕北模式构筑的窑洞，还有游牧民族帐篷的痕迹……在人的性格上也同时具备善良厚道、吃苦耐劳、剽悍勇猛、友善谦让等多民族散杂居地区的特点。这种多民族融合的文化特征在全国是比较少见的，孕育出了艰苦奋斗的白银精神，形成了白银文化永不衰竭的源泉。

3月16日　　砂田

2015年　星期一　农历正月廿六　乙未年　【羊年】

2016年　星期三　农历二月初八　丙申年　【猴年】

2017年　星期四　农历二月十九　丁酉年　【鸡年】

2017年3月16日，全市阴天，有沙尘。

国家胡麻产业技术体系白银综合试验站的同志来到平川区宝积镇吊沟村，指导农民种植胡麻展示田。吊沟这个地方是水砂田，距离黄河较近，海拔1400多米，≥10℃的有效积温3000℃左右，在白银市范围内属于地势较低，气温较高，作物播种最早的地区之一。其他展示点，如海拔在2000米左右的南部山区的党家岘，农民们正围着火炉喝罐罐茶拉家常呢，而吊沟的农民已经操起了农具，进入了繁忙的春耕春播。

1987年土壤普查统计显示，白银市共有砂田68.02万亩，分别占总耕地和"三田"面积的11.62%和34.13%。白银市砂田分布较广，其中景泰县最多，占砂田总面积的42%，主要分布在寺滩乡老虎山、永泰村、芦阳镇米家山北麓一带；其次是靖远县，分布在高湾、刘川、乌兰等镇；平川区的共和、水泉镇和白银区的武川乡也有一定的数量；会宁县最少，零散分布在甘沟驿镇以北的祖历河流域。

砂田是劳动人民长期与干旱斗争，为适应干旱少雨及盐碱地而创造的耕作方法。吊沟是砂田的故乡，这里的农民祖祖辈辈以作务砂田为主。所谓砂田，就是将蚕豆大到拳头大的石子整齐地铺压在平整的土地上，厚为5~8cm，干旱的土地通过铺压石子可以起到保水、保温、蓄水、增温的效果。

铺压砂田是一项很大的工程。要从很远的河沟里挖砂，并经过一定的筛选程序，将砂中的泥土和细砂以及直径过大的石头去掉。挖砂筛砂是一项非常吃力的重体力劳动，但更辛苦的是运砂。运砂有多种方式，劳动方式的先进与否与生产力发展水平息息相关。

家里劳动工具充裕，条件比较好的，套辆小毛驴车，老婆在前面拉着驴，驴拉着车，老公在后面推车，还不时吆喝两声，吆喝声中连驴带老婆裹挟在一起，外人实难分清。条件次的，是人拉车了，老公在前面背着拉绳拉着车，老婆在后面推着车。拉车和推车都是弯腰90度的行走，特别是上坡拉车，"吭哧"前行一步，前腿弓后腿绷，膝盖都要顶到下巴了。更差的，就是男人挑女人背了，一亩砂田需要40方石子，一个人一次最多可以挑100斤。而且挖石取砂的地方都是深沟大涧，道路崎岖陡峭，行路非常困难，来回运砂的难度有多大，可想而知。

铺压好的砂田，前十年的叫新砂田，第二个十年的叫中砂田，第三个十年的叫旧砂田，所以当地的农民就有"苦死爷爷，笑死爸爸，愁死孙子"的说法。

砂田作物的种植比较独特，要小心翼翼，要防止石子和土壤掺和，因为石子只起保护土壤的作用，并不是把作物种到石子里。每年的深秋或者早冬，把地里的石子一道一道地翻起来（农民叫起砂），对下面覆盖的土地进行深耕施肥，然后又把翻起的石子覆盖上，把倒过砂的另一半进行深耕施肥（这叫作"倒砂"）。砂田通过耕翻施肥后的土地才可以播种。如果播种的是玉米、西瓜等稀植作物，一般用刨窝点种的方式，像胡麻这些密植作物，一般都是条播，播种的时候耧要压得重，播得深，要通过耧铧拨开铺压的砂层，把种子播到土壤里，同时要保证种子入土5cm左右。为便于砂田耧播，老百姓制作的耧是专用的，耧距宽20~25cm。可想而知，在砂田上播种要比在一般土地上播种吃力费劲不少。最近几年，这种播种方式有所改进，白银综合试验站研制了几款用于砂田播种的中型四轮拖拉机带动的播种机，大大减轻了劳动强度。

砂田按照能否灌溉，分为水砂田和旱砂田。旱砂田离水源较远，一般广种薄收，主要种植马铃薯、小麦等，也种植瓜类；水砂田主要分布在水源附近，精耕细作，主要种植瓜果蔬菜类。砂田的温度比露地的温度春秋可以高出 2～3℃，夏天可以高出 4～6℃。

砂田除了具备地膜的蓄水保墒、减少蒸发、增温保温的作用外，由于砂田上层 24 小时内的温度变幅大，有利于作物干物质的积累，在提高产量的前提下，可提高作物品质。据报道，砂田小麦蛋白质的含量和瓜果类糖分的含量都高于一般农田。砂田胡麻的产量也高于一般大田。

2017 年，我们在平川砂田上的主要任务是展示陇亚 13 号、陇亚 14 号、晋亚 11 号、内亚 9 号、张亚 2 号、陇杂 3 号、宁 101–11、定亚 22 号等 8 个通过多年品比选出的胡麻新品种，并且大面积推广陇亚 10 号。同时开展新砂田、旧砂田和一般土地的胡麻生长期的日测定、生育期的日记录、生长状况的日拍照和胡麻的农事活动日记录工作。这些准备工作已经做了好多天，平川点的记载人是李长衡，是一个有一定农村活动和组织能力的中年汉子。

如何充分利用好平川砂田和灌溉是一篇大文章，砂田究竟怎样才能简约化栽培且实现收益的高效化，在当前也比较迷茫。农民的办法就是种瓜，西瓜、甜瓜、籽瓜。每到收获季节，地头、公路边，到处是堆积如山的这瓜那瓜，直观地告诉我们，砂田要获得高收益是何等的不易。也许，砂田的高效在于收获后的销售，不在生产本身，这倒符合了市场经济规律，生产花 90%以上的成本，获得的利润不到 10%。

就砂田胡麻栽培而言，目前我们选择的基本路子是胡麻后复种秋作物，变一茬为两茬，一年砂田的经济效益由单种胡麻的每亩 1150 元变为复种的2000 元，甚至更高一些。这种模式还有许多可完善的地方，比如胡麻播种和田间管理比较粗放，有些农户只播种不管理，能收多少是多少。再者，胡麻后复种的糜子、谷子、大豆、蔬菜，在栽培技术上还缺乏规范，技术的展示和示范性还比较差。

3月17日　　火星耕种

2015年　星期二　农历正月廿七　乙未年　【羊年】

2016年　星期四　农历二月初九　丙申年　【猴年】

2017年　星期五　农历二月二十　丁酉年　【鸡年】

2017年3月17日，晴转多云。

今天是吊沟砂田胡麻开播的第二天，地表有轻微的冻土现象。早8点胡麻田地温：5cm土层-1℃，10cm土层-1℃，15cm土层1℃，20cm土层2℃，25cm土层2℃；下午4点胡麻田地温：5cm土层2℃，10cm土层2℃，15cm土层2℃，20cm土层3℃，25cm土层3℃。

农民们都抱怨今年气温忽高忽低，没法说。还有老年人说，这样的天气没见过。

我们会常常听到"百年不遇""我都多少岁了，像这种事情还是第一次见"之类的表达。许多大事特事可能真是那样，对许多小的事那样说，可能更多的是说者要强调事物本身的重要性和自己话语的权威性。不论怎么说，对这个春播的天气，我们也是不满意的。

像2015年、2016年砂田胡麻的播种期都在3月12号左右，而今年正当胡麻播种时连续下了几场比较大的雪，推迟了胡麻播种约一周。记得2016年的今天，同样是平川的砂田，胡麻播种已经结束，我们的农民技术员在这天的日记中写道："早上去胡麻田里量地温，技术员小马指导我测量地温，并学习其方法。测地温是一门最简单又要有耐心的工作，是科学种田必须要做的，我感到很高兴。下午去胡麻田，先测地温再取土样。取土样是用土钻取10cm土层以下的土，带回家里用电子秤称重，然后用小电炉再把土烘干，再称重，计算含水量，这样一天的工作就算完成了。"

今天，我们综合试验站的全体同志在地里一直与农民在一起。天际灰蒙蒙的，和砂田是一个色调，是能看到底但看不到边的一抹黄，我们把播种的照片发到微信群里，有朋友即刻评论道："这是在火星上种田么？"也是的，当时就在那片辽阔好似戈壁的田野里，除了"突突突"的拖拉机声音和我们几个活动的影子外别无生机。我们几个也是各色的户外服，女同事头上脸上也是奇奇怪怪地包裹起来，大家在田里的一举一动酷似宇航员。

风，并不大，但穿透力很强，有点像宇宙射线，根本不把那点衣服放在眼里。

今天的主要任务是播8大品种的展示，使用的是我们研制的、已经第二年使用的大型宽幅胡麻条播机。这个机子体型大，高约1.6m，宽1.7m，前后两排有10个播种开沟器。所谓宽幅，就是每个开沟器通过技术改进，把播种到地里的单行胡麻的宽度由普通的2~3cm加宽到7~8cm。同样的播种量，但种子着床的面积扩大3倍以上，由条变成幅，扩大了种子空间，使种子在土壤中的存在和生长空间变得更加宽松，更有利于吸收土壤的水分、养分，也有利于优化胡麻的生长空间。简单一句话，同样的家庭人口，住房面积由小户型变大户型了，而且扩大了3倍。

密植作物如胡麻，人们一般重视的是群体，不太在意个体的存在环境，但在精量播种的今天，任何群体的改良都必须重视每个个体的存在和存在的环境。宽幅播种正是通过改善每粒种子的存在空间从而达到改善和协调胡麻的群体状况。据我们前两年的试验分析，就这一项改善，可以提高胡麻产量5%左右。

胡麻宽幅播种机研制出来后，还有一个问题有待解决，就是前排的5个开沟器播种后，后排的5个在跟进过程中对前排有壅土现象。原本设计播后的覆土为2~3cm，但通过二次壅土，覆土就达5~8cm。观察发现，虽然壅土过厚，但胡麻也能正常出苗，生长发育不受影响。这就是农谚说的"胡麻种在浮皮子"，要具体情况具体对待，也许在干旱地区在底墒比较差的田块，胡麻还应当适当深播深覆土。

但无论怎么说，这种壅土现象不是我们想要的，在播种时我们几次要对前后开沟器的深浅做调整，农民却说"已经够好了"，我们也就把改进的任务放到了下一年。

3月18日　　统一播种

2015年　星期三　农历正月廿八　乙未年　【羊年】

2016年　星期五　农历二月初十　丙申年　【猴年】

2017年　星期六　农历二月廿一　丁酉年　【鸡年】

2017年3月18日，全市多云，气温0~11℃。

2015年和2016年的今天，刘川的胡麻开始播种。

今天是平川砂田播种胡麻的第三天了。平川早上8点地温：5cm土层9℃，10cm土层10℃，15cm土层9℃，20cm土层6℃，25cm土层4.5℃。下午4点地温：5cm土层11℃，10cm土层10℃，15cm土层10℃，20cm土层6℃，25cm土层7℃。

在展示点上，我们实行的是统一供种、统一播种。胡麻种子是免费的，机械和拖拉机作业也是免费的，农民只要提供自己的土地并在播前施足基肥就可以了。对农民的免费，其实是由我们综合试验站买单的，种子是我们从体系专家那里购进的专用种子，市场上没有销售。

机械是我们自费研制的。一项技术的中试和展示采取这种方式具有很好的示范效果。

如果把"统一供种、统一播种"的效应再扩大完善一下，就是一个新型的农业技术应用方式。一个村或一个社，有1~2名熟练的机手就可以解决全村或全社的播种问题，播种前只要农民报个名，由机手统一播种就可以了。田间管理中的施肥灌水、防虫打药都可以用这种方式实行。

这个方法的另一高效之处在于，把我们过去倡导的诸如"农村两后生培训""每户培训一个明白人"等等面宽、量大、烦琐、不易做的事就简而化之了。就是说，把一户一个"明白人"变为一村一社一个"明白人"。还有一个更大的好处，就是把大量的农民从大量的繁重而低效的农业生产中解放出来，让他们休养生息，让他们充电提高，让他们进城务工。

在实施统一播种的过程中，也出现过各种各样的小状况。有个别的农民指责播种机不如他们的老耧好，新品种不如老种子好。还有的农民做甩手掌柜，一看啥都免费了，连到地头帮忙搭个种子都懒得来了。2015年，我们在一个基点上也是这样播种的时候，就有一个农民女主人很不客气地对我们说："我种胡麻是要吃油的，你们胡日鬼坏了，我可是要到你们家里去提油的！"

作为干部，作为科研人员，我们有时候也很矫情，以为风吹了日晒了、陪着农民在地里了，就够为人民服务的了。细想起来，那是我们太重视过程了，农民更多的是关心结果。

农民感情也是很细腻的，绝大多数的农民对我们的工作也是很理解很支持的。他们总把我们当干部，当官员对待。在他们心目中，干部就不应该到田里来，就不应该和农民一样种地，更不应该经常到地里去。甚至有农民对我们说："原想着孩子考大学当干部，像你们这样还要种地的干部不当也罢。"当然，他们忽视了我们干部是有工资收入的，生活质量远在普通农民之上，我们一身土一身泥可以回家一冲了之，他们只能在河沟里擦把脸。

有几首打油小诗，记录的就是下乡趣事：

王官营

正月十三王官营，大风起兮土高扬。

叫声老乡人在不，我们不是要饭到。

客人来了你坐哈，端上馍馍捣罐罐。

挨到六月就要走，定居首都不好找。

岘口

转过山头到岘口，街上吹得石头跑。

找了一家小饭馆，大家只说把面炒。

荤素两种不能弄，你要面汤没法闹。

西王

四轮带着大联合，西王川里播种忙。

围观农民一大群，七嘴八舌攒得狂。

康河

康家河里免费播，一个妇女把话放。

我的地里要吃油，没油就到你家扛。

吊沟

试制砂田播种机，一机抵过十头驴。

农民兴致比天高，不等调试已开耧。

液压机上看深浅，拨籽轮上管稀稠。

咱说什么农民懂，有点问题就要吼。

苗壮说他下籽狠，苗稀抱怨惹人愁。

吊吊沟里好是好，作务砂田就是苦。

3月19日　　机手

2015年　　星期四　　农历正月廿九　　乙未年　【羊年】

2016年　　星期六　　农历二月十一　　丙申年　【猴年】

2017年　　星期日　　农历二月廿二　　丁酉年　【鸡年】

2017年3月19日，全市晴转多云，局地阴有小雨，气温0~11℃。

景泰陈庄的胡麻开始播种。平川的胡麻播种已经到第四天了，早上8点地温：5cm土层8℃，10cm土层9℃，15cm土层9℃，20cm土层6℃，25cm土层5℃；下午4点地温：5cm土层9℃，10cm土层13℃，15cm土层10℃，20cm土层9℃，25cm土层6℃。

与农民同行，就得急农民之所急，说农民之想，和他们找共同语言。这几天农民的第一谈资是天气，我们也就跟着说天气。农民说今年的天气真怪，忽冷忽热，一点都不正常。像往年，胡麻种子已经泡胀了，现在一点反应都没有。真是同日不同天，去年的今天，吊沟可是大晴天，最高气温20℃，比今天高了近10℃。

今天的会宁县又是另外一种天气，南风簌簌，天气晴朗。

除了吊沟砂地胡麻在正常播种外，我们在会宁县柴门镇的示范基地也已经开始了播种的准备工作，拉运种子，规划播种面积。

从这几天和前几年的播种情况看，有了新型的播种机，机手的操作水平就成了第一位的，技术工人的熟练程度决定生产效率。

胡麻机械播种，机手必须具备这样几点常识：

第一，起步要稳。起步、行走、收车都要匀速。这与公路开车恰恰相反。就是说一旦进入作业状态，必须始终保持匀速。

第二，行走要正。大田播种不可能老画线，全凭机手的眼力判断。机手不应该低头看眼前，应当抬头盯着参照物直线行驶，视脚下为"玻璃平"，这与公路开车也是相反的。现在很多机手就是转不过这个观念，不能极目远眺，最远看到拖拉机的前轮，结果走出来的行子弯弯曲曲，像"仙女的飘带"。凡干一件事，不要只盯住眼前和自己的脚面，而要看长远，越是看得长远，可能看得越正。

第三，升降播种机要稳要慢。许多机手对液压系统的性能不了解，简单粗放地操作，"咣"的一下砸在地上，"吭"的一声猛然起步。要知道现在的农具制作很粗糙，农具厂用的钢材不过硬，晃荡几下很容易造成播种机变形和零部件损坏，而且这些现场的临时故障往往会造成较长时间的停工和延误。

说到底，行走匀速和稳妥操作是最核心的，机械播种切记忽快忽慢，2档油门速度为好。走得快，会打滑，不能正常下籽，一会儿快一会儿慢，会使排籽连动系统转转停停，造成断垄或撮苗。

看似简单的操作，要熟练掌握却很不容易。在现场，我们还发现了个有趣的现象——有的机手"晕人""晕镜头"。原本正正常常地行走，一旦有人跟前跟后、看这看那，或有人摄像拍照，机手就发了慌，踩油门重一脚轻一脚。

选机手一般不要选会开汽车的，在公路上跑过车的人对路面状况非常敏感，到了地里也不容易改过来。只要前面有一点不平整，就不由自主地减油门，甚至踩刹车或打方向盘绕道。起步后再加速，先减速再停车，这些"毛病"一时半会儿是改不掉的。

对这些常见的问题，在播种前我们都要对机手反复讲的，在播种进程中也是不断讲，但改起来都不容易。他们自己也说："心上明白，但手脚不听使唤。"

由此，我们会联想很多，为什么许多事情都要反复讲，为什么许多文章许多书都要反复学。说具体点，农民技术培训为什么要年年做经常做。因为要达到一个新的知行统一不是一件容易的事。因为劳动技能的熟练程度的确是个大事情。

我们提倡操作的"傻瓜"性，前提是设计与制造的人性化。目前看，制造业水平还远担不起这个使命。特别像农具制造，还处在冷轧冷打的冷制造业冷"兵器"时代。要么没有好的设计，要么有了好的设计没有好的制造。造型丑、性能不好、安全性差的问题非常突出。现代农业的目标可以多样化，但机械化是最基本的。

3月20日　　地膜胡麻

2015年　　星期五　　农历二月初一　　乙未年　【羊年】

2016年　　星期二　　农历二月十二　　丙申年　【猴年】——春分

2017年　　星期一　　农历二月廿三　　丁酉年　【鸡年】——春分

2017年3月20日，晴，气温–1～14℃。

平川的胡麻开始发芽。早上8点地温：5cm土层7℃，10cm土层8℃，15cm土层7℃，20cm土层6℃，25cm土层6℃；下午4点地温：5cm土层12℃，10cm土层12℃，15cm土层11℃，20cm土层9℃，25cm土层8℃。

平川的砂田播种已经结束。2016和2017年的今天，开始了会宁柴门地膜胡麻的播种，也开始了调试我们研制的地膜胡麻大型穴播机的工作。

会宁地膜胡麻是白银综合试验站实施国家胡麻产业技术体系工作以来，总结推出的白银胡麻三大栽培体系之一，我们称它为"节本增效栽培"，其核心技术就是一膜多年利用，在旧地膜地上播种胡麻。

会宁是白银市南部的一个县，属于典型的黄土高原沟壑区，大部分耕地分布在海拔1700～2000m的山坡上，川地面积不大，主要是山地和梯田，黄土母质。年降水量在250～450mm，以雨养农业为主，灌溉面积少。

像会宁这类地区是甘肃省实施地膜覆盖工程的重点地区，年覆膜面积在100万亩左右。在地膜覆盖栽培实施过程中，老百姓为了节约成本，创造出了一种一年覆膜多年使用的方法，就是第一年覆新膜，种植玉米，当年玉米收获后不揭膜，第二年继续种植玉米，有的在第三年仍然种植玉米，有的第三年揭膜重新整地。

在国家胡麻产业技术体系实施后，我们在农村调研

示范的过程中发现，有些山区的个别农户在旧膜的第三年点种了胡麻，还有的点种了谷子、糜子等作物。老百姓的这种做法对我们启发很大，胡麻体系的首席科学家党占海先生曾在会宁、定西多次调研，主持召开地膜胡麻一膜多年使用的会议，并给我们安排了相关技术研究和攻关的具体任务。

在这种大背景下，我们就在会宁甘沟驿镇的六十铺、柴门镇的二十铺、太平镇的大山川三个基地开展了地膜胡麻的技术研究。

起始阶段的研究以播种方式的研究为主，辅之以施肥研究。最早的办法是用小铲子挖小窝，在小窝里放种子，每窝的粒数和穴距都不固定，行距很乱，长出的胡麻参差不齐，疏密不当。对于这种效果，老百姓并不太在意，因为省去了揭膜整地的劳动成本，加上农民对务农的积极性不高，认为只要能种到地里就行，有总比没有的好。

再到后来，2011年前后，老百姓自行引进了一种独轮的穴播器，穴播器是一个圆形的滚筒，滚筒周边有播种用的鸭嘴。在滚筒里装上胡麻种子，通过把手推动滚筒前进，滚筒在转动中鸭嘴入土，将种子播在地里。

独轮穴播器比起人工点播有了很大进步，也可以说是革命性的。每穴的粒数和穴距都能基本固定。但不足之处也很多，比如由于是覆膜三年后播种胡麻，地表很硬，农民又要斜推着机子，很难保证鸭嘴入土深度均匀一致。再比如玉米的根茬较大，影响滚筒直线前行，也影响鸭嘴入土。总括起来有四大问题：行距难掌握，穴播深浅不一致，浮籽较多，劳动强度大。

在不断发现问题和实践的过程中，我们萌生了设计一款地膜穴播机的念头，并在2015年春播前设计制造了出来，2015年试行，2016年改进，2017年获得国家实用新型专利授权。

3月21日　　胡麻分区

2015年　星期六　农历二月初二　乙未年　【羊年】——春分
2016年　星期一　农历二月十三　丙申年　【猴年】
2017年　星期二　农历二月廿四　丁酉年　【鸡年】

2017年3月21日，全市阴天，气温–2～12℃。2016年的今天，平川是个小雨天。

平川吊沟胡麻地早上8点地温：5cm土层9℃，10cm土层8℃，15cm土层8℃，20cm土层7℃，25cm土层7℃，30cm土层7℃；下午4点地温：5cm土层10℃，10cm土层10℃，15cm土层9℃，20cm土层7℃，25cm土层7℃，30cm土层7℃。

2015年的今天，西王开始播种胡麻。

今天，会宁西王的农民正在运用我们设计的胡麻大型联合穴播机播种地膜胡麻，还有的农民在忙着覆新膜。从昨天开始，我们的春播胡麻已由沿黄灌区的平川转入到会宁柴门的地膜胡麻。

今年，我们研制的地膜胡麻穴播机播种很正常，前两天纷纷议论的农民也进入了常态化，不做多的议论了。在劳动之余，有三三两两的农民骑着自行车、摩托车过来看我们的机械播种。

站在地头听着拖拉机的"突突"声，看着播种机繁忙的转动，很是欣慰。国家胡麻产业技术体系实施已经第10个年头，最开始我们就进入了团队，并且作为团队的一个试验站在白银这块大地上辛勤地劳作着、耕耘着。现在回过头来看，我们的工作基本是三个阶段：从2008年起到2014年算第一个阶段，2015年到2016年算第二个阶段，从2017年就进入了第三个阶段了。

在2014年以前的第一个阶段，工作重点是胡麻的综合栽培技术，对白银的胡麻生产状况进行摸底、分类，在逐渐深化工作的过程中，把白银的胡麻生产分为三大块。

第一大块是祖厉河流域（白银东南部，即会宁县的大部）胡麻产区，日

照时间 2220～2850 小时，年平均气温 6.4℃，≥5℃活动积温 1873～2213℃。生产特点是以地膜覆盖为中心的不保灌和梯田地，实施以地膜胡麻栽培为主的胡麻节本增效栽培。

第二大块是黄河流域（白银中北部）胡麻产区，日照时间 2620 小时，平均气温 9.1℃，≥5℃活动积温 1930～3324.9℃。生产特点是黄河灌溉和有效积温较高，实施以间作套种高效立体栽培为主的高产高效栽培。

第三大块是井泉砂田（白银中部）胡麻产区，年平均气温 9.5℃，≥5℃活动积温 1850～2920.5℃。生产特点是井泉灌溉和砂田地，实施以胡麻后复种为主要内容的节本高产高效栽培。

在我们工作的第一阶段，在对生产区域特点、区域内主打技术基本明确的情况下，开展了主打技术的专题研究。

针对地膜胡麻栽培，开展了轮作制度、轮作作物配置、免耕、一次覆膜多年利用的一次性基肥施用、追肥、灌水、品种选择、病虫草害防治等方面的研究。

针对胡麻间作套种栽培，以施肥、品种、病虫草害防治等研究为基础，重点开展了胡麻与 10 多种作物的间作套种互作效应研究，确立了多种间作套种模式。

针对砂田胡麻后复种问题，开展了大豆、糜子、多种蔬菜的复种研究。

有针对性地研究，坚持以问题为导向，既解决了许多生产中的问题，又建立了许多胡麻栽培的新规程，为白银市胡麻生产做出了一定贡献，也为发展胡麻产业铺垫了一定基础。

3月22日　　西王川与穴播机

2015年　星期日　农历二月初三　乙未年　【羊年】

2016年　星期二　农历二月十四　丙申年　【猴年】

2017年　星期三　农历二月廿五　丁酉年　【鸡年】

2017年3月22日，全市阴，平川阴有小雨，气温2～12℃。

新砂田里10cm土层早间8时地温6℃，下午4时地温8℃，相比2016年同期分别低9℃和3℃。

去年的今天，平川也是下雨天，一早起来，屋檐上的水连成线往下淌，看着舒服听着也舒服。春雨就是丰收的兆头。

去年的今天，会宁也是个阵雨天，雨的间隙期农民仍在种地覆膜，总有三五成群的农民围着我们的播种田，观看地膜胡麻大型穴播机的播种。

我们在会宁柴门的基地叫上西王。过了祖厉河进个小山沟一上坡就到了。上西王在会宁来说是一片较大的川地，属于黄河高扬程灌溉区。这里的灌溉和平川吊沟没法比：吊沟是井灌区，灌水非常方便，一个胡麻生育期灌水次数可以达到4次；西王则不然，一个胡麻生育期一般只能灌1次水，如能灌2次水那就非常好了。

西王分两个队（标准的叫法是两个村民小组），靠北面的叫下西王，靠南面的叫上西王。在和农民聊天中，我曾向农民提出：为什么叫西王？这里面肯定有故事。但他们说西王没戏，只是过去的过去，姓王的住的多一点，而这道川又在祖厉河的西面，人们口口相传就叫西王。西王的人一代一代多起来了，居住也分散了，为了区分，就有了上西王、下西王。

我们办的胡麻基地也是一年在上西王，另一年又在下西王，这样做的目的是为了胡麻倒茬，避免重茬。结果几年下来，搞得上下西王都用的是我们的优良品种和技术，而且我们就在这个地方研究出了三个型号的地膜胡麻播种机。

关于地膜胡麻大型联合穴播机的创意和设置，现在回想起来应该是设计思路一步到位，设计和试制三年完成，中间有反复、有完善。

2015年，我们设计的机子是6轮联合，把普通的6个胡麻穴播轮并联起来，穴播轮后各跟一个覆土轮，穴播轮前面安置一个与6轮等长的镇压滚筒，穴播轮的上方安置供种箱。由此形成了一个集镇压、整地、播种、覆土为一体的重量约300公斤的联合式穴播机，高约1.5米，播种宽度1.1米。由中型的四轮拖拉机牵引，通过液压系统升降。其工作过程是：在穴播机行进中，先有滚筒镇压轮对耕地进行镇压平整，将玉米根茬、小沟小壑镇压平整，接着由穴播轮在比较平整的工作面上点播胡麻，然后由覆土轮覆土。

2015年，在西王播种的过程中，大的方面是成功的，农民也是认可的，当年的出苗非常好。但也发现了许多需要改进的地方，有的就在现场做了改进，比如覆土轮其实没有多大必要，因为鸭嘴在进土、吐籽、出土的一系列动态过程中基本上完成了对穴口的封合覆土，如果后面再跟个覆土轮，有可能把土压得过实过重。在现场我们就去掉了覆土轮。还有鸭嘴的密度问题、播种轮的轮距问题、供种的传动方式问题、播种轮的数量及总播幅问题等，当年已经来不及解决，在2016年春播前都一一做了改进。

今天大家在地里看到的这款机子，就是去年改进过的机子，因为基本定型，人们已经习以为常，关注的热度已经移向新款的机子了。

3月23日　　做机不易

2015年　星期一　农历二月初四　乙未年　【羊年】
2016年　星期三　农历二月十五　丙申年　【猴年】
2017年　星期四　农历二月廿六　丁酉年　【鸡年】

2017年3月23日，全市阴有小雨，风大，气温-2~7℃，气温比昨天温和。

胡麻播种已经第七天了，下午在田间观察还没有动静。可能是天气原因吧，今天比往年要冷得多。去年的今天，全市也是阴雨天。会宁覆盖的地膜上有积雨，表层有泥水。胡麻播种一直等到下午三四点才进行，上午正好有时间对第一代穴播机进行一点完善。

像昨天说到的覆土轮，今年已经去掉了。在这个机子上，供种箱的种子供应传动轴是通过链条连接到前面的滚筒镇压轮上，通过滚筒滚动带动传动轴向滚筒提供种子。在田间作业时，由于地面不平，受根茬、土块等的阻挡，表面光滑的滚筒非常容易打滑。滚筒打滑不能带动种子传动轴转动，就无法正常供应种子。经过与农民探讨，把滚筒传动改为播种轮传动，在播种轮同心轴上专门加了一个传动轮，传动轮上打上防滑齿，这样就保证了只要机子走动，传动轮就会滚动，种子就会正常供应。

在实地试验时，还遇到了许许多多的问题，比如镇压滚筒轮不能够较好地适应地面状况，有时半边悬空，有时半边又压得过实而破坏地膜。播种时的土地整理是局部整理，而不是平田整地，要的是土地的相对平整，要的是一个带幅作业面的相对平整。经过反复研究，将镇压滚筒的硬连接改为了软连接，就这一改动便使镇压滚筒较好地适应了地面状况。

由于我们这个团队人员所从事的专业没有与机械沾边的，这些看似简单的设计和试制，在构思和起步阶段都是非常伤脑筋的。许多的设想和观点都不能够用比较专业的术语清晰而明白地表达，许多在脑海里清晰的东西在纸上却写不明白，在图上画不准确，与制造工人交流时语言贫乏甚至语塞。每当这个时候，我们就大量地用代词，比如"这个""那个"的。除此以外，

就是用大量的形体语言来描述和比画，比如，要把一个材料弯成多少度，曲率应该是多少，无法计算也无法准确表达时就要用形体，要把一个钢管弯成什么样，就把自己弯成什么样，直到工人师傅看懂了，发出明白了的"噢、噢——"声，方可收回动作。有时候工人师傅显得非常不耐烦，有时候干脆拂袖而去，这时候你就得笑脸相对，如果手里有烟，递个烟，手里有火，再点个火，那是最完美的。

在研制过程中，我们深深体会到隔行如隔山。但山总得有人去爬，只要我们心目中没有山的障碍，把山当作一道靓丽的风景看待，山就不是山，而是目标，一个引人入胜的目标。

我们就是把地膜胡麻的大型联合穴播机当作一道美丽的风景去徜徉，去感受。最终的结果正如前所说，它并不是一座不可逾越的大山，而是一片令人心旌荡漾的风景。正是山重水复疑无路，柳暗花明又一村。

有句名言叫"一切依靠群众，一切相信群众"。做农业科研就是要让农民去检验。我们的机子拉到地头，总会有很多的农民去观看，他们一边看一边议论，而且多数持否定意见，否定的语言有时很绝对，有时很不入耳，有时候很搞笑。姓张的说要把这个敲掉，姓李的说要把那个必须拿下。有10个人至少会有10条建议要改掉10个部件，有20个人就有20条建议，有30个人就有30条建议……

如果生搬硬套农民的建议，条条采纳，一个机子就卸得一个部件也不剩了。但农民的参与又非常重要，只要善于从他们的建议中归纳总结，善于引导，就会受益匪浅。当农民不再议论时，机子这个事物可能就离成功不远了。

3月24日　　三牛的力量

2015年　星期二　农历二月初五　乙未年　【羊年】

2016年　星期四　农历二月十六　丙申年　【猴年】

2017年　星期五　农历二月廿七　丁酉年　【鸡年】

2017年3月24日，全市阴转小雨，风比较大，气温-2~7℃。

由于春播前全市乃至全省东部地区的大雪天气，整个农作物播期都推迟了。往年这个时候，会宁的胡麻早已播种结束，2015年在西王胡麻是3月19日开耧，今年，到今天地里的积雪还没有完全消融，雪化了的地块还是播不了。

去年的今天，我们仍在会宁县西王川一边播种一边调试第二代大型地膜胡麻联合穴播机。昨天在日记中提到的穴播机是2015年研制的第一代，通过2015年的试验，2016进行了改良。改进中除了把上次提到的问题解决之外，重点是将穴播轮由6个增加到10个，将整体播幅由1.1m增加到1.5m，同时，将穴播轮的间距由20cm压缩到17cm，也就是把穴行距变成了17cm。通过调整，就能保证每亩穴数达到3.5万个以上，每穴平均下籽10粒，每亩下籽量35万粒左右，能够保证基本苗。

这款第二代机子通过2016年的调试基本定型，2017年我们计划在西王进行大面积播种展示，准备工作目前正在进行。

地膜胡麻大型穴播机从第一代到第二代，在研制过程中，我们明白了一个浅显的道理：在设计机型的时候，必须要考虑动力机的状况。首先要考虑动力机行走的宽度，即播种面大于等于拖拉机行走的宽度，这样才能保证拖

拉机在循环作业时不重复在一个辙上压两次，从而造成土壤下陷和板结。当然，也要考虑与动力机动力相匹配，保证牵引机轻松自如地工作。

地膜胡麻大型穴播机的试制成功，在会宁、定西乃至甘肃省所有的地膜覆盖区是一项重大的技术进步。就播种胡麻本身来说，它的效率比人力提高10倍甚至更多，播种质量也比人力要好得多，由于机子的质量大，行走时避免了遇见小障碍物而晃动，克服了遇见大土块鸭嘴难以入土的困难，出苗整齐度明显提高。

这款机子不但可以播种胡麻，而且在地膜上可以播种其他小粒作物，如糜子、谷子等。

这款机子我们是和定西巉口的三牛公司联合试制的，我们出思路，三牛负责制造。在研制过程中，我们对三牛有一个口头协议："机子在试制阶段，在没有获得专利之前不准对外宣传，不准批量生产。"后来发现，样机几乎都被无名复制，在有些地方已经推广。从技术发明的角度看，不希望这样，但作为一直从事无偿推广农业技术的基层工作者来说，机子被推广使用我们很高兴，这说明我们的发明被认可，是一个有价值的发明。

这也给了我们一个启示：现代农业，既是一个创新农业，又是一个企业农业，只有把创新与企业结合起来，形成一个新型的创新加企业的现代农业文化，才能真正有力推动现代农业的发展和提升。创新是久久为功，创新能力是在大量的重复中不断提高，而企业则能起到"四两拨千斤"的作用，能够快速而有效地提高现代农业产业技术。

我们的合作者三牛公司非常热情，对零碎的改进不厌其烦。我们是什么时间想起改什么就要改什么，没有定数。他们作为合作者，有招呼就有响应。三牛公司是由亲兄弟三人合开的公司，规模很大，估计资产在几千万。老大是董事长加总经理，负责客户和接待，忙于开会应酬等外业。老二是副总，负责生产。老三也是副总，负责销售和财务。

三牛给人以惊喜，三牛给人以力量。兄弟三人分工差距很大，有的西装革履桌上桌下，有的灰头土脸成天泡在钢铁的噪音之中。但三兄弟各负其责，恪尽职守，团结真如"亲兄弟"。

三牛，就三兄弟的凝聚精神足够世人掂量的了，慢说他们的事业。

3月25日　　现实与愿望

2015年　星期三　农历二月初六　乙未年　【羊年】

2016年　星期五　农历二月十七　丙申年　【猴年】

2017年　星期六　农历二月廿八　丁酉年　【鸡年】

2017年3月25日，全市范围多云，平川还有大风。

会宁西王基地的种子已经拉运到位，调整完的穴播机也运输到了现场。除了展示四轮拖拉机牵引的地膜胡麻大型穴播机，今年又研制了一款手扶拖拉机带动的地膜胡麻穴播机。

农村的地块大小不一，普遍较小，特别是长度不够，就是农民所说的"趟短"。四轮带动的播种机占地就得四五米，再加上作业误差，两边丢掉的趟头就要近10米，留给中间平展可播种的长度没有多少。丢掉的趟头在最后垂直回趟播种的过程中非常窝工，要前前后后倒车很多遍，对土地来回碾压很多次，而且由于种子从排种器到鸭嘴吐籽之间的距离较长，在回趟过程中造成了很多难以避免的空行和缺苗。

　　原想一个村或一个社有一台播种机就可以解决问题，实践中看，农民愿意由机手播种，但并不愿意把自己的种子搭进播种机。就是说愿意接受无偿的统一播种，不太痛快接受适当的收费。设想中的以农业技术统一服务为龙头的合作社的组织形式并没有如想象那样搞起来。

　　这是说的农村土地的现状与农民的志愿程度。

　　此外，在农村还有一个很现实的问题：手扶拖拉机几乎家家有，而四轮拖拉机就很少了。所以，2017年春播前我们就萌生了再研制一款手扶拖拉机带动的地膜胡麻联合穴播机的想法。有了前款机子的研制经验，研制起新款机子来就顺手多了，在春播前我们的新机子按时拉运到了播种现场。

　　手扶型地膜胡麻播种机这款机子的基本构造是这样：并联6个穴播轮，穴播轮之上配置供种箱，穴播轮前方用三角拉杆与手扶拖拉机的机身腹部硬连接，使播种机与手扶拖拉机形成一个整体。播种时机手用手扶着拖拉机行走（视情况可坐在座子上，也可徒步跟在后面），当到地头要回车时，机手通过扶手将拖拉机后部机身提起，穴播机随之被提起，当完成转向摆正机身后放下，恢复播种状态进行播种。在转向过程中基本不用减速，丢掉的趟头不到1米，最后回两趟就可以轻松搞定。

　　在研制试验的过程中，为了节省人力，省去了镇压轮，由此带来的问题是作业面平整度差，特别是双垄沟覆膜的地块，有的垄沟很深，尽管穴播轮实行了软连接，可以适应正负5cm左右的不平整，但垄沟过深也会出现鸭嘴入土过浅或入不了土的现象。

对于这个问题，在机械设计上目前还没有成熟的思路。主要是如果对播种机进行精制造，成本会很高，小型农具加工厂无法制造，大型机械制造厂肯定没有兴趣。

在目前的情况下，制造业中的不足只有通过操作层面来弥补，那就是：当土壤疏松度较好、作业面较好时，机手可以跟着机子走，只要在扶手上稍稍用力即可；当遇见垄沟深、土壤比较硬实的地时，机手可坐在后座上操作，以人体重量加压，加深鸭嘴入土深度；还可在手扶拖拉机前面安放配重装置，老百姓最简捷的方法是安放一袋子土。

不论是我们研制的还是其他各路来的农具，一个最突出的特点就是"笨"，人与机子的关系并不是和谐的操作者与被操作者的关系，而是空前紧张的人与"野兽"的关系，人操作机子就像在与凶狠的野兽较量，既要十分机智，又要十分有力。

农机事故在农村已经屡见不鲜，应当引起设计者的高度重视。过去我们做科研，可能把改造研究对象当成唯一的目的，而没有加入更多的人本因素。结果做出来的喷雾器，在雾化农药的同时严重污化了操作者。做出来的农具一个个"青面獠牙"，成了"重杀器"。

我们希望农具设计者和制造者能让农民早点享用上如操作电脑那般轻松的农具。

附：2015—2017年的3月25日地温与胡麻平均生长动态关系：

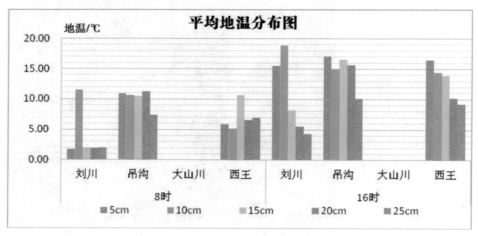

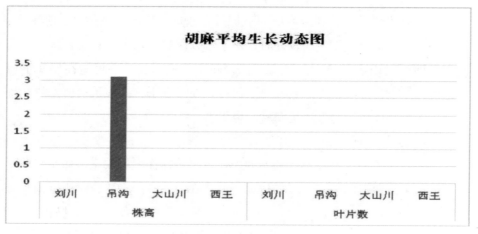

　　3月25日，吊沟已完成胡麻种植，胡麻芽长3cm以上，刘川、西王胡麻种植进入晚期，大山川尚未开种。0～25cm各土层地温相互间差异较大，平均地温由高到低排序为吊沟砂田、西王旧膜地和刘川露地，8时地温分别为10.13℃、7.05℃和3.84℃，16时上升为14.87℃、12.84℃和10.47℃，依次提升4.74℃、5.79℃和6.63℃；刘川10cm土层地温明显高于其他各层，为此以10cm土层温度为标准由高到低排序为刘川露地、吊沟砂田和西王旧膜地，8时10cm土层的地温分别为11.5℃、10.65℃和5.23℃，16时依次上升7.4℃、4.31℃和9.16℃，分别达到18.9℃、14.96℃和14.39℃。

3月26日　　流动宣传

2015年　星期四　农历二月初七　乙未年　【羊年】

2016年　星期六　农历二月十八　丙申年　【猴年】

2017年　星期日　农历二月廿九　丁酉年　【鸡年】

2017年3月26日，全市是个晴好的天气，气温-5～14℃。由于前几天一直都是阴天和大风，或小雨，早上有轻微的冻土，地温一直低下。

从2009年胡麻体系成立以来，我们坚持每年进行春季的科技流动宣传，把科技直接送到农家、送到地头。2009年到2014年，借用科协的科普宣传车，2015年起，租用社会车辆装扮成宣传车进行宣传。

记得有一次，当宣传车来到兴电灌区的一个乡时已是下午4点多，街面上异常寂静，地头也没有几个人，我们就在一个村子的岔路口停下来，调高音响播放声音。十几分钟后，疑疑惑惑地走过来两个妇人，张望了一阵，自言自语地说："不是收头发的，也不像收破烂的……"我们中的一位接着话茬说："是换锅碗瓢盆的。"

就这样，我们与农民搭上了话，两位妇女不一会儿喊来了十几个人，我们一边讲解一边发放宣传彩页。一位五十来岁的大叔嘟囔道："快发点实惠的啊，我还三缺一呢。"另一个年轻一点的随手把彩页捏成一团扔在地上，说："我们年年种胡麻，比你们尕娃娃知道得多！"

农民有时候的确比我们知道得多，有时候也不一定，知道得多少都不是问题的实质，最实质的是——农民感到我们伤了他们的自尊。这犹如对工人说我做工比你强，对教师说我教书比你强，同理，也如在什么"长"面前说我做你那官比你强。事物最怕类比，但不比又不知道我们错在哪里。

很自然，我们不可能纠结于农民朋友讲了什么，而是用实际行动表明我们真的比他们知道得多，而且是为他们而来的。

我们宣传小分队的分工明确，有发放讲解资料的，有发放胡麻种子的，有负责登记拍照的，通常情况下可以做到有条不紊，但也有突发状况。

有一天我们路过一个村委会，见院子里有很多人在晒太阳，就把宣传车开进院子，还没等车停稳，围上来了很多人。村委会的人一听是市上的单位带着种子和技术来，十分热情，打开广播把全村的人都叫来了。宣传车被围了个水泄不通，来回晃荡。我们要他们排队领种子，可他们哪里听得进去，前面的人伸手抓，后面的人向前挤，十层八层数不清，种子袋被抓破了，我们同志的手也被抓破了。

这时候说什么都不管用，做什么也做不成，场面已经失控。发种子和登记事小，村民安全事大，无奈之下只好撒手，守住出口，等拿到种子的人出门时再签字。

不多的一段时间，几百斤胡麻种子"发"完了，可还有人没有抢到种子，我们承诺"明天中午再来，前提是排队领取"。第二天中午，快到那个村委会时我们就发慌，可真到了院子里，我们都惊呆了，村民们早已整整齐齐地排好了队，我们都不敢相信这就是昨天的那个地方。

我们说胡麻优良品种普及率达70%以上，靠的就是连年不断的流动宣传。

3月27日　　手扶穴播机

2015年　　星期五　农历二月初八　乙未年　【羊年】

2016年　　星期日　农历二月十九　丙申年　【猴年】

2017年　　星期一　农历二月三十　丁酉年　【鸡年】

2017年3月27日，天气晴朗，气温1～16℃。平川吊沟基地的农民都在为气温低不利于胡麻幼苗生长而发愁。

2016年的同日，刘川示范基地的农民技术员刘万景在日记中写道："早上8点做完胡麻观察记载回到家时，我的老公（我们村的书记）从泵房回来吃早点，他念叨工作量太大。昨天，又下来一新政策，乡政府晚上加班，给上高中的、高职的精准扶贫户的每个学生补500元。这么多的高中生有的有补助，有的没有，要准确落实起来困难相当大。下午，我对儿子说，今天拿上照相机咱们看一下胡麻芽有多长，我挖了3粒，最长芽2cm。"

今天，会宁西王的示范基地可是热闹，今年的地膜胡麻要开播了。在地头我们准备了两台播种机：一台是已经经过两年测试改进的由四轮拖拉机带动的地膜胡麻大型联合穴播机，这台机子就安排在田间道路的下面；另一台是今春刚研制的由手扶拖拉机牵引的手扶式地膜胡麻联合穴播机，这台机子就安排在田间道路的上面。

现场聚集了众多的农民，男男女女，老老少少，估计有七八十人。胡麻体系首席科学家党占海等专家都亲临现场指导。上午十时许，在大家的一片喧闹声中开始下第一耧。

四轮牵引的联合穴播机今年是第三年播种，之前基地负责人范立荣已经做了机子维修工作，包括更换零件、加机油等。机手还是去年的老把式，工作起来得心应手，现场群众一片赞扬声。现在需要的就是村、社的牵头人能够把农民组织起来，把重点示范变成广泛应用，在上、下西王实行统一机播。

今天大家的关注点并不在四轮拖拉机带动的大型穴播机，而在停靠在路边地头的手扶式穴播机。开播还算顺利，新机手播了两个来回就适应了。老百姓

041

也纷纷反映这款机子灵巧，还可以在地膜上播种其他作物，而且便宜，家庭购置也划算。

大家议论最多的就是地头转向问题，由于机子本身的质量比较大，地头转向时还是比较费力一点。我们也跟在后面一边观察一边想，实在没有什么好的办法。有人建议安个液压系统，我们当即打电话咨询了有关专家，答复是手扶拖拉机上无法安装。

手扶拖拉机是20世纪70年代的成型产品，至今还是农村最基本最普及的生产工具。几十年过去了，这款机子在功能上基本维持了老样子，没有什么大的改进。

现实中有许多东西我们是没有怎么留意，某年某月当你偶然用到某个东西的时候，就会突然发现——原来现在的工具这么先进这么方便，比如家装木工工具，与20世纪末比，不可同日而语。当然有些还是原地踏步，比如手扶拖拉机。

我是手扶拖拉机机手出身，用它跑过运输、碾过场、磨过面，最了解也最关注手扶拖拉机。手扶拖拉机至今没有升级换代，让人有点想不通。

当我们在地里正与专家、农民交谈的时候，走过来了一位干部模样的人，对我们说："对你们这个机子我提三条意见！"还没顾得上听他的具体意见，大家都笑了，估计他不是哪一级的代表就是哪一级的委员。

3月28日　　可爱的农民

2015年　星期六　农历二月初九　乙未年　【羊年】

2016年　星期一　农历二月二十　丙申年　【猴年】

2017年　星期二　农历三月初一　丁酉年　【鸡年】

2017年3月28日，全市晴，气温2~16℃。

我们仍在指导会宁柴门西王的地膜胡麻播种，四轮牵引的大型地膜穴播机正常播种，根据基地负责人老范安排的地块、品种，依次播种。

大家的关注点仍然在手扶穴播机上。在昨天的播种过程中，虽然大家指出了机子的很多不足，提了不少意见，但当议论的热潮过后，说真的，还不得不承认这个机子基本是成功的。存在的几个问题中属于设计方面的有一个：播种机的右边有传动轮，左边没有轮子支撑，机子在较硬的地块播种时，为了保证鸭嘴一定的入土深度，机手就要坐在机子上操作，以增加机身重量，当100多斤的人坐上去的时候，因为左边没有支撑轮，左边的穴播轮就会陷得深一些，整体上形成了左面入土深右边入土浅的情况。

我们还遇到了一个情况：在一块地里播种时，有个小伙子坐在机子上操作，但由于地软，手扶的轮子抛锚了。这时候农民也就议论纷纷，觉得这个是大问题。我对小伙子说："机子是死的，人是活的，地硬了人可以坐上去，地软的时候机手跟在后面走就可以了，不要不管地的状况死坐上面不下来。"小伙子被说得不好意思，从机子上下来了，抛锚问题就再没有出现过。

这时候小伙子的母亲有点受不了，好像我对小伙子的话说重了，她说："娃娃家，第一次嘛，也和你们一样在摸索。"

回想起来，在田间地头，我们与农民打交道的过程中，农民的态度和言语有时候很厉害。有一年，在一农户地里进行品种展示，在另一农户地里做肥料试验。品种展示的胡麻普遍长势良好，生长整齐，让人看得舒服。肥料试验的地块，处理之间长势差异很大。当我们正在地里观察的时候，女主人专门跑过来找我们理论："为什么给我家的种这么差，给旁边那家种那么好，是不是你们与那家人有什么关系？"我们的几个年轻人一再解释这是试验，允许有差别，需要有差别。但女主人还是不依不饶，双方就在地里争了起来。

多少年与农民打交道，对农民的认识就两个字——可爱！

许多农民在承担我们的试验示范任务中，胡麻品种更新了，播种技术提高了，收入增加了，我们付给他们的试验费也是一笔旱涝保收的钱。但当我们不再在他们的地里做试验时，他们居然没有任何反应，更没有一点挽留，好像压根儿不把那些收入看在眼里。

可是，当我们做培训发放资料时，就为那点种子，就为那点农药，那个挤法那个抢法，激烈程度难以形容。

客观地说，农民是社会的弱势群体，就是他对你豁开胸膛说"要钱没有，要命一条"，也千万不要动气，因为他们可能说的是实情。

3月29日　　理性需求

2015年　星期日　农历二月初十　乙未年　【羊年】
2016年　星期二　农历二月廿一　丙申年　【猴年】
2017年　星期三　农历三月初二　丁酉年　【鸡年】

2017年3月29日，全市晴转多云，气温2-13℃。

靖远刘川胡麻地早晨8点地温：5cm土层4℃，10cm土层4℃，15cm土层4℃，20cm土层4℃，25cm土层5℃；下午4点地温：5cm土层12℃，10cm土层11℃，15cm土层10℃，20cm土层9℃，25cm土层4℃。

去年的今天，平川的胡麻已经顶土出苗，有两个子叶，今年的胡麻种子还在地下没有发芽。

今天，我们的一位农民技术员在日记中记录了一段不知从哪儿看来的关于农民拦截乡长车的故事。说真的，我们是从来不怕农民的，农民要是拦着我们，一般都是要些好品种，咨询些栽培技术。我们最希望走到哪儿农民都围过来交流探讨，而实际上我们接触的农民也还是很有限的。

有的农民是进城搞建筑、做服务业等，挣点"大钱"来脱贫致富奔小康的，这样的农民大多比较年轻有力气，也有初中或高中的文化程度；有的农民是守在家里本本分分种庄稼的，经济来源较稳定，但只能脱贫解决温饱，致富比较困难，这样的农民大多是中年以上，文化程度较低；还有的农民一

般是庄稼种得不怎么好，打工也不怎么成，主要是靠低保等社会救助生活着（无基本生产生活能力者除外），这种情况的农民成分比较复杂，各年龄段、各文化程度的都有。

所以说，提倡"一

村或一社一个科技明白人"比"一户一个科技明白人"现实。

在做农业科研基地建设工作中,我们渴望接触的是第一种情况的农民,他们容易接受新事物,手头也活便,又能当得住家。但实际上很少能接触到,既是因为他们忙、常年不在家,又是因为他们已经被工业文明、城市文明所浸润,不怎么看得起养育他们的这块土地。能够接触到的、接触最多的基本上是上述的第二、第三种情况的农民。

农业现代化的任务很自然就落在常年在农村的这部分农民身上了,与其说这是历史的选择,还不如说这是历史的进程。在这个历史进程中,可能更需要的是农民的蜕变。

农民渴望科技,他们的渴望带有强烈的激情,激情里包含了许多非理性的成分。激情过后又是麻木和茫然,"科技"成了农民除夕晚上的兔子,有它过年,没它也过年。

为农民送科技,我们并没有找到一条理性的传输带,"送"里面多少有秀的成分。我们不要农民"抢"的火辣场面,要的是农民对科技如像购买油盐酱醋般的自然购买和索取。

3月30日　　顽强的生命力

2015年　星期一　农历二月十一　乙未年　【羊年】

2016年　星期三　农历二月廿二　丙申年　【猴年】

2017年　星期四　农历三月初三　丁酉年　【鸡年】

2017年3月30日，全市阴转多云，气温1～12℃，是农历三月初三。

在民间有小曲唱到："三月里来三清明，青草芽儿往上升……"说明三月三是一个阳气上升、生机勃勃、充满生命力的日子。

刘川基地早8点地温：5cm土层2℃，10cm土层3℃，15cm土层4℃，20cm土层5℃。

胡麻顶土要求土壤表层上虚下实。如播种后下春雨，而幼苗尚未出土，土表容易板结，要及时破除，防止幼苗窝黄不出苗。刚出苗的幼苗不耐低温，尤其是胚芽顶破土皮，子叶未展开时，如遇霜冻就会冻死。幼苗度过子叶期，长出两对真叶，抗寒能力增强，就能忍受-5℃的低温，一般再不会受霜冻危害。

胡麻种子、幼苗和植株属于体型比较弱小的，有点弱不禁风的感觉。胡麻的一生是坎坷的，最主要的是要经过两道坎，一是幼苗期的冻害，二是花期到成熟期的倒伏。前者是毁灭性的，后者是摧残性的。

农谚说"清明时间种胡麻，就怕四月八的黑霜煞"。据多年观察，农历四月初八前后一两天几乎每年都有一次低温冻害，重则降雪，次则下霜，最轻也是温度骤降。这些都基本成了规律，起码八成灵。按照农民的习惯，一般农历三月初三左右种胡麻，当农历四月初八时，正值子叶破土出苗的时候。子叶最怕冻，偏偏这个时候就有霜冻。

国家胡麻产业技术体系实施以来，我们首先提倡适期早播。把胡麻的传统播期提前10天到半个月，灌区在3月20号开始陆续播种，旱山区因地因时也适当提前，就可以躲过农历四月初八前后的黑霜。据田间观察，这场冻害每每对玉米、豌豆、大豆形成威胁，而早播的胡麻则安然无恙，因为此时胡麻已经长出了真叶，不怕冻害了。当然山区天气变数较大，也有刚好遭遇

上黑霜的。

据会宁任稳江调查，地膜胡麻3月上旬播种，亩产量较高，可达160公斤，3月中旬播种，亩产量152公斤，3月下旬播种，亩产量138公斤，4月上旬播种，亩产量120公斤，4月中旬仅为90公斤左右。说明从3月上旬开始，亩产量随着播种期的推迟逐渐降低。因此，要充分利用地膜的增温、保墒效应，抓住土壤解冻返潮期，适期早播。

胡麻的倒伏问题在一个生长季来说有轻有重，从多年综合观测来看，几乎没有不倒的。换句话说：胡麻不倒就不是胡麻。

除了上述两种大的自然灾害外，胡麻的坎坷主要来自它的主人给予的非公正待遇。长期以来，人们对胡麻保持着一种不亲不疏的关系。当要吃油的时候就想起了胡麻，当要吃好油的时候就想起了胡麻。酒足饭饱了便不把胡麻当回事儿了。改善伙食，除了肉类就是胡麻油，当然吃肉也离不开胡麻油。可人们在栽培胡麻时，总是对胡麻重视不够。

在过去，甚至现在，胡麻是栽培作物中人们最重视不够的一种。最早些时候，为了赶产量，把胡麻与芸芥混着种，芸芥身高体大，胡麻被遮掩在夹缝中生存。从胡麻角度来说，不混种产量低；从芸芥角度看，不混种油质差。后来总算开始种"净子"胡麻了，在选地上又是另眼相待，要么茬口不好，要么是瘠薄地，还有的种到山顶上，任凭东南西北风，一年吹到头。

播种也是粗枝大叶，朝天一把籽，然后大犁一翻，明知胡麻顶土能力弱，却翻得深一粒浅一粒，造成出苗率低。现在在大山川一带的农民还有撒播的习惯，撒后用旋耕机旋耕。施肥也是极简化，能不施则不施，能少施则少施。到现在许多川里人种胡麻都是这样。

传统栽培中，胡麻的一生就是这样坎坷度过的。尽管待遇极其不公，胡麻还是用他顽强的生命力无私地奉献了他的一生，把金子般的种子留在了人间。

3月31日　　刘川展示

2015 年　星期二　农历二月十二　乙未年　【羊年】

2016 年　星期四　农历二月廿三　丙申年　【猴年】

2017 年　星期五　农历三月初四　丁酉年　【鸡年】

2017年3月31日，全市阴转多云，气温0～14℃。

今年大家普遍觉得气温不正常，主要是由于一场春雪下得扎实，加上连续阴天，气温和地温回升缓慢。比如吊沟的新砂田10cm土层，2015年、2016年地温分别是23℃、20℃，相差不大，而2017年只有8℃。下午4点刘川基地2015年、2016年地温分别是22℃、20℃，今年只有12℃。从地温和气温判断，今年春季整个节气好像推迟了足足一个月。

刘川基地早8点地温：5cm土层1℃，10cm土层2℃，15cm土层3℃，20cm土层0℃，25cm土层5℃。下午4点地温：5cm土层17.5℃，10cm土层12℃，15cm土层9℃，20cm土层8℃，25cm土层7℃。

刘川基地展示片的胡麻是从3月22日开始播种的，为期6天。今年展示的内容基本是五个方面：

一是展示胡麻大型宽幅条播机，与平川吊沟展示的机子同款，土地条播效果更好。

二是展示手扶式宽幅条播机，这是我们对同类型条播机的改进版。把开沟器设计为7～8cm的宽幅，播种机与手扶拖拉机硬连接，播种、升降、转弯都非常方便。从田间出苗情况看，与预期的效果还有一点差距，种子散开的幅度达不到8cm，只有4～5cm，计划春播结束后继续改进。

这款机子的研制过程也是很费周折，与手扶连接的部分开始设计为可活动连接，在地里播种时可根据地形高低自行调节，而真正到地里使用时问题就来了：开沟器的入土深度不一致，地硬的一面开沟器无法入土，形成浮籽。针对这种情况，我们在地里开了一场别开生面的研讨会，农民们提意见非常踊跃，还有的人非常激动，对着机子指手画脚。有时候明显是一个对改进毫不相干的问题，但只要一个人提出来，大家就会一窝蜂地肯定。在农民

面前，如果不拿出铁的事实，要在道理上说服他们是很困难的。比如有人突然说："问题在于种子箱太高。"大家就异口同声地附和，说只要降低了种子箱高度，一切问题就解决了！

对农民看待问题"咬定青山不放松"的劲儿，我们应该正面肯定，为农民服务，农民不参与还有什么意义。

三是几项关键技术展示。首先是胡麻与玉米的同期播种，胡麻、玉米带田同时播种，减少田间播种次数和劳动强度，为农民腾出时间和精力从事其他更有意义的劳动；其次是胡麻、大豆的同机播种，技术原理与胡麻、玉米同期播种类似；再就是胡麻、豌豆同机播种，过去农民做胡麻、豌豆带田，都是胡麻播种完另择日期播种豌豆，费时费力。对播种机进行改进：在一个播种箱搭载两种种子，形成四行胡麻两行豌豆的带田模式。这项技术今年在实施过程中机手操作很不熟练，行距盯得不准，胡麻播幅挤占豌豆播面的现象很普遍。落实一项好的技术，除了好的设计、好的工具，机手也是关键因素。

四是各项胡麻套种模式的展示，共有胡麻玉米带田、胡麻大豆带田、胡麻蚕豆带田、胡麻油葵间作等10多种模式。

五是开展新疆伊犁红花栽培，引进张家口、大同的谷子、糜子、马铃薯新品种示范栽培等。

4月1日　　范立荣

2015年	星期三	农历二月十三	乙未年	【羊年】
2016年	星期五	农历二月廿四	丙申年	【猴年】
2017年	星期六	农历三月初五	丁酉年	【鸡年】

2017年4月1日，全市晴，气温1～13℃。

刘川基地下午4点地温：5cm土层21℃，10cm土层17℃，15cm土层12.5℃，20cm土层9℃，25cm土层8℃。

会宁西王的基地上，技术员老范正在指导农民进行机械播种。老范叫范立荣，是会宁县柴门镇农技站的站长，年近50，是白银市胡麻综合试验站会宁示范县的技术骨干。从胡麻产业技术体系启动开始，一直负责柴门片区的工作。

作为一名基层农技人员，他既要指导全镇的农业技术工作，又要包村包队地开展行政工作。与老范接触的这么多年，感觉老范同志优点多多，许多地方值得我们学习。

他吃苦耐劳。胡麻体系实施以来，他就养成了一个习惯，每天早晨第一件事就是骑着摩托车去胡麻试验地里，协助观察记载人员完成当天工作。如果地头活儿忙，他可以整天待在地里，中午就近走进农家吃碗面。每天下午也去地里，基本上风雨无阻。从胡麻播种开始到胡麻收割，在胡麻试验田里天天能够看见老范的身影。周围的农民被老范的精神感动着，一说起他都是赞不绝口。他们说："老范比我们自家人去地里的次数还多，我家胡麻地里啥情况，老范比我们还清楚。"

给农民们发种子、送农药等活动，老范都是亲力亲为，不怕脏不怕累，和农民同吃同劳动。他骑着摩托车每天要跑30多公里的路，去年换成了一辆斗篷三轮摩托车，三轮车成了老范的新标配。要找老范先到地里，到了地里先找斗篷车，老范天天在地里，斗篷车就天天在地里。

作为农业科研工作者，我们都是长期和农民打交道，但接触过程中，并不是每次都水乳相融，农民有他们的利益追求，我们有相关的规定和要求，时不时就会与农民发生争论。我们有个经验，示范点一般就办两三年，时间长了问题就多了，要么农民越来越不把我们当回事儿，要么劳务费要价越来越高。

可是，老范在这块地一蹲就是十年，他跟农民不但没有发生任何矛盾，反而蹲的时间越长，威望越高，效果越好，我们听到的都是农民对老范发自内心的赞扬。

老范很会做农村工作，他的这种本领我们很难学到手。老范与农民相处，表面观察真的看不到有什么特别的地方，一切都平平淡淡。他从不正儿八经地与农民握手套近乎，也很少酸不溜溜地打问农民的家长里短，见了面都是直奔主题，要求把什么什么干了，把什么什么做了，很直白，有时候我们都为他的直白捏把汗。

每当这个时候，都是见证奇迹的时候。对老范的要求，农民们都是百分之百地答应，看得出是发自内心地答应，是心悦诚服地答应。如果是一次两次，不足道，而我们是见证了十年，十年验证，十年没有例外。

至今我也没有搞明白，他是用什么"魔咒"与农民相处的。我只能说的是，老范是做农村工作的高手。

4月2日　　热度正在持续

2015年　星期四　农历二月十四　乙未年　【羊年】

2016年　星期六　农历二月廿五　丙申年　【猴年】

2017年　星期日　农历三月初六　丁酉年　【鸡年】

2017年4月2日，全市晴，气温3～18℃。

平川吊沟的农民技术员李长衡在日记中写道："今天家里活不多，就翻看农科所发放的《白银市农业科学研究所科研成果展示（新品种新技术介绍）》，其中一段：胡麻的主要病害是立枯病和白粉病，主要虫害是地老虎、蛴螬、漏油虫、蚜虫和潜叶蝇。生长期间如发现病虫害应选用合适药剂及时防治。胡麻根系纤细，吸肥能力较弱，吸肥时间短而集中。在枞形期吸收氮肥最多，以后各期氮肥的吸收减少，在开花期吸收磷肥最多，其次是快速生长期和成熟期。钾在开花期和快速生长期吸收率较高，适时施氮，可增加产量，提高品质。"

我们在2016年春天出版了《白银市农业科学研究所科研成果展示（新品种新技术介绍）》，目的在于展示"培养白银农业科学家，打造白银农业技术孵化器，为白银农业发展提供技术支撑"方面的一些成果。

我们将国家胡麻产业技术体系白银综合试验站"十二五"总结放在首位，汇集了从2009年体系建设以来，我单位承担试验站工作以来的大部分技术成果。"十二五"期间，在胡麻体系和首席科学家的指导下，白银综合试验站承担并完成了"寒旱区抗旱增产技术研究应用""高值化技术研发与应用"两项重点任务，完成了岗位专家委托的"抗逆高产品种选育研究""病虫草害无公害防控""节水栽培技术研究"三项任务。

试验站还针对白银市胡麻产业的现状，在生物特征特性、优良品种、高产高效栽培、病虫草害防控、机械化、提高劳动生产率等方面开展了一系列调查和研究。

完成了3项基础性工作：胡麻生长动态观察、胡麻生物学特性考察、基础数据搜集。

开展了5项前瞻性技术研究：地膜胡麻大型机械穴播技术展示、砂田及土地胡麻大型机械宽幅条播技术展示、胡麻小型机械收割展示、胡麻豌豆带田同机播种技术展示、胡麻玉米同期播种试验研究。

基本普及了5项关键技术：优良品种基本普及、地膜胡麻栽培技术基本普及、间作套种栽培技术基本普及、复种技术基本普及、病虫草害防治技术基本普及。

开展了4项技术服务：建设基地、流动宣传、统一供种和统一机播、统一供药和统一防治。

通过"十二五"的工作，体系起步之初发现和提出的胡麻"出苗率低、效益低、倒伏严重"的"两低一倒"问题得到有效改善和解决：通过使用优良品种、合理施肥灌水、模式化栽培和机械播种，胡麻出苗率提高约15%，普遍出苗率在70%；通过使用优良品种、地膜胡麻、砂田胡麻、间作套种、复种及机械化作业，胡麻的土地生产率翻番，劳动生产率显著提高；通过使用优良品种、合理施肥灌水、间作套种，胡麻倒伏在一定程度上有所减轻。

国家胡麻产业技术体系实施的10年，正是胡麻产业发生深刻变化的10年。从生产规模看，虽然生产面积还不是人们理想化的面积，虽然正式的统计资料里胡麻面积还在末位，但实际上，10年间胡麻生产面积已经完成了止滑趋稳适度增加的华丽转身，白银大地上，6月处处可见胡麻花儿开。人们对待胡麻的理念也发生了深刻变化，食用胡麻油也由乡村走到城市，由北方走到南方，胡麻油的保健作用也被空前重视。胡麻的科研加工也得到历史性的发展，许多大中型的胡麻企业都是最近10年发展起来的。胡麻甚至成了人们炒作的对象，有人把胡麻比喻为西北的"第二大金矿"。

胡麻油冷榨好，但胡麻的热度正在持续。

4月3日　　一切为了胡麻

2015年　星期五　农历二月十五　乙未年　【羊年】

2016年　星期五　农历二月十五　丙申年　【猴年】

2017年　星期一　农历三月初七　丁酉年　【鸡年】

2017年4月3日，西王阴天，早上南风，8点多还飘了点小雨。

农民已经开始翻肥，点播大豆，胡麻都顶土了，拿树枝扒开土层，黄黄的幼芽就冒出来了。

刘川是沿黄灌区胡麻间作套种的主要地区，其间套模式已经成熟。

胡麻大豆套种优化栽培模式结构为：总带幅110cm，4行胡麻60cm，2行大豆50cm。胡麻行距20cm，密度40万~45万株/亩，大豆行距30cm，密度2.2万株/亩。混合亩产211.1公斤，胡麻亩产90.6公斤，大豆亩产120.5公斤。

胡麻玉米套种优化栽培模式结构为：总带幅150cm，6行胡麻100cm，2行玉米50cm。胡麻行距20cm，密度40万~45万株/亩；玉米行距30cm，株距25cm。混合亩产667.5公斤，胡麻99.9公斤，玉米567.6公斤。

胡麻花葵套种优化栽培模式结构为：总带幅120cm，4行胡麻60cm，1行花葵60cm，胡麻行距20cm，密度40万~45万株/亩，葵花株距37cm，亩株数1500株。胡麻亩产95.5公斤，花葵亩产153.3公斤。

胡麻油葵套种优化栽培模式结构为：总带幅140cm，4行胡麻60cm，2行油葵80cm。胡麻行距20cm，密度40万~45万株，油葵株距25cm，行距40cm。胡麻亩产

65.6公斤，花葵亩产188.6公斤。

胡麻豌豆间作优化栽培模式结构为：4行胡麻间作2行豌豆，胡麻、豌豆行距均为20cm，胡麻密度40万~45万株/亩，豌豆密度8万株/亩。胡麻亩产155.1公斤，豌豆亩产41.7公斤。

胡麻蚕豆套种优化栽培模式结构为：总带幅100cm，4行胡麻60cm，1行蚕豆40cm。胡麻行距20cm，密度40万~45万株/亩，蚕豆株距15cm，行距40cm，亩保苗0.444万株。胡麻亩产110.8公斤，蚕豆亩产80.3公斤。

在沿黄灌区实行胡麻的间作套种是综合因素作用的叠加效应。从胡麻综合试验站的工作角度出发，我们首先想到的是稳住胡麻种植面积，甚至增加胡麻种植面积。但在高水肥地区单纯增加胡麻种植面积不是太现实，通过间作套种让农民在保障胡麻收入的同时又增加其他作物的收入，提高了土地生产率，路子就完全走得通。实行胡麻间作套种不是异想天开，而是紧密结合了当地实际，充分考虑和利用了当地的水肥特别是光热资源。

从劳动生产率的角度审视胡麻的间作套种，简单一句话：有点费工，也有点窝工。在国际上，在农业机械化发达的地区不主张间作套种。在我国，特别是黄河中上游地区，人多耕地少，热量不多又不少，种一茬浪费热量，种两茬热量不够，不得以，间作套种，种一茬半。

农业科技措施的实行不能绝对化，为了迎合农业机械化太"机械"的特点，间作套种可以做些让步，极尽简约化。但机械化也是发展中的机械化，将来还要智能化。农业要机械化，研究机械化的人千万不可"机械化"。干什么活就研究什么样的机械，而不能单纯地有什么样的机械就干什么样的活。科研的目的就这么简单明了。

4月4日　　祖厉河畔的胡麻

2015年　星期六　农历二月十六　乙未年　【羊年】

2016年　星期一　农历二月廿七　丙申年　【猴年】——清明

2017年　星期二　农历三月初八　丁酉年　【鸡年】——清明

2017年4月4日，全市晴，有雾。平川天气晴朗，气温3～20℃。

平川胡麻开始萌动。刘川早8点地温：5cm土层7℃，10cm土层7℃，15cm土层8℃，20cm土层8℃，25cm土层9℃。

刘川早晨大雾，刘万景在日记中写道："早晨起雾，10米远就认不出前面的人了，我小心翼翼地骑着电动车去了胡麻试验地，人们都忙着赶庙会。"赶庙会的人要从胡麻试验田经过，大家看着田里横横竖竖插着的地温计，还要刨土打孔取样观察，很好奇，总要三三两两地停下来看一阵、议论一阵才离开。

会宁西王今天早晨也是大雾。农民陆续开始点播地膜玉米。会宁县基本都属于祖厉河流域，流域内有引黄灌区、苦水灌区、旱作区三大栽培作物区。引黄灌区胡麻播种面积不大，但产量较高，正常亩产175公斤以上，属会宁胡麻高产区；苦水灌区主要分布在以柴门为中心的城郊地区，多采用"新膜玉米—残膜玉米—三膜胡麻"为核心的少免耕轮作节本增效种植模式，胡麻正常亩产150公斤以上；旱作区胡麻播种面积大，占全县胡麻播种面积的90%，2007年以前以露地栽培为主，2008年开始，地膜二次利用穴播胡麻得以快速发展，目前应用面积接近一半，正常亩产75公斤，高者可达150

公斤。

这几年，会宁的胡麻播种面积、单位产量一直处于波动状态，在波动中稳定，在波动中提高。

一年覆膜多年利用的地膜穴播胡麻多茬栽培技术，充分利用地膜覆盖先进技术，提高了地膜利用率，节约了地膜，减轻了污染，减少了耕作次数，提高了抗旱能力，经济效益和社会效益显著增加。

事实证明，在会宁苦水灌区及旱作区实施地膜胡麻是一个关键性的技术。从生产的便捷程度看，地膜胡麻几乎是一种了之，地膜是"种玉米的人"去覆，基肥是"种玉米的人"去上，就是说前期工作与前期投入都不用"种胡麻的人"去管。胡麻也是很人性化很"让"人的一种作物，在栽培上，不论过去还是现在，都是极简化。人们曾经抱怨对胡麻栽培简单化了（我在前面也有这样的抱怨），但极简化的栽培反而带来一项预料之外的效果——极少污染。就凭这一点，胡麻便成了当今的新宠。

对胡麻，对会宁胡麻已见到多处宣传报道，有生产方面的，有加工方面的，也有功能方面的。用我们现有的境界看，这些宣传八成都是实事求是的，有个别的宣传属于科学探讨，在没有科学验证的情况下，谁也不好肯定谁，谁也不好否定谁，只要宣传无害即可。我们要做的是，应当积极响应这些宣传，应当积极应对这些宣传，把它作为一缕东风看待。一个人也好，一块地方也罢，更多的时候是万事俱备只欠东风。东风来了，岂能任尔凭空吹过！

借助东风最基本的办法就是把当下的地膜胡麻发展好，因为这项工作各方面的条件已经成熟，需要的就是下决心了。当然，在市场经济下，只种植、只做原料生产是远远不够的，要积极创造条件，把企业做大做强，把产品做精，把市场份额做上去。

地膜胡麻的技术还有不完善之处，但只要是在市场的拉动下，些许小的改进是相当容易的。

4月5日　　尊重

2015年　星期日　农历二月十七　乙未年　【羊年】——清明

2016年　星期二　农历二月廿八　丙申年　【猴年】

2017年　星期三　农历三月初九　丁酉年　【鸡年】

2017年4月5日，全市晴，气温4～11℃。

刘川早8点地温：5cm土层6℃，10cm土层7℃，15cm土层7.5℃，20cm土层7.5℃。下午4点地温：5cm土层26℃，10cm土层22℃，15cm土层16℃，20cm土层15℃。

西王的农民准备点播地膜玉米。我们几个基地的农民技术员虽然都是中年人，但因生产、生活条件不同和在村上所处的社会地位不同，他们的所思、所想、所做都有很大不同。

这一天，平川的老李对播种时间和播种质量做了一番学习。他家里的房子做得很漂亮，高高的门楼，三面都是墙砖贴面的大房子，封闭式U形过道，院子中央带着花园。家里的装修摆设都很城市化，有大的餐厅、会客室、娱乐室，从东边角门出去，还有锅炉房、农具库房等，他自己开着一个农资商店，日子过得很小康。

老李每天的固定工作有两项：早中晚三个来回接送孙子，早晚两个来回在胡麻地里观察记载。如果发现胡麻地有新情况或者我们对胡麻田间管理有新要求，他就会宣传说服农民去做，若要发现胡麻田有脱肥、欠水、草荒、病虫害等问题，就会去找地的主人，提出要求并给予帮忙指导。有的农户因忙其他事，他如果有时间就会帮着解决一下。有的农户只种不管理，劝说也没用，他就会很生气，狠狠地说："明年再不给他家落实任务了。"除了"胀一肚子气"，也无良方。

刘川的刘万景在今天的日记中用一半的篇幅谈论了"尊重"二字。她说："尊重的力量是巨大而深刻的、稳定而持久的。人无论是男的、女的、老的、少的，富有的、贫穷的，他们都有自己的尊严，都有自己的个性，妄自尊大的人最终只能遭到人们的鄙视。"

刘万景是个中年妇女，人很随和热情，爱干净，在农村妇女中是少有的白净，见人老是笑嘻嘻的。家里也拾掇得干净，做得一手农家好饭，每次到基地去，我们都要与她预约午饭。城里饭吃多了，刘万景的酸菜粉条炒肉片和靖远糁饭很是解馋。

今天的她为什么没头没尾地谈尊重，出于什么原因我们不得而知。

刘万景的老公是这个村子的党支部书记，人到中年，很干练，待人真诚，每次见他就是在他家吃饭的时候，他出出进进忙着招呼，但从不和我们坐在一起吃饭，只有他老父亲作陪。在农村的传统观念上，家里来了客人，长辈出席作陪，晚辈不同桌。看来他们家还延续着这种传统习惯。作为一村之长，他开着自己旧旧的桑塔纳早出晚归。由此想到刘万景写尊重应该是有感而发，个中滋味只有她自己知道吧。

村干部一直是焦点角色，过去和现在都是这样。所谓上面千条线，下面一苗针，这个针就是村干部。

刘万景与她的丈夫都很支持我们的工作，但除了我们安排的任务外，他们从来没有主动谈起过村上对科技方面的想法，更没有要求过给予村上科技帮助。好像他们很能"看透"我们，知道我们没有什么权力，办不了什么大事儿。

对他们的这个态度我们倍感欣慰，在下乡帮扶工作中，农民和村干部经常非常激动地要求我们给他们修路、平地，搞得我们千难万难。记得有一次，当一个村的农民提了一大堆要求后，临我们走时，一位姓冉的女士又说："大太阳这么晒，窖里快没水了，给我们送些水来。"说得我们无言以对，其他的农民都在窃笑。凑巧的是，散会后不到半个小时，突然平地一声惊雷，暴雨如注，有村干部给冉女士打电话："水送到了，抓紧接收！"

附：2015—2017年的4月5日地温与胡麻平均生长动态关系：

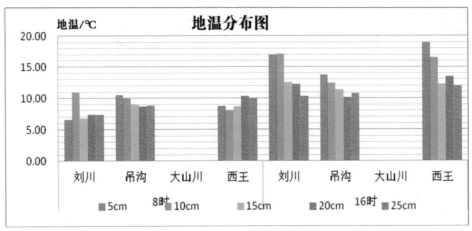

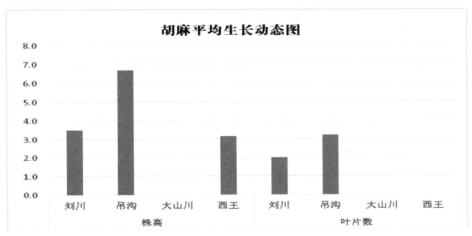

　　4月5日吊沟、刘川胡麻出苗，吊沟胡麻叶片数3片，刘川胡麻叶片数2片，西王胡麻正在扎根出苗，芽长3.2cm，大山川准备开种。0～25cm各土层平均地温与10cm土层温度高低排序与3月25日的分布相同。8时平均地温：吊沟砂田为9.41℃，西王旧膜地为9.12℃，刘川露地为7.78℃。16时地温上升为11.7℃、14.63℃和13.84℃，分别较上午提升2.29℃、5.51℃和6.06℃。8时10cm土层的地温：刘川露地为10.89℃，吊沟砂田为10.07℃，西王旧膜地为8℃，16时依次上升6.22℃、2.35℃和8.57℃，分别达到17.11℃、12.42℃和16.57℃。

4月6日　　胡麻那些事儿

2015年　星期一　农历二月十八　乙未年　【羊年】

2016年　星期三　农历二月廿九　丙申年　【猴年】

2017年　星期四　农历三月初十　丁酉年　【鸡年】

2017年4月6日，全天有扬沙，气温4～22℃。

刘川基地早上8点地温：5cm土层9℃，10cm土层10℃，15cm土层10.5℃，20cm土层11℃。下午4点地温：5cm土层24℃，10cm土层21℃，15cm土层17℃，20cm土层14℃。

人类种植和利用胡麻的历史可追溯到6000多年前，古人将胡麻籽磨成粉，或榨成油食用（也做照明用）。后来人们发现胡麻籽油也有治病的功能，胡麻籽油可以加快伤口愈合，擦在胸口可缓解伤风和哮喘症状。佛教经典、《圣经》、《古兰经》中都广泛记载着人们对胡麻重要性的认识和胡麻食品制作以及使用情况。

任何一种作物能够流传下来，都有它深厚的历史渊源。做胡麻工作，我们就会偏爱胡麻，我们希望胡麻有历史、有故事。

要把胡麻的历史延续好，胡麻生产的全程机械化（特别是山区小块平地机械化）要有大进展。没有生产的全程机械化，我们研究的许多技术都无法实施，如精量播种、模式化栽培、病虫草害综合防治、秸秆还田，等等。从农业效益看，我国的水稻、小麦、玉米单产已经达到和接近发达和中等发达国家水平，但劳动生产率还不到这些国家的一半，没有国际竞争力。从劳动力转移趋势看，"谁来种地"不是忧伤，而是我们发展全程机械化的历史机遇。要以机械化提高土地生产率、劳动生产率，促动土地整治和土地流转，提高我国种植业的自信和胡麻自信。

要把胡麻的故事讲好，农业生产物的全员高质利用和艺术设计必须提上议事日程。传统观念中，有收获物就有废弃物是对的，但现代农业应当是高质全员利用农业。生产一百斤粮食，还有一百多斤秸秆被遗弃被焚烧；养一头猪，多少的粪便尿流失；加工一吨食品，产生多少三废，既污染环境又损失能量；在生产正能量的同时，派生出大量负能量，这不是科技进步。我们可以在4个方面先行开展攻关研究：一是大宗农作物秸秆和牲畜粪便的高质利用，如玉米、洋芋秸秆和养殖场粪便等；二是几种利用价值比较高比较贵重的农作物副产品的开发利用，如胡麻纤维利用，去纤后的秸秆利用；三是农产品加工的技术含量和多样化问题；四是餐桌食品的艺术设计问题，要把餐桌食品作为艺术去对待、去设计，即作为舌尖上的艺术更要作为视觉艺术，真正做到秀色可餐。

现在的农村有一个见怪不怪的重大问题：一方面急缺各类技术，另一方面技术需求很不旺盛。这说明我们的农业已经进入了市场拉动的新阶段，单纯的以生产为目的技术只能增加成本。要以市场化为目的研究和组装配套（从种、养、加到市场的各个环节的）技术；要以技术引导市场，针对各业的独到之处，加强市场宣传、引导，扩大消费人群，提升消费层次。比如胡麻的亚麻酸就很独到，走向人们生活只是个时间问题，我们应当加速这个进程，缩短过程。

胡麻是吉祥的，与胡麻有千丝万缕联系的我们是幸运的。

4月7日　　打造黄河农业品牌

2015年　星期二　农历二月十九　乙未年　【羊年】

2016年　星期四　农历三月初一　丙申年　【猴年】

2017年　星期五　农历三月十一　丁酉年　【鸡年】

2017年4月7日，全市大部分地方阴天，有小雨，气温3～11℃。

平川老李在日记中说："我们吊沟每15天浇一次水。"这句话很有意思，估计北方地区所有的农民看到后都会惊叹不已。

平川的很大部分灌溉地是井泉灌区，地下水位高，打井方便，上游打井下游流水，很多都是自流灌溉，只要想灌基本都有水，是典型的保灌区。井水加自流，灌水成本就很低。作为农民，能生活在平川吊沟这样的农村环境，还是比较幸福的。

整个黄河灌溉区（包括甘宁蒙交界区）虽然比得上平川井灌区的地方不多，但绝大多数地区生活生产用水还是有保障的，是农业发展的优势区。

白银市位于中部黄河流域中下段，注定白银是黄河灌区农业的重要组成部分。发展黄河灌区农业其利不仅在白银，更在甘肃，而且可以带动宁夏、内蒙古交界的黄河灌区农业发展，形成跨省农业经济圈，联合建造起西北农业优势区。

白银市在农业发展上具有得天独厚的区位优势，是黄土高原、青藏高原、腾格里沙漠的交会区，介于兰州和银川之间，与宁夏、内蒙

古两个自治区山水相依。境内有包兰铁路、白宝铁路、甘武铁路、兰白高速公路、国道312线、国道109线等，商流、资金流、信息流、人力流十分便捷通畅，具有极强的兼容性，河西绿洲农业、定西旱作农业、宁夏灌溉农业在这里聚集融合。

置身黄河，饱受黄河滋养，不论胡麻产业还是其他农业产业，都应适应新形势，发展大产业，打造黄河农业品牌。

要在自主创新上有大的突破，这是打造黄河农业品牌的灵魂。在自主创新的体制定位上，资产在千万元的大公司都要有自己的技术创新队伍，力争达到公司内有科研所，公司外有联系的院校。力争在"十三五"末实现区域内主要农作物品种更新，自主创新技术也有大的进展。

要在市场主体上有大的突破，这是打造黄河农业品牌的关键。没有农业企业而靠行政单方面推动农业产业的阶段已经基本过去。要鼓励农业科研人员、种子技术人员以各种合法正当的手段领办、引办和创办农业企业；招商引进企业，使企业发挥主体作用。

要时刻抓好环境建设，这是打造黄河农业品牌的基础。要着力营造好经济合作联席制度，防止信息不对称，研究出台一些促进甘宁蒙经济一体化和加快发展的政策措施、规划。在经济层面上搭建商贸中心，促进农产品流通，共同创建黄河农业品牌。

甘宁蒙交界区，山相依，路相通，水相连，地质地貌相近，生产生活条件相似，唯独不通的就是行政管理上分出三个省（自治区）。建设甘宁蒙农业经济区，就是要在不打破和尊重现有管理体制下，发挥政府间的协调沟通能力和水平，三驾马车共同拉动黄河农业品牌这面大旗，联合打造共享品牌、共有经济、共同农业优势区，节约、高效利用资源，从而提高区内农业经济效益。

建设甘宁蒙交界农业优势区，农业科研要做好先行官，做到冲锋陷阵，要在共同大项目和大课题的协调规划下有序配置科研力量，分工协作，既要杜绝挤道占道，又要防止空白盲区，既要杜绝低水平的重复，又要防止分散精力而不能有效攻关和解决技术瓶颈的问题。

4月8日　　胡麻单株生产力

2015年　星期二　农历二月十九　乙未年　【羊年】

2016年　星期四　农历三月初一　丙申年　【猴年】

2017年　星期五　农历三月十一　丁酉年　【鸡年】

　　2017年4月8日，全市大部分地区阴有小雨，天气特别冷。西王的农民在点播玉米，刘川的胡麻已破土出苗了。刘川早8点地温：5cm土层5℃，10cm土层6℃，15cm土层7℃，20cm土层8℃，25cm土层9℃；下午4点地温：5cm土层9℃，10cm土层8℃，15cm土层8℃，20cm土层9℃。

　　胡麻是密植作物，在播种和田间管理等方面，人们的传统观念是更重视群体，基本不在乎每株的个体情况。其实密植作物也是由个体组成的，现代农业必须重视作物的个体生长发育环境，决不能粗枝大叶，朝天一把籽，深的深浅的浅，稠的稠稀的稀。我们专门研究过胡麻的单株生产力，在胡麻出苗的今天，把这个研究结果贴出来，也好早点引起大家重视，善待每一株的胡麻。

一、茎对胡麻主要经济性状的贡献

陇亚10号：主茎上分枝8个，结果35个，重2.603g，籽289粒，重2.004g；第一分茎上分枝6个，结果14个，重1.055g，籽107粒，重0.704g；第二分茎上分枝5个，结果8个，重0.597g，籽66粒，重0.423g。

陇亚杂1号：主茎上分枝5个，结果24个，重2.11g，籽200粒，重1.573g；第一分茎上分枝3个，结果9个，重0.925g，籽82粒，重0.689g；第二分茎上分枝3个，结果9个，重0.797g，籽76粒，重0.561g；第三分茎上分枝3个，结果4个，重0.289g，籽30粒，重0.266g；第四分茎上分枝1个，结果3个，重0.191g，籽17粒，重0.133g。

陇亚10号从主茎到第二分茎，经济性状占全株的比率，分枝数由42.1%下降到26.3%，果数由61.4下降到14%，果重由61.2%下降到14%，粒数由62.6%下降到14.3%，粒重由64%下降到13.5%。

陇亚杂1号从主茎到第四分茎，经济性状占全株的比率，分枝数由33.3%下降到6.7%、果数由49%下降到6.1%、果重由47.82%下降到4.3%、粒数由49.3%下降到4.2%、粒重由48.8下降到4.1%。

这说明，胡麻单株生产力以主茎贡献为主，主茎的分枝数占全株分枝数的33.3%~42.1%、主茎的果数占全株果数的49%~61.4%、粒数占全株粒数的49.4%~62.6%、粒重占全株粒重的48.8%~64%。分茎越多，主茎贡献率越小，因此需合理密植以保证足够多的主茎，加强调控以促使适度分茎，构造个体群体和均衡发展是胡麻生产丰产高效的关键。

二、分枝对胡麻主要经济性状的贡献

陇亚10号：一级分枝上结果8个，重0.52g，籽57粒，重0.375g；二级分枝上结果14个，重3.363g，籽363粒，重2.455g；三级分枝上结果5个，重0.372g，籽42粒，重0.301g。

陇亚杂1号：一级分枝上结果8个，重0.52g，籽57粒，重0.375g；二级分枝上结果14个，重3.363g，籽363粒，重2.455g；三级分枝上结果5个，重0.372g，籽42粒，重0.301g。

二级分枝对单株生产力的各项性状贡献最大，占全株的贡献比率，果数达到65.3%~77.2%，粒数达到71.6%~78.6%，粒重达到72.5%~78.4%。一级分枝贡献次之，占全株的贡献比率，果数14%~24.5%，粒数12.3%~17.8%，粒重12%~16.9%。三级分枝贡献最小，占全株的贡献比率，果数8.8%~10.2%，粒数9.1%~10.6%，粒重9.6%~10.6%。

三、果枝长对胡麻主要经济性状的贡献

陇亚10号：小于2cm长的果枝上分布蒴果1个，重0.077g，籽8粒，重0.061g；2~4cm果枝上分布蒴果47个，重3.633g，籽396粒，重2.716g；4~6cm果枝上分布蒴果8个，重0.49g，籽51粒，重0.315g；大于6cm果枝上分布蒴果1个，重0.055g，籽7粒，重0.039g。

陇亚杂1号：2cm以下果枝上分布蒴果4个重0.369g，籽37粒，重0.284g；2~4cm果枝上分布蒴果35个，重3.337g，籽303粒，重2.448g；4~

6cm果枝上分布蒴果6个，重0.441g，籽43粒，重0.312g；大于6cm果枝上分布蒴果4个，重0.265g，籽22粒，重0.178g。

2~4cm果枝上分布的蒴果最多，粒最重，对单株生产力贡献大，占全株的贡献比率，果数达到71.4%~82.5%，粒数达到74.8%~85.7%，粒重达到76%~86.7%。果枝长与粒数、粒重呈极显著负相关，果枝长与粒数的相关系数，陇亚10号为-0.4606、陇亚杂1号为-0.4207；果枝长与粒重的相关系数，陇亚10号为-0.6159、陇亚杂1号-0.4134。

四、果粒数对胡麻主要经济性状的贡献

陇亚10号：≤6粒的果7个，粒重0.254g；7粒的果12个，粒重0.565g；8粒的果13个，粒重0.768g；9粒的果14个，粒重0.829g；10粒的果11个，粒重0.715g。

陇亚杂1号：≤6粒的果9个，粒重0.298g；7粒的果2个，粒重0.107g；8粒的果11个，粒重0.709g；9粒的果7个，粒重0.534g；10粒的果19个，粒重1.482g；11粒的果1个，粒重0.092g。

说明：（1）品种不同出现果最多、粒最重峰值的果粒数不同，陇亚10号以9粒分布最多，果占全株的24.56%，粒重占全株的26.48%；陇亚杂1号以10粒分布最多，果占全株的38.78%，粒重占全株的45.99%。

（2）6粒及以下占相当比重，陇亚10号果占全株的12.28%，粒重占全株的8.11%；陇亚杂1号果占全株的18.37%，粒重占全株的9.25%。

（3）粒重随着果粒数的增加基本呈线性增加，陇亚10号回归方程为：$y=0.0037+0.0063x$（$r^2=0.6178$），陇亚杂1号回归方程为：$y=-0.0013+0.0081x$（$r^2=0.8537$）。因此，胡麻生产应加强如何提高结实率研究。

4月9日　　保护性栽培

2015年　星期四　农历二月廿一　乙未年　【羊年】

2016年　星期六　农历三月初三　丙申年　【猴年】

2017年　星期日　农历三月十三　丁酉年　【鸡年】

2017年4月9日，全市多云。

10cm土层下午4点地温：西王11℃，刘川11℃，吊沟新砂田9℃。地温变化有一个特点：5~25cm土层地温变化不大，最高13℃，最低8℃。相比往年，今年的10cm土层地温偏低，西王2015年是16℃，2016年是15℃，比今年高5~6℃；刘川2015年和2016年都是20℃，比今年高9℃；吊沟新砂田2015年17℃，2016年19℃，比今年高8~10℃。

今年胡麻的生长发育比往年明显推迟，西王露地胡麻同日的生长状况是：2015年根长1.4cm，茎长2.5cm，2片叶；2016年根长2cm，茎长2.5cm，4片叶；而今年胡麻还没有透土。2015年当天刘川胡麻株高4.3cm，而今年刚刚顶土。平川由于地势低，积温高，又是砂地，今年胡麻已经全部出苗，株高5cm左右。

从三年的数据对比看，同一地区年际间的差异比较大，同一年不同地区的差异也很大。年际间的差异主要是由各年的气温不同造成的，比如今年播期推迟15~20天，接着又是持续低温，使胡麻生长发育进程延缓。年内不同地区的变化主要是由当地气温变化所致，还受不同的栽培方式的影响，如砂田和地膜覆盖地就比露地胡麻生长发育快。

年际间、年内气温和不同栽培方式引发的变化给我们深刻的启示：我们的农业还受制于天。不论是农民还是科研人员，再好的设想和做法，种不种地取决于自己，当种子播种于土壤之后，还要看天行事。

农业不摆脱完全受控于自然的状况，就没有真正的农业现代化，也不可能有真正的技术进步。由地膜、砂田栽培延伸到目前大面积推广的日光温室、大棚栽培等联想到一个农业新命题，就是农业生产只有走保护性栽培的道路，才能实现真正意义上的现代化。

什么是保护性栽培？设想在将来的某一天，把基本农田完全建成给水排水十分方便的高等级农田，并完全实行大棚式的保护。当大风、霜冻、冰雹、虫害、降雪等灾害来临时，大棚开启保护模式，发挥保护作用，避免对作物造成危害；当需要接受阳光、雨露时，大棚开启接受模式，吸纳阳光与水分。这样就很大程度上减少了年度间、年内地区之间的差异。可想而知，到那时，规模化、科学化、清洁化的种植都能实现，农业才是一个高度发达的农业。

在保护性环境下种胡麻，就不可能为一次两次降雪而十天二十天地推迟播期，也能适度调控温度，也能够避免多种昆虫的危害，还能防止胡麻倒伏。

随着保护性栽培技术的普及，以及交通运输业的不断发展和冷链物流业的不断成熟，冬季蔬菜生产回归南方，北方土地重归休闲整理。

4月10日　　困惑

2015年　　星期五　　农历二月廿二　　乙未年　【羊年】

2016年　　星期日　　农历三月初四　　丙申年　【猴年】

2017年　　星期一　　农历三月十四　　丁酉年　【鸡年】

2017年4月10日，今天的天气有点意思。

白银市2.1万平方公里的土地，会宁的西王全天阴天，胡麻开始出苗，农民也在忙着点播玉米。

平川是阴转小雨，气温3～11℃，老李心情低落，他懒懒地在日记中写道："早上起来，天阴得很，不一会儿就下起了小雨，气温一直很低，啥也干不成。"去年的今天，老李的心情还不错："今天多云天气，早上也凉快，去地里拔草吧！胡麻苗子一天天地长高了，长胖了，叶子一天比一天多了。中间有一片胡麻，已经被一些苦苦菜围住了，我慢慢地，很小心地清除了这些苦苦菜，中午还有一顿凉拌苦菜吃。"

今天刘川大晴天，我们农科所的同志向刘川送去了用于胡麻套种的玉米种子。事有凑巧，去年的今天，我们的同志也在刘川干同一件事情。

在刘川灌区做胡麻研究必须与玉米密切联系，只有以玉米生产的发展带动胡麻产业的发展，把两个不相及的作物建成一个命运共同体，才能带动胡麻的发展。在积温和无霜期都比较高的这一地区，单纯种一茬胡麻亩产值不过1200元，的确不划算，单纯种一茬玉米亩产值也就1600元，也不高效。把胡麻和玉米结合起来做成胡麻玉米带田，既保住了玉米的生产，又带动了胡麻的发展。一亩胡麻玉米带田亩产胡麻110公斤左右，亩产值700元，玉米亩产820公斤左右，亩产值1640元，合计总产值2340元，远高于单种胡麻或玉米的产值。

现在看来，2行玉米带若干行胡麻栽培是较好模式，胡麻产量随着播种行数增加而增加，胡麻播种行数从4行增加至5行、6行，胡麻所占面积由50%增加到57%和66%，胡麻亩产量由84.7公斤增加到99.8公斤和108.3公斤。

间作套种在提高土地生产率、资源利用率方面发挥了很大作用，专家（包括我们自己）总结了七八条优势，而且这种研究、这种总结还在继续。但它的不利方面也是显而易见的，就是费工费时，用当地农民的话说，就是"太麻烦"，也不太适合机械化的田间管理，给人们的总体感觉是：没有办法的办法，没有前途的权宜之计。

一个很简单的理由有时候也支撑我自己倾向于这种看法：不论胡麻还是玉米，当把它们作为一个完全的生命体看待的时候（不是作为摄取物），它们都好比是一个个健全的人。而作为人，当你与一个陌生的人住在同一个房间时会轻松、会愉快吗？既然不轻松、不愉快，会生活得好吗？答案是否定的。特别是胡麻，被那么跋扈、那么张扬的玉米成天威胁着，肯定不能生活得悠闲和优质。既然如此，胡麻带给人们的期望也肯定是打了折扣的。

这不是清教徒的悲悯，生活从尊重生命开始，地球只有尊重生命才有未来。最大的尊重就是回归本源，但真要回归了本源，我们可能就没有足够的胡麻可种，就没有足够的胡麻油可吃。

困惑，这就是困惑。但凡困惑都是因人而起，但凡困惑还得人去释疑。

4月11日　　打破枷锁

2015年　星期六　农历二月廿三　乙未年　【羊年】

2016年　星期一　农历三月初五　丙申年　【猴年】

2017年　星期二　农历三月十五　丁酉年　【鸡年】

2017年4月11日，全市阴天，气温3～11℃。

10cm耕层下午4点地温：西王地膜地15℃，比2016年低了5℃，比2015年低了4℃；刘川露地14℃，比前两年都低了6℃；吊沟新砂田8℃，比2016低了11℃，比2015年低了8℃。

平川老李在今天的日记中写道："和往常一样，按照习惯，去地里看胡麻的生长情况，发现胡麻已顶土。听说农科所的同志要指导我们种玉米，他们拿着皮尺、绳子，边量边种，又画线又记录，做得可真好。"

在平川砂田实施的是胡麻玉米同期播种试验，这项试验在刘川、平川、景泰陈庄、会宁西王同时实施。这两天种的是对照（即按传统播期播种的玉米）。

春寒这么厉害，我们既关注胡麻的生长，又关心同期播种的玉米情况。到今天，已经过了20天，按照设计，在地温、气温都正常的情况下，现在的玉米快要顶土了，有些生命力强的玉米都应该出苗了。而今年的地表没有任何动静，想着刨土观察一下，又怕不小心弄断了芽，因为都是单粒播种，断一个芽可就少一株玉米。不查看就不知道玉米种子在土壤里的状况，也许已经粉掉、坏掉，还有的可能被虫吃坏了。

每天都是这样纠结地过日子，甚至会默默祈祷它们在土里的一切状况都如人所愿，有时眼前会出现它们胖

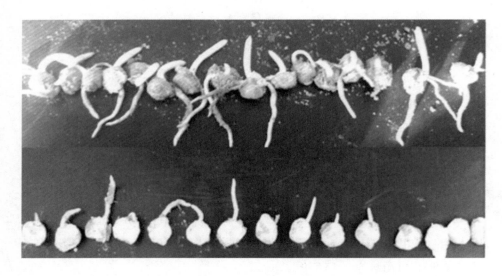

胖的根，嫩嫩的芽。是的，亲手做过的事总盼望着成功。

胡麻玉米同期播种的工作我们已经做了三年。通过一种特殊材料把玉米种子紧实地包裹起来，在胡麻播种时，按照带田模式，将玉米同时播种。换句话说，把玉米的播期由4月上旬提前到3月上中旬。一般情况下，在一年一熟的西北高寒春玉米地区是没有可能的，因为4月上旬玉米播种时，土壤耕层的温度能比较稳定地达到10℃，玉米入土后能按期通过吸水膨胀、生根发芽等"地下工作"，然后正常出苗，而3月中上旬没有这个条件。

在我们这类地区，玉米早播基本没有可能，老百姓都反复尝试过。露地玉米4月上旬播种都很不保险，一般会出现两种情况：一是土壤含水量低，会出现玉米种子水分的反渗透，导致种子粉掉，失去活力；二是土壤含水量高，湿度好，玉米种子能够及时吸水膨胀，但由于土壤温度达不到玉米萌动的温度，种子吸水后不能生根发芽，在低温条件下就会坏掉，变成"水包"。当然，4月上旬或3月底播种的玉米也有能够正常生长发育的，那只是少部分，缺苗断垄非常严重，根本无法保全苗。

说来也很奇怪，玉米早播为什么有的种子会粉掉、坏掉，而另一部分种子能正常生长。这个问题看似简单，其实很复杂，我们也曾设想做这方面的观察研究，粗线条地想起来很容易，真正形成成熟的研究方案还是很有难度，主要是形成问题的因素很复杂，一时半会考虑不全面。总的来说，是低温造成的，可是单个种子对低温的反应又不相同。假如是每粒种子的自身素质决定的，可粉掉、坏掉的种子大小粒都有，饱满的、瘪瘦的都有。直观地看，没有规律。正因为人们没有找到规律，所以玉米早播就成了禁区。有专家提出玉米适期早播，但这个早播只是在原来播期上提前三四天的早播，与我们所说的提前一个月的早播根本不是一回事。

在长期的历史演进与栽培中，人们通过研究农作物与环境的关系，逐渐掌握了作物适宜的播期。播期的明确使农业文明特别是北方农业文明向前跨进了一大步，把人们从盲动中解放了出来。但农业文明发展到今天，播期在一定程度上又成了束缚人们的一个枷锁。不能任性的生产永远不是真正意义上先进的生产，也不是最有诗情画意的文明。打个最简单的比方，下个月要出外旅行，但玉米的播期恰好也在下个月。玉米必须种，为了种玉米就要眼巴巴地错过旅游的黄金档期，就要失去与朋友欢聚的机会。怎么办？只有想办法打破"播期"这个枷锁，想什么时候种就什么时候种，由必然王国变成自由王国。

打破播期枷锁的任务自然就落到农业科研人员的肩上了，而我们开展

的胡麻玉米同期播种就是干的这个活。

这项研究的目标是革命性的。首先是变胡麻玉米带田两次播种为一次播种,先由同期播种变为同机播种,减少播种次数,提高劳动效率;其次是这个研究方向具有很大的延展性,当取得材料的突破后,可以在任一时间播种玉米而保证4月20日左右出苗。设想在很远的地方打工的农民,为了既不误农时种下作物,又能正常上班工作,他可以在国庆假期把明年的玉米种下去,春播时都不用回家,4月下旬玉米正常出苗。

如是这样,就真正打破了播期的束缚,目前我们要做的还只是把播期提前一个月。几年的试验显示,有两个方面亟须改进:一是种子处理的不规范问题。由于种子处理是手工操作,处理过的每批种子都有差异,直接造成种苗田间生长的差异和试验的不精确。二是播种的不规范问题。在播种时,播种的深浅、均匀度以及胡麻行间距的掌握都没有处理好。

从结果看,试验是成功的。当前这项研究的重点就是围绕上述两个问题,着重于选材与机械化的规范操作。

4月12日　　天人合一

2015年　星期日　农历二月廿四　乙未年　【羊年】

2016年　星期二　农历三月初六　丙申年　【猴年】

2017年　星期三　农历三月十六　丁酉年　【鸡年】

2017年4月12日，会宁早晨有霜降，全市晴天。

会宁西王的地膜地里，10cm土层下午4点的地温是20℃，与前两年基本持平。有的农民在点播玉米，有的在胡麻地里除草，心情都还不错。刘川和平川吊沟的情况并不乐观，10cm土层下午4点的地温分别是14℃、7℃，较各自往年同天的气温低6~10℃。

昨天平川老李说他发现胡麻已经顶土了，就在去年的今天，老李在日记中说："天气很凉快，地里绿油油的，胡麻已长出了10个叶子，根长2.5cm，分茎也有0.5cm。胡麻长得快，地里的小草也长得挺快。"

真是同日不同天，做农业就是这样被动，受制于环境，受命于天，面对天时只能顺其自然。由此看来，只要是受制于天的事，都具有天生的弱质性。依赖于弱质性的农业产业的农民，也是弱势群体。为弱质产业服务的科研人员，也只能是行走在天地间的一个个孤孤单单的个体或小群体。

农业要利用生命有机体的生长、繁衍来获得农产品，外界自然环境条件的好坏直接决定着能力的大小和质量的高低，而自然环境条件又在不断地变化之中，带有很大的不确定性，这就决定了农产品的产量和质量总是处于频繁的波动之中。

农业生产需要热量、光照、水、地形、土壤等自然条件。半干旱地区属典型的雨养农业区，水是农业生产的主要限制因素。年度间的降水量差异很大，表现出歉水、平水和丰水三种年型，且年内分布不均，与作物需求吻合性差，作物产量波动很大，表现出歉收、平产和丰产三种年型。旱地雨养农业属一种有风险的生产活动，资金资源投入普遍具有盲目性：歉收、歉水年投资偏大，浪费资源；丰水、丰产年又投资不足，发挥不出丰水的潜力。如何减少风险，让农民获得较高和平稳的经济效益，是干旱地区农业持续发展的前提条件。

进行不同年型预测及优化配置研究，对挖掘降水潜力，产业结构战略性调整，种植结构优化和农业生产科学宏观决策，具有重要意义。

按照歉水年年降水量小于350mm、平水年年降水量350~500mm、丰水年年降水量大于500mm划分，会宁1956—1998年出现歉水年、平水年和丰水年的频率分别为28.8%、57.7%和13.5%。

根据实际产量由趋势产量和气象产量组成，将"（实际产量－趋势产量）÷趋势产量"规定为气象影响值，用来划分年型，歉收年气象影响值小于–0.15，平产年气象影响值为–0.15~0.15，丰产年气象影响值大于0.15。会宁1956—1998年的43年中出现歉收年、平产年和丰产年的频率分别为37.2%、34.9%和27.9%。

凡受制于天就具有先天弱质性，农业就是这样的弱质性。对此，涉农人士都承认，农外人士也广泛认可。但细分析起来，这个世界上没有不受制于天的事物存在，包括农民非农民、农业非农业。农民要呼吸，必然受制于天。

弱质性无非是特定事物相对于环境而言，与环境和谐则强，否则便弱。说到底是天人合一的辩证性。我们就是要用天人合一的思想，在充分认识农业弱质性的经济规律的基础上，积极主动地采取各种有效措施改善农业，以促使农业获得健康、稳定、持续的发展。

4月13日　　长错地方的植物

2015年　星期一　农历二月廿五　乙未年　【羊年】

2016年　星期三　农历三月初七　丙申年　【猴年】

2017年　星期四　农历三月十七　丁酉年　【鸡年】

2017年4月13日，全市晴转多云，气温3~11℃。

刘川下午4点10cm土层地温14℃，比往年低6~12℃，平川吊沟的新砂地10cm土层地温10℃，比往年低13℃。

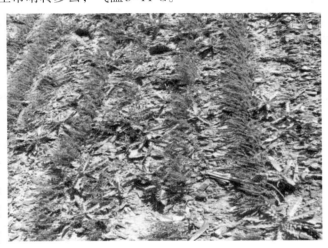

干什么就盼什么好，也希望别人说个好。做胡麻科研和成果转化已经多年了，在那么多的农作物中，我们对胡麻有了偏好，感觉胡麻什么都好，满身都是宝。胡麻的种子是深褐色的，就像可爱的金豆子。株型很好看，就像很有身段的少女，就连每片叶子都是那样的纤小可人。每个分枝都长得恰到好处，疏密得当。分枝都不是白长的，每个枝上都有一颗如宫灯般形状的蒴果。蒴果里有序地包裹着的正是我们所无限期盼的金豆子。

胡麻生性温和，长势也不生猛，倒惹得各色杂草来抢空间。小草值得同情，但也要长在合适的地方，干吗非要长在我们眼巴巴关心的胡麻旁边，与胡麻争一席之地呢？

对胡麻田的草，农民实行的方法是直接拔除，相比之下，我们实行的方法更加残酷——化学防除。

胡麻为密植作物，人工除草费工、费时，难度大，种植面积大的农户往往因来不及锄草而造成草荒；多数农户想用除草剂，但又害怕发生药害而影

响后茬种植。这些现象在沿黄灌区、高寒阴湿区、农林交界区和川水地尤为严重。由于杂草防除不及时而造成的胡麻减产可达30%以上。

目前农药市场上适合胡麻田的除草剂品种少，能够兼防阔叶和禾本科杂草的除草剂更少，农民无从选择。连续多年使用同一除草剂品种，不仅除草效果不好，还导致藜、苍耳等阔叶杂草上升为优势种。菟丝子、苣荬菜、刺儿菜、芦苇和田旋花等杂草的危害程度就是这样逐渐加重的。

白银综合试验站在草害岗位专家的指导下，通过试验得出：麻草克星165g/亩+乙草胺135mL/亩，对阔叶杂草平均株防效72.14%，平均鲜重防效75.59%；对禾本科杂草平均株防效75.17%，平均鲜重防效71.47%。

当人们置身农田时，就会深深地感受到杂草的危害，可当有意识地跳出农业这个小圈子时，就会惊讶地发现，胡麻也好，杂草也好，它们都是植物，都是植物世界里平等的一员。

这个世界上，没有长错的植物，只有长错地方的植物。

4月14日　一个品种一个时代

2015年　星期二　农历二月廿六　乙未年　【羊年】

2016年　星期四　农历三月初八　丙申年　【猴年】

2017年　星期五　农历三月十八　丁酉年　【鸡年】

　　2016年的今天，国家胡麻产业技术体系首席科学家党占海研究员来白银检查指导工作，在检查了平川和刘川的试验示范基地后，与有关科研人员和基地同志进行了座谈交流。党占海从参加工作到现在，一直与胡麻相伴，与胡麻结下了不解之缘。他讲的四件事对农业科研人员很有启发意义，现照录如下：

　　一是育成了高抗枯萎病胡麻新品种，挽救了胡麻生产。1982年，定西油料站的试验田里出现了胡麻枯萎病，这是一种毁灭性的胡麻土传病害。幼苗期病菌可引起幼苗萎蔫死亡，严重时成块、成片死亡；开花前后病株叶片萎蔫、发黄，生长缓慢，顶梢萎蔫下垂，逐渐枯死，有的仅一两个分枝表现枯死症状，有的呈不正常的早熟，以致种子瘦瘪；开花后较老的植株发病可使

茎秆普遍变为褐色，并扩展到蒴果，茎秆内部的维管束也变为褐色，空气湿度大时出现粉红色霉状物，根部也可产生粉红色霉状物。

胡麻枯萎病发生后，我们就把高抗枯萎病品种纳入了育种目标并着手育种。与此同时，枯萎病在山西、河北、内蒙古和甘肃等胡麻主产区也由点到面普遍发生，一般病区严重减产，重发区甚至绝收。短短几年时间，胡麻生产面临严重威胁。

1985年，陇亚7号（其前身为7544-4-2）在胡麻枯萎病重发区的定西表现出优秀的抗病性。1986年和1987年，陇亚7号在河北张家口人工接种试验圃中病死株率不到3%，在自然重病地块病死株率不到2%，在参试品种中抗性最优，比对照品种病死株率降低83%和92%。1988年，陇亚7号在甘肃、河北、山西开展多点试验和示范，抗病性突出。1989年，西北华北联合推广协议的签订，拉开了陇亚7号推广帷幕。至1992年，陇亚7号先后通过国家和甘肃、河北、山西、内蒙古4省（区）品种审定委员会的审（认）定，推广面积达到240多万亩，占全国胡麻播种面积的24%，获得了省科技进步一等奖和国家科技进步3等奖。

继陇亚7后之后，相继育成了丰产优质多抗品种陇亚8号、丰产早熟优质品种陇亚9号和高产稳产优质品种陇亚10号等陇亚系列胡麻新品种12个，实现了3~4次大面积胡麻品种更替，新品种推广种植面积4000多万亩，占全国胡麻种植面积的1/3和甘肃胡麻种植面积的1/2。陇亚9号、10号分别获省科技进步1等奖，陇亚8号和11号获省科技进步3等奖。

二是育成温敏型胡麻不育系，为胡麻杂种优势利用奠定了基础。胡麻是严格的自花授粉作物，与水稻类似，袁隆平的做法为我们指明了研究方向，我们开始着手胡麻不育系的寻找。但终究没有成功。

在多条途径没有走通的情况下，我们把希望转向了人工诱变。1998年启动了抗生素诱导胡麻雄性不育研究。对不同抗生素不同浓度处理的多个胡麻品种跟踪测定观察，发现了蓝花瓣、黄花药的胡麻花。进行人工授粉获得种子，以期繁育后代，继续研究，只取其花药进行实验室花粉育性检测。

检测的结果证实，这种蓝花瓣、黄花药的花，花粉败育，这就是我们所期待的不育胡麻。

1999年的研究证实，这个不育突变体是可以遗传的。进一步研究发现，这个不育系在低温下保持不育，高温环境下育性恢复，是一种温敏型不育系。该研究结果在2000年北京举办的首届油料青年学术交流会上，引起了与会者的高度重视。之后通过形态学、细胞学、遗传机制、温敏特性、杂种优势机制的广泛研究及定向选育，创建了世界首例温敏型胡麻雄性不育系。2002年甘肃省科技厅技术鉴定认为：该研究创新了不育系选育方法，创建了国际国内至今未见报道的温敏亚麻不育系，极大地促进了胡麻杂种优势利用的理论与实践的发展，对作物遗传育种学发展具有重要的科学意义，达到了国际领先水平。2004年获甘肃省科技进步一等奖。

三是建立两系杂优利用模式，实现了杂交种的规模化生产。利用温敏型胡麻雄性不育系，我们成功选育出了世界首批温敏型胡麻杂交种。2010年陇亚杂1号、陇亚杂2号通过甘肃省品种审定委员会审定，《人民日报》海外版做了《世界首例胡麻杂交种在中国甘肃诞生》的报道，当年在美国北达科他州举行的世界亚麻学术会议上引起与会代表的广泛关注。胡麻杂交种的育成，使胡麻育种上升到了一个新水平，媒体给我戴上了"世界杂交胡麻之父"的桂冠。

四是组建国家胡麻产业技术体系。2008年，国家启动现代农业产业技术体系，胡麻被列为50个产业技术体系之一，我被遴选聘任为国家胡麻产业技术体系首席科学家。在农业部的组织领导下，组建了包含1个研发中心、3个研究室，10个岗位专家和10个综合试验站的胡麻产业技术体系。体系建立后，在深入调研的基础上，研究由单独的育种扩展到育种、栽培、病虫草害防控、机械化应用、产品加工、产业经济等领域。至"十二五"末，全国胡麻研究人员由原来不足30人发展到250多人，育成新品种13个，研发新技术23项，开发新产品4个，制定地方标准19项、企业标准4项，获得发明专利23项、新型实用专利6项，建立胡麻数据库12个，新技术累积推广2000多万亩，新增产值17.5亿元。获省部级一等奖2项，二等奖1项，三等奖1项。国家胡麻产业技术体系一系列有效的工作促进了我国胡麻产业的发展，提高了我国胡麻产业技术的国际竞争力；胡麻年消费量以7%的速度递增，消费产品由单纯的胡麻油扩展到胡麻食品、营养保健品、护肤化妆品、医疗保健品等多个门类；胡麻油消费由产地扩展到全国，由农村扩展到城市，由低消费群体扩展到高消费群体。

4月15日　　花甲之悟

2015年　　星期三　　农历二月廿七　　乙未年　　【羊年】

2016年　　星期五　　农历三月初九　　丙申年　　【猴年】

2017年　　星期六　　农历三月十九　　丁酉年　　【鸡年】

2017年4月15日，全市阴有小雨，气温4~9℃。

几个基地的同志都迎来了难得的休息天。平川的老李说："今天一起床就是个大阴天，一会儿下起了小雨，真凉爽。"很凑巧，去年的今天，平川也是小雨天，有日记记录："又是雨天，雨天没干事，雨天长庄稼。手里没事干，看一会电视睡着了。"

当天刘万景写道："我睡在炕上，天空一阵一阵黑了，淅淅沥沥下起了雨，一会儿小一会儿大，房檐上的水滴滴答答滴着。今天早上8点的地温是：5cm土层9℃、10cm土层10℃、15cm土层11℃、20cm土层11℃、25cm土层10℃。这些都是我在雨天打着伞去记载的。"

我们安排这些观测任务，其目的就是力求胡麻农业精准一些、精细一些，但由于受条件等各方面的限制，距离精准农业还有一段的路程。

精准农业是一种现代农业管理策略和农业操作技术体系。以平衡地力、

提高产量为目标，实施定位、定量的精准田间管理。

精准农业并不是高不可攀，对照胡麻栽培，在减量化投入、无污染生产、良种化、模式化等方面已有较高水平，与国外发达国家胡麻生产各有特色。

今天方知，明天，有个朋友将过花甲之岁，家里并不准备过度操办，但胡麻油比平时用得多是肯定的。电话里我们交流，对60岁没有伤感、没有叹息，只有一点点淡淡的回味……

那一年，对人生懵懵懂懂，按照一纸路线图，背着行囊，稀里糊涂地到一个山沟里去报到，自觉与不自觉地踏上了人生的慢慢长路。

干涸的山沟，尘土飞扬，山沟上的天空，一片灰蒙蒙。为走出大山而奋斗，奋斗的结果又是走进了大山。那一切好似分针、秒针那样，又回到了原点。

那一日，可能是黄昏，可能不是。当懒懒地站在街口时，在小街的另一头，在灰蒙蒙的背景下，出现了一抹霞光。乡间的小街上、砂石的路面上，没有降雨，居然有了彩虹。

从此，时不时总有彩虹飘过，人生、事业、理想，还有现实，小山沟不再灰暗……

但，一切都是那样匆匆，正所谓来也匆匆，去也匆匆。有一日，也许是黄昏，也许不是，彩虹不见了，就像当初出现时一样，在小街的另一头消失了，小山沟又恢复了往日的灰暗、清冷、没有温度。

寒去暑来，不计经年，一个晴和的日子，在两河相汇的地方，又现彩虹。良久的端详后，客气地握了握手，陌生地笑了笑。自言自语地说：好像60了吧！

花甲之年，是一个有感无悟的年龄，是一个什么都无法说的时间段。生日蛋糕已无法容纳60只蜡烛，只能如孙子过生日般，插上6只。

60年，时针、秒针一次又一次地回到原点，一切都还是那样懵懵懂懂，但每次回归原点都是新的出发……

附：2015—2017年的4月15日地温与胡麻平均生长动态关系：

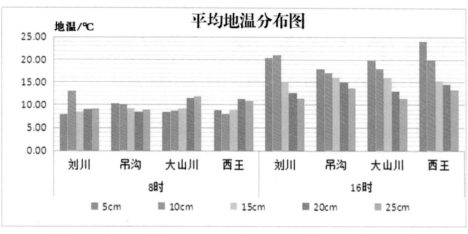

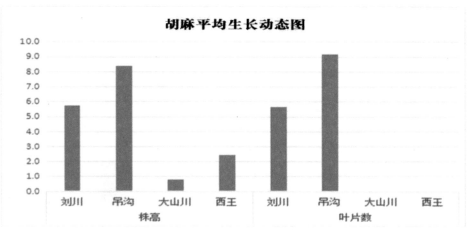

　　4月15日，大山川正在种植胡麻，吊沟胡麻株高8.4cm，叶片9片，刘川胡麻株高5.7cm，叶片6片，西王胡麻开始顶土。早8时各点地温差异不明显，平均地温为9.37~9.93℃，16时各点地温随土层的加深而降低，西王地膜田由24.14℃降到13.33℃，降幅最大，刘川由20.47℃降到11.53℃，大山川由19.92℃降到11.54℃；吊沟由17.96℃降到13.76℃，平均地温分别较8时提高7.88℃、6.67℃、5.8℃、6.58℃。8时10cm土层地温以刘川露地为高，达12.97℃，以西王地膜地为低，是7.93℃；16时10cm土层地温以刘川为高，达21.13℃，较8时提升8.17℃，吊沟为低，是17.09℃，较8时提升7.16℃。

4月16日　　播种季

2015年　星期四　农历二月廿八　乙未年　【羊年】

2016年　星期六　农历三月初十　丙申年　【猴年】

2017年　星期日　农历三月二十　丁酉年　【鸡年】

2017年4月16日，全市沙尘，到处灰蒙蒙的，气温3~15℃。

早晨出门不一阵，沙尘就扑满全身，整个气温和往年相比还是偏低。去年的今天也是一个刮风天，白银地区春季的沙尘天、大雾天、沙雾天还是比较多，历年的重合度也很高。整个白银其实植物的绿色恰巧是半年，5月份开始发绿到10月底整个绿色就没有了。半年绿色半年灰。

在会宁西王的地膜田里，地温倒有点反常，下午4点10cm土层的地温是20℃，比2016年还高2℃，比2015年是低3℃。在靖远的刘川是16℃，往年今天的地温，2016年是20℃，2015年15℃。刘川胡麻株高已经达到6cm，根长4cm，胡麻的生长也表现得正常起来。

刘万景经常把土钻放在一个过水桥的底下（她从来不怀疑她的老乡会乱拉乱牵别人的东西），今天下午去取时却发现不见了，原来是一个小孩拿回家玩耍了。

从今年全市几个胡麻基地的出苗情况看，我们对整个胡麻的播种情况不太满意，因为胡麻的播种还没有达到精细化、规范化，粗放播种是胡麻粗放管理的一个很重要的环节，表现在这样几个方面：第一，机手对地头的把握不准确，有的地头种子没有播下去，造成一片一片的空白，看田往往是看地头，地头效果差，示范效果就差。第二，播种的走线歪七扭八，直线播种最经济、最高效，但播种经常走线不直。第三，下籽量不准，农民们都不愿意称重，喜欢估计，而那种估计大多不准。在地头一个人说话大家都附和，基本上是谁的嗓门大听谁的。有的说10斤，那就来10斤；再有的说13斤，那就来13斤；其实播到最后大家都不知道播了几斤。第四，播种的工具规范程度也很低，像露地和砂地播种的工具比较多，有的是驴拉耧，摇耧的那种。用老耧、宽耧播种的，播种密度不足。也有三行的、四行的播种机，加

上我们研制的播种机，可供选择的播种工具比较多，但大家都是凭感觉，没有去认真地比较播种工具。第五，胡麻的施肥问题农民不太重视，如前所述，施肥的技术、施肥的定量化问题已经研究清楚了，可是农民在具体操作中达不到那个标准。

记得20世纪80年代我们就否定过胡麻撒播，当时在"几改"里面就有一改——改撒播为条播，解决朝天一把籽的问题。现在回头看，撒播不是没有一点道理，既然多少年能够流传下来，说明撒播也有它存在的实践基础。同样的播量，撒到地里使每粒胡麻都能够占有一定的空间，而且还充分利用了行间的空间，使胡麻的生存空间变得更宽松；条播是把种子集中在一条线上，扎堆生长，空间变小，生存环境变得相对恶劣。所以说，如何改善个体的生存环境可能是今后研究胡麻播种、提高胡麻播种质量的一个主要方面。

这两年我们实施的胡麻宽幅条播技术就是基于这样一个设想来开展的，现在看来，研究方向是对的，就是研究步伐还不快。

纵观胡麻从播种到收获的一生，生也从容长也从容，唯独播种是那么的急急忙忙。万事皆有因果，播种就是在播因，播种就是在播根。可是，在那个春寒料峭的早晨，在那个年味还没有完全褪去的黄昏，胡麻的主人袖着手，吆喝着懒散的毛驴，把金黄色的种子裸播到了还没有怎么来得及整理的地里。锈钝的耧铧在半冻不消的地里，深也一耧浅也一铧，如给"老爷画胡子"般。稠也是它，稀也是它，吃饱了胡麻油炸糕的主人，心里边舍不得的是那半袋子肥料，脑海里记挂的是晚上的那顿美酒。播着胡麻，忘掉的也是胡麻。

一分耕耘一分收获，假如胡麻真的是这般斤斤计较，死抠着比例向主人兑现收获，有谁还敢操着快要散架的破耧去应付比金子还要贵重的播种季。

4月17日   黄河之水天上来

2015年　星期五　农历二月廿九　乙未年　【羊年】

2016年　星期日　农历三月十一　丙申年　【猴年】

2017年　星期一　农历三月廿一　丁酉年　【鸡年】

2017年4月17日，全市上午雾霾，下午沙尘暴，气温4~21℃。

西王地膜地下午4点10cm土层地温25℃，比2016年和2015年分别高6℃和2℃。刘川下午4点10cm土层地温19℃，2016年是20℃，2015年是25℃。刘川的胡麻株高6cm，根长4cm。

今天的沙尘暴很厉害，大风刮得灰蒙蒙的，电动车在田间不能行走，大风一直持续到半夜才停住。

今天在沙尘暴中，平川胡麻浇第一水。刘川浇水要到5月10号左右，会宁西王浇水更困难，到5月20号看能不能浇上第一水。平川砂田每15天浇一次水，如此方便，如何把砂田胡麻的效益提上去，对于我们来说是一个重大课题。

平川砂田胡麻的最高亩产是410斤，产值1200多元，这是去年我们做过的示范结果。刘川和西王以及景泰的胡麻亩产350斤，产值1000元，而这些地方只能灌1~2次水，比砂田的效益还是低。在大家的预期中，砂田效益应该是普通田的1.5倍或2倍才划算。

白银的水主要来自黄河，黄河是中华民族的母亲河、华夏文明的摇篮，是世界第五大长河，中国第二长河。

白银市位于中部黄河流域区中、下段，黄河流经白银市258公里，占黄河甘肃段的58%，流域面积14710平方公里。258公里的黄河白银段是一条经济、旅游、文化带，是水电能源聚集的黄金水道，是黄河灌溉农业的绿色长廊。丝绸之路、长城在白银地区和黄河交汇，与灿烂的历史文化发生碰撞。

白银是黄河上游的重要地区和城市，昔日漂流在黄河上的羊皮筏子，高高耸立在黄河两岸转动不息的庞大水车，从青山岚雾中隐隐显现的村落和袅袅炊烟，都浸透着黄河对白银人的影响和黄河文化在白银地区的深厚根基。

黄河从雪域高原的巴颜喀拉山蜿蜒流出，一路走来，从积石山进入甘肃，从兰州市穿城而过，一路浩浩荡荡，向白银奔来。黄河进入白银境内，流经白银区、靖远县、平川区、景泰县两县两区，从黑山峡出境，进入宁夏中卫市。黄河在白银呈"S"形贯穿全境，多处呈现龙飞凤舞的壮美景观，每一个臂弯里都积淀着雄浑而神秘的故事，水电站、高扬程提灌阶梯分布，鱼米之乡、瓜果蔬菜生产基地次第呈现。

大峡是白银黄河段的四大峡谷之首，位于白银区水川镇。全长31.5公里，山高水深，两岸山势陡险，青石凌立，中间形成一道间谷，地势非常险峻，因峡长、峡奇、峡险皆称黄河之最，故名大峡。正如诗云："断崖万仞如削铁，飞鸟不度山石裂"。

著名的大峡电站便雄居此间，电站大坝依山而建，将狂奔不羁的河水拦腰斩断，坝身全长241米，平均坝高72米，水库存水量约0.9亿立方米，年发电量14.65亿千瓦时。穿过大峡大坝，倾泻而下的黄河从西峡口向东北方向继续奔流，就来到了水川。

水川是黄河流入白银的第一个乡镇，黄河的泥沙在这里冲积成一条狭长而平坦的河谷平原，因水丰川平而得名。水川镇农业生产势头强劲，形成了以日光温室为主的蔬菜业，以名、优、特、新品种为主的林果业，以养羊、鸡、鱼、奶牛为主的养殖业三大农业支柱产业，并凭黄河之利，积极培植发展商贸旅游业。

流过平缓的水川，黄河裹挟着泥沙就来到了乌金峡。乌金峡又名大浪峡，位于水川镇五柳村与四龙镇四龙村之间的黄河段峡谷，呈"S"形流向，全长8.90千米，河面平均宽约120米，两岸山势陡峭，险峰耸立，因峡内临河岸的山峰花岗岩表面均呈黑色，犹如乌金，故称乌金峡。峡内南岸从西到东的大浪沟、小浪沟、柏木沟，和北岸的小乌金沟、大乌金沟、泉子岔沟等沟谷之间的河段巨浪翻卷，跌宕起伏，素有"十八浪险滩"之称。

黄河从乌金峡喷涌而出冲击出一个平堡川，从此进入白银区与靖远县交汇地带，东岸是靖远县的平堡镇，西岸是白银区的四龙镇。这是一方生机蓬勃的谷地，自然条件得天独厚，可谓"大河流珠，平滩毓秀"。

　　黄河一路过虎豹口横穿靖远县城。靖远是古代中国游牧文明向农耕文明的过渡地带。境内水草丰茂，曾经是古人类理想的游牧场地。黄河河谷两岸大片冲积地带土质肥沃，光照充足，是黄河上游重要的灌溉农业区。在靖远县城，有自南而来的祖厉河与之相会。

　　黄河穿过靖远县、平川区，奔至景泰县，这里有著名黄河石林。石林是在地壳强烈的抬升之下，黄河河谷形成深切峡谷，使沟谷不断变宽，局部轻弱层在水及重力作用下迅速下切，沿沟谷两侧形成大量的石峰、石柱，同时又受到风蚀作用的改造，在崖壁上形成了许多如窗棂的构造。景区内峡谷蜿蜒，峰林耸立，绝壁凌空，气势磅礴，自然造型多姿传神。石林景观与黄河曲流山水相依，静中有动，龙湾绿洲与坝滩戈壁两种生态对比强烈，绵延沙丘与河心绿洲遥遥相望。

　　从黄河石林景区顺流而下约48公里，可达有"中华之最"美誉的景电工程——泵站，为一难得的人文景观，其间水路宽畅平缓，两岸风光清新浪漫。

　　穿过一段平缓的河道，黄河又进入了蕴涵电能最丰富的黑山峡地段，以力倾万钧之势进入宁夏境内。

4月18日　　膜侧种植

2015年　星期六　农历二月三十　乙未年　【羊年】

2016年　星期一　农历三月十二　丙申年　【猴年】

2017年　星期二　农历三月廿二　丁酉年　【鸡年】

2017年4月18日，全市晴，气温8~22℃，大风。

胡麻膜侧沟播机械化栽培在白银也有一定面积，这里找到了平凉市农科院王宗胜2017年发表的《胡麻膜侧沟播机械化栽培技术》一文，现摘要介绍：

胡麻膜侧沟播机械化栽培采取垄上覆膜，沟内种植作物，形成沟垄相间作物宽窄行种植方式，使小于10mm的无效降雨通过集流储存到膜下作物根部，转变为有效利用，起到增加局部土壤温度和集雨保水、保肥、增产、增收的作用。同时促进胡麻早熟，提高籽粒收获质量。

田间播种采用四轮拖拉机，播种机为小麦膜侧覆膜播种机改装，化肥可在播种时同时施入，也可播前按基肥施入。采用35cm宽、0.008mm厚的聚乙

烯吹塑农用覆盖地膜，中耕耙耱、起垄、覆膜、播种、镇压一次性完成。垄为半圆形，宽25cm，高10cm。播种沟宽25cm，沟内播种两行胡麻，行距20cm。田间按宽窄行播种，宽行35cm，窄行20cm，播深3~5cm。播种量3公斤/亩，保苗30万~40万株/亩。操作时要做到条带宽一致，膜面紧贴沟两边并压实，以防大风揭膜。

胡麻膜侧沟播机械化栽培的技术优势在于：操作简单。起垄、覆膜、播种机械配套，一次性完成。地膜回收简单易行，回收率近100%，对农田污染小，群众乐于接受。增产效果明显，膜侧胡麻平均亩产146.6公斤/亩，较露地条播增产34.45%。降低成本效果显著，由于是一次性机械化完成，可节省一次中耕（50元/亩），可省种子2.5~3公斤/亩（35~42元/亩)，每亩增产30%左右，按增产30公斤/亩油籽（180元/亩）计，较当地大田生产成本降低265~272元/亩。

胡麻膜侧沟播机械化栽培要注意施足基肥。选择地势平坦、耕性良好、中等以上肥力地块，前茬作物收获后应及时秋耕，趁雨季接纳更多的水分，并要及时耙耱，以减少水分蒸发，做到秋雨春用，为胡麻籽粒萌发创造良好的土壤条件。播种时，在施农家肥2000~3000公斤/亩的基础上，再施尿素10公斤/亩，过磷酸钙50公斤/亩。农家肥最好在秋季结合翻地施入，以使其充分分解为有效成分，供胡麻吸收利用，化肥最好在播前耕地时做基肥一次施入。

胡麻膜侧沟播机械化栽培要注意回收残膜。胡麻收获前，顺着播种行揭起地头地膜抽取回收。

4月19日　　内心深处

2015年　星期日　农历三月初一　乙未年　【羊年】

2016年　星期二　农历三月十三　丙申年　【猴年】——谷雨

2017年　星期三　农历三月廿三　丁酉年　【鸡年】

2017年4月19日，全市都是灰蒙蒙的，会宁和平川还下着小雨，气温3~12℃。

刘川早上8点地温：5cm土层4℃，10cm土层5℃，15cm土层6℃，20cm土层7℃，25cm土层9℃。下午4点地温：5cm土层15℃，10cm土层14℃，15cm土层12℃，20cm土层11℃，25cm土层11℃。西王大雾，南风，玉米有点受冻。平川的胡麻今天已浇了头水。

平川吊沟的老李在日记中写道："太阳给了人们两天笑脸，今天又不笑了，阴沉沉的。天阴，心情暗，什么事又不爱干，就休息了。好闷啊！也没去田里，不知道地里的庄稼长成了什么样，是不是又长新草了？胡麻茎秆是不是又长高了？"

接触农民一天和十天，效果是不一样的，座谈、调研和与他们共同生产、生活也是不一样的。像我们这些自诩经常和农民打交道、最懂农民的人，其实不然，我们心目中的农民日出而作、日落而息。天气好了进地干活，刮风下雨打牌睡觉。有谁知，老李这位奔六的爷爷辈今天的心情是那么的暗。这就与我们想象中的农民有所不同，人们把农民作为一种职业看待，当作落后的群体，没有能够真正深入到他们的生活中

去，没有深入到他们的内心世界中去，不能够从辩证角度去表达他们的喜怒哀乐。

像老李这样的农民，距离平川市区不到两公里，而这两公里就是城乡之别。老李在胡麻地里辛苦劳动一天，工值能有多少？下两天雨，全当了双休日，又是如此的不安和郁闷，担心地里又长新草了，期盼胡麻长高了。

农民的吃穿用度都是最便宜最廉价的，面对劳动对象时，只能用自己的双手和汗水，劳动者与劳动对象之间几乎没有介质（即劳动工具）。当忍着痛俯下那累弯了的腰、当咬着牙扛起那比自己还重的麻袋的时候，他们发誓不说苦不说累，不是不知道苦和累，是他们知道自己没有资格说苦说累。黑黝黝的面堂上看不到任何表情，只有正在流淌的汗珠和汗渍留下的印记。不是他们没有表情，是他们知道不该把自己的心情写在脸上，而是要藏在内心深处、要化作一股力量，把力量变为希冀中的美好生活。

今天，刘川天气也是很冷，但刘万景心情很好，因为她的小姑娘要回家了，当妈的要给姑娘做好吃的了。她说："今天天气特别冷，我在厨房里生了个小炉子，小姑娘今天要回来考试，打电话问给她吃什么，我说有只鸡我给她炖上了，下午冷我也没有去地里，就给我小姑娘做饭。"

对于妈妈来说，姑娘永远像刚出土的胡麻幼苗那样细嫩娇弱，需要保护，但不让她们经受风雨就长不大，而放飞她们就成了牵挂，姑娘走多远，牵挂就有多远。她们在外面什么没吃过什么没见过，但作为妈妈，总觉得自己亲手炖的小土鸡加上几滴透亮的胡麻油才是姑娘最可口的。

4月20日　　王新民

2015 年　星期一　农历三月初二　乙未年　【羊年】——谷雨
2016 年　星期三　农历三月十四　丙申年　【猴年】
2017 年　星期四　农历三月廿四　丁酉年　【鸡年】——谷雨

2017年4月20日，全市晴转多云，气温0~12℃，普吹北风。

今天是谷雨节气，农谚说："谷雨谷，种了胡麻迟了谷。"这是过去，现在在川水地区胡麻已经盖住地了。今天天气特别冷，好像要下雪，玉米叶片有点受冻。刘川一带地里没人干活，路上的车辆也很少。

平川吊沟的胡麻头水已经浇完，现在是绿油油的一片。刘川的胡麻也长高了，株高7cm，6~7片叶，根长5cm。两地胡麻都开始分茎了。

设在全市最南端的示范基地党家岘还真是应验了农谚，谷雨这天开始了胡麻播种前的准备。这里是华家岭山脉，海拔在2000米以上，属于典型的二阴区，是祖厉河的发源地，也是一道分水岭。华家岭以北的河流向北流，汇入黄河，华家岭以南的河流向南流入渭河，注入黄河。

今年选择的基地在山的北坡，有旱地胡麻品种选育试验、8个胡麻新品种的展示、地膜胡麻机械穴播展示和定亚22号、陇亚11号大面积示范，试验和示范地选在梯田地。

真是山路弯弯，党家岘的田间道路很窄且陡峭，满出满进就是一条三马子可行的道路，这个地方的人们居住集中，耕地较远，王新民进地也得骑车，中午饭都是出工时随身携带，干在田里吃在地头。

说到党家岘的二阴区，我们来比较一下当天下午4点10cm土层地温就会明白：西王地膜地18℃，刘川露地16℃，党家岘只有9℃。川里人今天都感觉很冷，而在高寒区的王新民在日记中写道："晴转少云，但有2~3级的北风，比较温暖，试验示范田附近铺地膜的较多。"看来，冷有时也是相对的，不同地区的人对温度的感知不同。

王新民是一位资历很老的农民技术员，从20世纪70年代开始，20多岁的他就在家乡承担县上和公社（乡）委托的农业技术试验任务，几十年如一日，从未间断过。80年代初，我刚参加工作时就与他打过交道。把技术方案落实到地里，他比我们有经验；一个能较好地落实到地里的技术方案应该是什么样的，他比我们更有切实的体会。如今60开外的他干得越发正规，越有滋味。

我们选王新民做技术员，也正是看中他的认真和在行，这个个头不高、不苟言笑的山里老头，说话干事都是有板有眼。通常情况下，他比我们都谦虚，称我们为领导为老师。在"急眼"的情况下，他就顾不得谦虚，会直截了当地说"我不同意"。

他讲话很实在，哪些能办到，哪些办不到，都会非常明确地告诉对方，建议也说得很具体很到位。对我们而言，面对这位资深的农民技术员，安排工作一点就通，很省事。

但愿我们的选择是对的，身穿军便装、头戴扇扇帽的王新民同志能在2017年给我们干出圆满工作。

4月21日　　春到杨坪

2015年　星期二　农历三月初三　乙未年　【羊年】
2016年　星期四　农历三月十五　丙申年　【猴年】
2017年　星期五　农历三月廿五　丁酉年　【鸡年】

2017年4月21日，全市基本晴朗。

党家岘的王新民在日记中写道："今天晴转多云，较温暖，试验示范田附近铺地膜的人较多。"刘川的刘万景写道："今天是星期五，天虽然有点晴，可还是不热，马上就到夏天了，可我还是穿着冬天的衣服，真是奇怪，今年怎么还不见燕子，燕子为啥还没来。有人说这都夏天了还这么冷，把鸟儿都冻死了，别的地方一年四季，我们这个地方一年两季。去年穿秋衣，今年穿棉衣，早上冻成青蛋蛋，中午晒成红蛋蛋，接着让雨淋成泥蛋蛋，最后变成西北特产——洋芋蛋蛋。"

我说不好这是感受还是习惯，王新民住在山区，地势高，气温低，还说天气较温和。刘万景住在川区，地势低，气温高，反说天气冷。

总归今年天气有点小异常，冷的时节太长，胡麻生长也受了影响。2016年的今天，刘川10cm土层地温19℃，2017年14℃。2016年的今天，刘川胡麻根长11cm，2017年只有5cm；2016年刘川胡麻茎长22cm，2017年只有4cm。低温对胡麻的影响，相当于生育期推迟了半个月。

今天去杨坪，杨坪是我们的一个胡麻展示点，也是我们单位的联系点（最开始叫联村联户）。大约是5年前的这个时候，我第一次去杨坪，写了一篇《春到杨坪》发表在《白银日报》：

这里的山很有点特别，近看一个山，形似馒头，更像春天里蔫不溜溜的马铃薯。远看一群山，就是大大小小的一堆马铃薯。当地人叫它"咀"，这就是黄土高原上特有的一种地貌——峁。

这里的路，是中国最简易的公路，路随咀转，似风中的带子，拧拧扭扭飘忽不定。路面上散落着的石头，大的如鸡蛋，小的如蚕豆，这就是比土路高一等级的砂路。

　　那飘在山间的路，忽上忽下，忽左忽右。没有弯就没有路，有弯都是急弯，没有坡也就没有路，有坡都是陡坡。弯和坡犹如世事那般交织着，并不是转了弯再上坡，更不是下了坡再转弯。

　　在这里坐车就像是坐游乐场的过山车，左颠右晃，前仰后躺，荡涤六腑，但总能在万变中保持一个动态平衡。双手紧抓着自认为车上最牢固的部位，从来没有如此认真地抓住认准的东西不丢手；双眼瞪得如鹅卵石般，从来没有如此贯注地关心过自己的前途。心在嗓子眼悬着，气在肚子里窝着。

　　这就是从会宁新塬乡政府所在地到杨坪的路。

　　尽管颠簸在山路上的我们都有些神经分兮，可三马子、摩托车却游戏般地穿梭着，行进着。

　　车程1个多小时，行程28公里，沿途只有这两个是可以数字化的。说是走的山，一路上有多少山，是说不清的；说是过的沟，一路上过了多少沟，也是说不清的。只记得，什么时间过了老庄河，再什么时间过了碱沟，再什么时间就到了杨坪。

　　到了杨坪，并没有豁然一亮的感觉，山还是一路上走过来的那种山，大大小小的"咀"无序地排列着，拥拥挤挤地依靠着，咀多得望不穿，咀密得不透气；沟还是一路上走过来的那种沟，像冬天里倾倒的老榆树，树上有枝，枝上有杈，枝枝杈杈。山套山，沟连沟，数不清也道不明。路是变了，只是变得更简易了，更窄了，更随心所欲了。

杨坪一点也不平，山险而地斜。依山开出来的地，就像一本本打开的线装书，深深浅浅的牛蹄印，就像是一行行木刻的宋体字，字里行间浸透着沧桑，仿佛在记录着从山沟里走来的雨，在诉说着从大坡上刮过的风……

杨坪人家，就散落在这些沟沟岔岔和山山咀咀之间，饱阅着日出日落和风霜雨雪。

站在高处，放眼望去，分散的村户犹如遗落的花瓣，飘飘零零随风而动，散落山间，三三两两，尽显凋零和暗淡。

"人背驴不驮，一个扁担两根绳，要馍馍懒汉也不来。"新的杨坪人接过了老辈杨坪人的话，一辈一辈把对家乡的戏谑传了下来。

地这么陡，为什么不退耕呢？都是陡地，退了耕上哪种粮去？

为什么不推成梯田呢？"我的推了！"支书老杨自豪地说。

噢，该不是村干部有猫腻吧！

原来，有一年乡上给了几百亩推梯田的任务，村里人怕把地里的肥土推

没了，都不愿干这件事。老杨就把自己的地全推成了坝地。眼看着坝地作务轻松，庄稼生长一年胜过一年，大家才认识到推梯田的好处，但机会却错过了。

杨坪是个行政村，支书老杨是这里的掌门人，也是一个很幽默的人，就连选择居住地也是那样的幽默。他把一个足够大的咀，平一刀竖一刀切梨似的，两刀割出了一个四分之一的豁口，在上面安住了杨坪村的第一家庭。在院墙外，沿着边线走上半个弧，就能俯视大半个杨坪湾，也能吼半个湾。

我们去杨坪时，正值立夏前夕，马上就到五一节了。城里早已是草长莺飞，而在杨坪，却还是早春天气。麦苗顶土，苜蓿发芽。天际挂着灰蒙蒙的沙尘，山间飞扬着灰蒙蒙的尘土，山是灰的，农舍几多也是灰的，好像是"灰姑娘"的家乡。只是那庄前屋后绽放的杏花，让原本灰色的心情斑斓了许多。借问酒家何处有，牧童遥指杏花村，太妙了！我几乎不怀疑杜牧写的就是这里。

……

5年后再去杨坪，这里的变化不小，道路已经硬化，部分山坡地已经平整，支书老杨也已退休在家养驴，大多数农户的胡麻种子都换成了优良品种，老百姓的生活也在发生着变化……

其实，杨坪我是每年都去的。

4月22日　　高扬程提灌

2015年　星期三　农历三月初四　乙未年　【羊年】

2016年　星期五　农历三月十六　丙申年　【猴年】

2017年　星期六　农历三月廿六　丁酉年　【鸡年】

2017年4月22日，全市是个大晴天。

在刘川胡麻株高已经达到9.5cm，18片叶，分茎3~4个，根长5cm，毛根10~15根。下午4点土壤10cm地温，西王地膜地28℃，超过往年当天4~5℃；刘川26℃，和往年持平。

高扬程提灌是白银市的一大特色，没有高扬程灌溉就没有白银农业现在的发展。全市耕地中，干旱和半干旱地区占了2/3，有灌溉面积120多万亩。1/3的水浇地，生产了全市70%的粮食和90%以上的瓜果蔬菜，养活了一半以上的农业人口，并正在承载着这些人口脱贫奔小康。

中堡电灌工程，在靖远县中堡乡境内，总扬程182.5米，灌溉面积1.627万亩。

旱坪川电灌工程，在平川区水泉乡境内，1965年水电部在旱坪川兴办农场，建5级电力提灌，建成干渠11.5公里，计划灌溉3万亩，经1989年扩建，实际提水量和灌溉能力均得到提高。

工农渠提灌工程，在白银区境内，属三等中型工程。1972年10月竣工，总干渠长28.23公里，设9个泵站，总扬程421.5米。一泵建于水川，设计灌地5.5万亩。武川支干渠在总干9泵站分水，渠长19.32公里，到1990年，实际灌地3.3万亩。

景泰川电力提灌工程，是新中国成立以来，甘肃省首次兴建的大型高扬程电力提灌工程，提水流量40立方米/秒，分期建设。这是一个横跨甘蒙两省区的景泰、古浪、民勤、阿拉善左旗四县（旗），跨黄河、石羊河流域的大型电力提灌水利工程。灌区总面积1496平方公里，总土地面积197万亩，宜农地面积142.40万亩，控制灌溉面积100万亩。

靖会电力提灌工程，取水于黄河闇门段，一路提水向会宁方向，直至

117公里之外的会宁县城，跨越11个乡、59个行政村，最高提水级别达17级，高度529米。浇灌着沿路三十多万亩的良田，是靖远的重要灌区之一，更是会宁县灌溉农业的生命线。

兴堡子川电力提灌工程，兴堡川地处腾格里沙漠南缘，位于甘肃、宁夏两省区交界的靖远、平川、海原、中卫四县（区）的接壤地带。1976年7月中共靖远县委决定兴建兴堡川电力提灌工程，1977年8月省计委批准列入基本建设计划，1982年省政府列为全省基本建设重点，1983年3月列入世界粮食计划署援助项目。全工程共分9级提水，总扬程479.4米，设计灌溉15万亩。上水后，从石门、双龙、兴隆、永新4个乡和附近山区移民7929户，3.48万人到灌区落户。

三合电灌工程在靖远县东湾乡，四龙电灌工程在白银区四龙乡，水川大泵电灌工程在白银区水川乡，均属小型万亩灌区。中泉电灌工程，在景泰县中泉乡，属中型工程。

还有刘川电力提灌工程，在前面已做了介绍。

4月23日　　从洮河提水

2015年　星期四　农历三月初五　乙未年　【羊年】

2016年　星期六　农历三月十七　丙申年　【猴年】

2017年　星期日　农历三月廿七　丁酉年　【鸡年】

2017年4月23日，全市晴朗，气温7~23℃。

刘川胡麻株高达7cm，叶片八九片。胡麻长到这个时候是最诱人的，站在地头沿着播种行看过去，灰色的土地上好像飘起了一道道青衫带，煞是好看。立于地边总想多看几眼，甚至流连忘返。每当这时，团队里的姑娘们总爱穿着艳丽衣服进地，踮着脚沿着胡麻行间小心翼翼地行走，万绿丛中有那么一点红在移动。摇曳的胡麻，行走的姑娘，"在春的光艳中交舞着变"。

党家岘的王新民今天说：试验示范田附近铺地膜的农民较多，并有洮河引水工程的在修渠。下午4点10cm土层地温14℃，和前几天相比已经较稳定通过了10℃线，是这个地区胡麻适宜的播种期。

党家岘既是个高寒区，又是半干旱区，年降水量在400mm左右，降水虽多，但缺水问题还是很严重，这里的地下水基本都是苦水，无法饮用，党家岘街上的居民都要早早起来去很远的山沟里挑水。王新民说到的洮河引水修渠，就是党和政府为了解决这个问题以及甘肃中东部地区人畜饮水问题而实施的重大工程。

　　洮河是黄河上游较大的一级支流，发源于甘、青两省交界处的西倾山北麓，在永靖县境内汇入刘家峡水库，全长673.1公里。洮河流域总面积25527平方公里，涉及碌曲、临潭、卓尼、夏河、永靖等12个县。河源高程4260米，河口处高程1629米，相对高差2631米，年径流量49.2亿立方米。1992年甘肃省把引洮工程列为甘肃中部地区扶贫开发的重点项目，以解决城乡生活供水及工业供水、生态环境用水，兼有农业灌溉、发电、防洪、养殖等综合作用，从而实现水资源的优化调度，从根本上缓解该地区水资源匮乏的问题。引洮工程供水范围西至洮河，东至葫芦河，南至渭河，北至黄河，受益区总面积为1.97万平方公里，涉及甘肃省兰州、定西、白银、平凉、天水5个市辖属的榆中、渭源、临洮、安定、陇西、通渭、会宁、静宁、武山、甘谷、秦安等11个国家扶贫重点县（区），155个乡镇，总人口约300万人。

　　洮河距离会宁非常远，引洮入会要翻越好多的崇山峻岭，没有相当的科学技术和资金实力是无法实现的。引洮供水工程属大型跨流域自流引水工程，工程线路长，跨地域范围大，穿越流域多，供水区分散，工程地质条件复杂。总干渠自九甸峡水利枢纽大坝上游洮河右岸取水，以隧洞、暗渠、渡槽形式依次穿越九甸山、宗石山、驮子山、尖山、漫坝河、东峪沟、新寨、秦祁河、高峰进入主要灌区及供水区，之后以明渠、渡槽、短隧洞形式沿内官盆地南缘山脚向东行进，过香泉、吴家川、马莲沟、大营梁至马河镇结束。总干渠工程以隧洞为主要建筑物，一干渠渠线自总干渠阳阴峡分水，沿内官盆地南缘北侧偏西方向前行，经店子街、称沟至宛川河流域高崖水库下游。二干渠自总干渠阳阴峡分水，渠线向北穿过内官盆地，然后沿关川河支流西河左岸下行梁家庄止，与安定区已建成的西河渠、中河渠相接，经定西市区以及巉口，沿关川河而下达会宁县境内的头寨子。三干渠自总干渠马河镇分水，渠线沿大咸河左岸山坡脚与陇海铁路平行向南下行，经通安、云田，在小金家门入渭丰渠。陇西专用供水管线自总干渠7隧洞出口分水，沿秦祁河右岸山脚向下游前行，至张家堡后跨秦祁河，在左岸经北寨镇后下行至关门村，再次跨过秦祁河后在右岸行至陇西双泉镇结束。

如今，这项工作已进入山村布渠、入户布管的阶段，沿着会宁山区的沟沟岔岔走，到处都能够看到引洮施工现场。听说有的地方已经吃上了甘甜的洮河水，这对山区老百姓来说是一个换挡提速的生活大改变。

引洮入会的设想很早，早在1958年，甘肃省就启动了引洮工程，在"大跃进"的历史背景下，1958年2月，中共甘肃省第二次代表大会第二次会议确定了引洮河水上董志塬的计划。引洮工程最早投建于1958年6月，开工典礼在岷县古城举行。工程采取"边测量、边设计、边施工"的建设方式。17万建设者高举着"水不上山不回家"的保证书，在洮河畔向世人宣示

了大干苦干的决心。宏伟的工程规模，高涨的革命热情，引起了举国上下的关注。最终因当时技术水平和经济条件的限制，被迫于1961年6月停建。三年建设期间，国家共投资1.6亿元。

在当地老人的记忆中，1958年在会宁就有两件大事：一是大量的青壮年劳动力集中到临洮去开山挖渠。二是剩余的男劳动力调到靖远大炼钢铁，留守当地的妇女被集中调到华家岭等绿化点（包括今天我们种胡麻试验的党家岘）植树造林。今天走在老的312国道上，沿着华家岭山脉弯弯曲曲前行，路两边古树参天，郁郁葱葱，这片林带的起始就源于1958年。

据说1958年的秋粮长势很好，是一派丰收在望的景象，但是，劳动力外出引洮炼钢以及造林，庄稼无人收割，被糟蹋和浪费得很严重。有人说，这个失误是导致1960年大饥荒的直接原因之一。这段历史的详情我们并未深入考证，然而引洮、大炼钢铁、大造林和1960年的大饥荒确是历史事实。

4月24日　　"十二五"的研究

2015年　星期五　农历三月初六　乙未年　【羊年】

2016年　星期日　农历三月十八　丙申年　【猴年】

2017年　星期一　农历三月廿八　丁酉年　【鸡年】

2017年4月24日，全市晴，气温6~20℃。

白银综合试验站参加国家胡麻产业技术体系的综合研究，主要是主栽品种的研究，土壤、施肥的研究和病虫害防治的研究以及种植模式的研究。

通过几年的工作，区域性的品种框架基本确定。地膜胡麻区主栽品种是定亚22号和陇亚10号、11号，这几年在西王内亚9号表现也比较突出；沿黄灌区即间作套种区主要是陇亚10号、11号，还有陇亚杂系列，最近两年陇亚13号也表现比较突出；在砂田地区定亚22号表现比较突出，陇亚系列也是这一地方的主栽品种，如陇亚11号和陇亚杂系列。

在胡麻病虫草害的防治方面提出了"秉持绿色理念，实时防治、重复防治、交替防治，可防可不防——不防"的防治策略。对胡麻的病害和虫害，

特别是立枯病、白粉病，在选对茬选用抗病品种的前提下，一般可以不防，从而保证胡麻产品无污染。如果有病就治，有虫就防，防治的效果可能好，但对产品品质就会产生不良影响。这个"可防可不防——不防"的策略专用于胡麻的病虫害，在其他作物上，比如小麦、玉米上一般不这样提倡，因为小麦的病害、玉米的虫害一旦蔓延，很难把控。

轮作倒茬方面我们提出了一膜多年使用，一般是三年用或者是四年用。具体要看地膜的保护程度，如果到第三年地膜太破太烂，就要揭膜。如果到第三年地膜还比较好，可以继续利用一年。地膜胡麻倒茬大致是：第一年铺新膜种玉米，第二年继续种玉米，第三年种胡麻，第四年揭膜重新整地，重新覆膜，进行新一轮的轮作制。

地膜多次利用，多年地面覆盖，不仅能显著减少冬春季的土壤水分蒸发，提高作物播种时的土壤含水量，还可节省揭膜、铺膜、耕作等用工与地膜投入。随着地膜利用次数的增加，地膜的透光、增温、保墒效应逐渐降低，地膜的破损度增大，种植的作物生育进程延缓，生育期延长，主要性状及产量相应降低，降低程度玉米大于胡麻，且降幅逐渐增大。

二次应用地膜的玉米产量较一次新膜减产7.3%；三次应用地膜的玉米较二次利用地膜的玉米减产13.2%。三次利用地膜的胡麻亩产较二次利用地膜的胡麻减产4.6%；四次利用地膜的胡麻较三次利用地膜的胡麻减产10.1%。在其他地区砂田、沿黄灌区提倡胡麻不重茬，可以隔年种植，比如今年小麦，明年胡麻，后年大后年又是小麦这种方式。当然，豆茬地一般轮不上种胡麻，因为要种小麦，所以说种胡麻的地一般用中茬地或者下茬地，即玉米地、秋茬地。但是坚决反对胡麻重茬，因为胡麻品种本身的抗病性有限，虽然现在有的品种抗立枯病、抗枯萎病，但那只是一定限度的抗，如果连茬肯定减产，连茬减产都在10%~20%，甚至40%。

4月25日　　春睡

2015年　星期六　农历三月初七　乙未年　【羊年】
2016年　星期一　农历三月十九　丙申年　【猴年】
2017年　星期二　农历三月廿九　丁酉年　【鸡年】

2017年4月25日，全市晴天。

西王的老范在日记中写道："早晚晴天，无风，农民在放玉米苗，在胡麻地里除草。"刘川早上8点地温：5cm土层12℃，10cm土层13℃，15cm土层14℃，20cm土层14℃，25cm土层14℃。下午4点地温：5cm土层26℃，10cm土层23℃，15cm土层21℃，20cm土层16℃，25cm土层15℃。

前几天因为看胡麻基地，去了新塬乡的一个村子，并夜宿在那里。

一、风雨

谷雨前，去深山，宿农家。

夜来风和雨，雨打瓦片，密一阵，稀一阵。刚睡着，密了。吵醒了，稀了。捉弄了一夜。

风声诡异，似狼嚎狮吼，院子里些小物件，叮当作响，猪狗惊恐。亦似群鬼咬架，尖声怪叫，门窗噼啪欲裂，令人毛骨悚然。刚静了，睡着了。又吼了，吵醒了。折腾了一夜。

二、水火

临睡，旮旯要个尿，窝垯风，全部浇回裆。

主人忒好客，炉子烧着

115

炭，很旺。炕里烧着炭，很烫。两个大电棒，很亮。睡在上房炕，就像翻烧烤。

刚迷糊，主人叫："干部，你尿不？"

"……"

复迷糊，似鼠叫，原是庄主在撒尿，为防响，尿线沿着脸盆弧线跑，斜角45，尿在盆壁旋半圈，方落。

又迷糊，又叫干部尿尿，又有人尿尿，四个人，轮换尿，尿了一夜。

三、放炮

老庄主喜仰睡，跷二郎腿，脚丫黑。喜嚼，喜说梦话。正嚼间，突支支吾吾放出一长响，接着痛快哼一声，复放，复哼，八九不离十也。

晚饭秋田面，腹胀，气龙在肚里窜上窜下，吾暗暗祷告：可别丢人！

恍惚间，有吾岛被敌占，吾遂发令："开炮……"

只听引信"兹……"的燃后，大炮"蹦"的一声轰响，如炸雷，炸得敌群一片空白……

少停，我方一片欢呼！

在欢声中惊醒，只听满堂大笑，老庄主笑曰："干部才会办屁！"

……

附：2015—2017年的4月25日地温与胡麻平均生长动态关系：

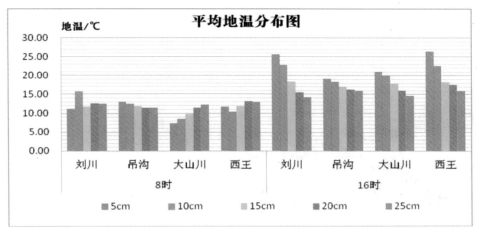

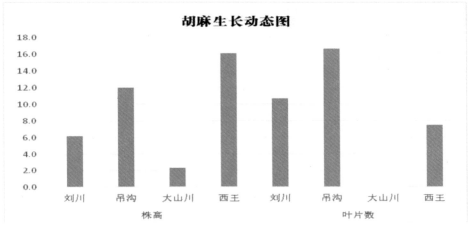

4月25日，大山川胡麻正在发芽扎根，吊沟株高12cm，叶片到17片；刘川株高6.2cm，叶片11片；西王地膜地胡麻株高16.1cm，叶片14片。各点地温变化趋势与4月15日基本一致。早8时各点平均地温依次是刘川露地、吊沟砂田、西王地膜地、大山川地膜地，分别是12.76℃、12.05℃、12.02℃和9.86℃；16时分别提升6.57℃、5.31℃、8.14℃和8.04℃，达到19.33℃、17.35℃、20.16℃和17.91℃。8时10cm土层的地温与平均地温表现一致，刘川露地15.8℃，吊沟砂田12.5℃，西王地膜地10.47℃，大山川地膜地8.57℃；16时分别提升到22.87℃、18.43℃、22.6℃和19.95℃，以西王提升幅度最大，达到11.9℃。

4月26日　　要机械化

2015年　星期日　农历三月初八　乙未年　【羊年】

2016年　星期二　农历三月二十　丙申年　【猴年】

2017年　星期三　农历四月初一　丁酉年　【鸡年】

2017年4月26日，全市阴转多云，西王和刘川下午阵雨，气温5～16℃。

2015年的今天，平川吊沟的赵生军在日记中写道："天气阴，农科所骨干们今天来田间观察胡麻生长情况。我们对两种播种机播种的两块地的胡麻生长做了对比，宽幅播种机播种的胡麻行宽，株之间分散，长得比较旺（茂盛）。普通播种机播种的胡麻株之间很密，长势也不错，可是株细。宽幅播种的种子分散开，胡麻株就粗。"

看来，我们设计和改进的胡麻宽幅播种取得了实实在在的效果，得到了农民的认可。

胡麻的农事活动主要包括胡麻的播种、田间管理、收割等，栽培环节的

简约化是一个大问题。用现在粗放式的工具、粗放式的耕作方式根本没有办法实现这些技术的组装和配套，就是花上大量的人力、精力组装了配套了，也是划不来，因为一亩胡麻的效益就是千把块钱，如果劳动力投入过多，做得过精细，成本就会增加，而这些投入相比较农民进城务工是不划算的。所以在这种情况下，技术的组装配套必须简约化，而要简约化必须走机械化的路子。

2015年之后，我们就花了大量的精力做胡麻的机械化栽培，到现在小有成效，但是，距离真正的机械化还有很长一段路要走。我们只是研究了胡麻的机械化播种，要让农民把播种机真正用到大田里还有一个过程。机子虽然取得了专利，也已基本定型，但要投入批量生产，要让农民有购买力并购买，根据过去的经验判断，还得5～10年。即便如此，也仅仅是播种的机械化。田间管理的机械化、收割脱粒的机械化我们还基本上没有涉及，或者涉及得还很少。

农业的机械化是通向农业现代化的必经之路，也是基础。就我们的认识而言：

第一在于机械化的高端设计。要盯住人多地少、地块多而乱、山地多等基本国情，在一个大的国土片区内定好基本调子，设计好基本思路，比如在新疆、内蒙古发展大中型农业机械化，在河西走廊发展中小型机械化，在河东地区发展以小型为主的机械化。这样可以起到全国统筹、协调发展的作用，从根本上解决怎么"化"的问题。

第二在于产业机械化的谋划。不同的作物要不同的机械支撑，要盯住作物的几个关键环节加强科研攻关，攻下生物的随意性与机械密切结合这个关口，这既是一个大坎，又是重要标志。相信中国的科学家有这个能力，重要的是，要把它上升到国家战略层面去谋划。

第三是在于引进先进设备与技术。在目前研发不足的情况下，要大量地学习与引进国外的先进技术与设备，在学习中提高，在使用中不断"中国化"。

第四在于下决心提高农机具制造业水平。农机具制造业要设门槛，要提高门槛，坚决取缔民间的冷轧冷打。宁肯一铣一犁地耕种，也不要用生命与机械搏击的"机械化"。要认识到粗制滥造不但影响农业机械化的发展水平，更关乎农民的生命安全。

第五在于加强国土治理。国土治理要迎合农业机械化而不是盲目地平田整地，特别是在土地流转等土地适当集中的环节，要以农业机械化作业为前提加强国土综合治理。

第六在于对作物的驯化培育，尽最大努力做到农机与农艺的结合。

农业机械化要上升到国家战略，当前要重点抓好农业机械化的科研攻关。

关于胡麻的机械化问题，有很多想法，有些很接地气（主要是迎合当前

落后的农业制造业——冷轧冷打），有些有点空想（主要是真正的中国制造还没有倾斜到农业制造领域）。

在胡麻机械化研发的重点上，应当是机械化的田间管理和收获。

田间管理的机械化重点是胡麻的追肥和除草打药，还有中耕锄草。当前用的普通喷雾器功效低、效果差，特别是对人污染严重。可以结合农田整治，设置轨道式自动行走的田间管理机。

收获方面的机械化有两个方面：像白银以西地区，景泰这样的沙漠绿洲，胡麻成熟是整株干黄，可以很利索地一次性收获脱粒；而在白银以东地区，胡麻成熟后还有一段后熟期，收割、晾晒、脱粒，只能分段机械化，除非机械的性能超出我们现在的想象。

农民方面，应用和普及机械化还有待时日，如果农户之间的联合播种和协作问题解决不了，机械化的问题也就解决不了，因为每家每户购置胡麻专用的播种机太不现实，我们作为这种机子的发明者也不倾向这样做（科研当随时代发展，当下的科研必须是有利于农民脱贫奔小康的科研，不能因为自己的科研成果给农民增加负担）。

4月27日　　胡麻空间

2015年　星期一　农历三月初九　乙未年　【羊年】

2016年　星期三　农历三月廿一　丙申年　【猴年】

2017年　星期四　农历四月初二　丁酉年　【鸡年】

2017年4月27日，全市晴天。

今天都是日常的除草和记录工作。

关于胡麻生产规模，实际的面积要比统计的面积大，大一倍或者两倍都有可能。通过田里抽样看，感觉白银胡麻的实际面积在25万亩到35万亩之间。胡麻规模在20世纪80年代以后出现了萎缩，主要是种植业结构的调整形成的，比如扩大了玉米和马铃薯的播种面积，还有的地方扩大了牧草的播种面积，还由于农民感觉胡麻的效益低，压缩了种植面积。

但是，农民对胡麻种植的基本理念一直没有变，那就是种胡麻要保证吃油。按全市的旱地、水地农户平均来算，户均一亩半以上的胡麻是有的，也许有的水地农户不种胡麻，但他要到集市或山区去购买油籽或者是直接购买胡麻油，相当于山区农民在替灌区人种植胡麻，农户不变，胡麻面积不变。也就是说，全市有多少农户就有多少胡麻面积（现在白银市有农户34万

户，照这个推算，就有近50万亩胡麻，这个推算数权作为对35万亩预估数的支撑数据吧）。

最近几年胡麻的生产出现了转机，主要是玉米播种面积的稳中有降，使人们对胡麻又有了新的认识，作物结构之间的"倒虹吸原理"促成了胡麻面积的稳中有升。当然还有其他多种因素，比如胡麻籽粒市场价格多年来一直比较稳定，给人们一种安全的心理暗示，促使胡麻面积有所上升（不像其他几个作物价格起伏较大）。再比如在农资价格较高、产投比缩小的情况下，胡麻的"饥饿法生产"迎合了人们广种薄收的逐利思想等，都是胡麻面积保持和上升的原因。

胡麻的生产规模有没有可扩大的趋势，这是由多重因素决定的。但是它绝对有扩大的空间，空间就在我们面前。

如砂田胡麻收获后还可以复种秋作物，一年一亩地的收入也不低。同时又把两年倒茬变为了一年倒茬，缩短了轮作周期，老百姓是比较欢迎的。市场上只要胡麻效益出现上升的趋势，胡麻面积就会增加。

水地胡麻增加的空间有两个：一个是胡麻效益提高，促使灌区发生较大的作物结构调整，这个可能性目前还看不到；另一个是水地胡麻后复种其他作物，这就要引起当前灌水制度的改革，目前高扬程灌水制度不符合水地复种，要改革灌水制度，除非胡麻效益出现较大提高。因此，灌区胡麻面积的扩大空间有，但可能性较小，这主要取决于灌水的可控性。

在白银地区，胡麻生产最大的空间和可能在会宁县的东南部。这一块地方只要企业正确地引导，政府有意识地推动，胡麻的面积就可能大增。因为在会宁每年有100万亩地膜覆盖的"基本农田"，每年覆盖100万亩，第二年的旧膜有一半种植玉米，就有另一半得种其他作物。这个一半就是50万亩，50万亩目前可种的作物要数胡麻第一，而且胡麻是一个非常合理的轮作作物。地膜覆盖在会宁是个标志，胡麻在会宁也是个标志，看起来没有理由不把胡麻产业抓上去。

我们目前要做的和能做的就是抓紧做技术研发和技术储备，一旦有好的苗头就可以迅速把胡麻规模与技术相配套。

4月28日　"想不到"是最遗憾的

2015年　星期二　农历三月初十　乙未年　【羊年】

2016年　星期四　农历三月廿二　丙申年　【猴年】

2017年　星期五　农历四月初三　丁酉年　【鸡年】

2017年4月28日，全市大晴天。

党家岘王新民在日记中写道："晴，少云，较温暖，试验示范田附近农民在点播玉米，锄二膜地里的草，引洮工程还在修渠。"西王的老范写道："早上晴天，下午晴天，农民除草，南风。"

景泰陈庄的胡麻到了枞形期。

地膜胡麻是胡麻体系建设中非常重要的一块，也很有特色，在地膜的实践利用上很有创新。这方面我们做了很多的工作。体系刚成立的两年，我们把地膜的工作做得非常细，开展了一系列的试验和示范，有的搞了新覆膜种胡麻，有的选择在旧膜上种胡麻。旧膜又根据覆盖的程度即破损的程度分了两三个等级，完好率在80%的一个等级，60%的一个等级，40%~50%的一个等级，在不同等级的地膜上做胡麻试验，对产量、投入、产投比进行分析。同时，也对不同的茬口做了试验，还在地膜覆盖地的旁边做了露地的及其他作物的对比试验。目的就是从大量的系统的数据对比中，为我们推广这项技术找到根据。

多年下来，这项工作已经取得了基本成功，大家都很认可。今年我们又在会宁的党家岘和南部山区搞了些地膜胡麻的种植示范，让老百姓看一看地膜胡麻的真实情况。

说到地膜胡麻，我们就会说到地膜覆

盖，现在回想起来，这是一个比较漫长的技术进步，也是一项在不断探索中的技术进步。有了全膜覆盖栽培之后，才想起当年为什么在设计试验的时候就没有想到这一点。当时想的是覆一垄留一垄，也就是一半一半的覆盖或者四比六的覆盖。

技术试验的设计非常重要，如果设计不周全，造成的遗憾可能是无法弥补的，有时候是需要通过大量的时间和精力去补充的。会宁民间有句话，叫作"吃不穷穿不穷，打划不到一世穷"，"打划"就是计划，就是设计，计划不到是要用一世的代价来弥补的，还不一定弥补得了。试验设计正是这样，20世纪80年代做试验没有想到全覆盖，这一晃就是30年。

一个试验的设计不是简单的5、10、15、20的档次，也不是1、2、3、4的梯度，设计者首先要懂得当地生产力的发展水平，并且能够比较准确地把握未来生产力发展的趋势，只有把先进性和现实性结合起来，设计出来的东西方可既有实用性又具有领先性。试验好搞设计难做。有的人做了一辈子试验，子午卯酉貌似很周全，算得上试验家了，可为什么一辈子不出成果，我们不妨假想一下，也许就出在设计上，试验方案总是与事物的内在规律失之交臂。

地膜覆盖发展到今天，就是走了这么一条路。

在我的记忆中，白银地区地膜覆盖应该是1982年最早搞起来的，那时候全省各个县的农技部门都安排了地膜覆盖试验的任务，当时我在会宁县新添堡回族公社当农技干部，就接了县农技站安排的试验任务，落实在新添堡道口大队，做起垄覆膜种植西瓜。后来我在县农技站工作的时候，站上就接了定西地区下达的地膜覆盖试验任务，在会宁县的南十里铺和郭城的井沟做地膜种植西瓜试验。

现在回想起来，如果在做西瓜试验的时候把其他蔬菜、玉米全膜覆盖也做起来，地膜覆盖技术岂不提前几十年。如果当时做了全膜覆盖试验，那就是了不起的技术和贡献。试想，地膜已经把地的大一半覆盖了，举手投足之间就可以全覆盖了。可是为什么一步之遥却擦肩而过呢？说轻了，是想象力太差；说重了，是基本功欠缺。缺少这两样，做农业科研只能匆匆忙忙地就试验而试验，以试验开始，以试验结束。

4月29日　　成果转化

2015年　星期三　农历三月十一　乙未年　【羊年】

2016年　星期五　农历三月廿三　丙申年　【猴年】

2017年　星期六　农历四月初四　丁酉年　【鸡年】

2017年4月29日，全市大晴天，气温9～24℃。

基层农业科研单位研究的成果应该说转化率还是比较高的，因为我们研究的都是比较接地气的实用技术。

在实施胡麻产业技术体系工作中，我们在全市建了八个示范基地，既是技术研究的基地又是成果转化的基地，发挥聚集和辐射的双重作用。八个基地类型不同，从南到北是东南山区的会宁县大山川（党家岘）、黄河不保灌区的柴门、黄河灌区的六十铺、靖远县沿黄灌区的河靖坪、刘川、平川井泉灌区的吊沟、景泰县沿黄灌区的陈庄、白银区的武川。八个基地每年的试验内容都是根据当地的实际情况确定的。

在基地实行"双十"展示，即每个基地每年展示十个以上的品种、展示十项以上的技术。胡麻基地以胡麻技术体系为主，同时也把其他的科研揉进去一部分，把基地办成综合性的基地。同时还注意把基地办成培训基地、展示基地。每年开春，春播之前都要实行培训，在整个生长季对技术和品种实行挂牌展示，让老百姓去看，让老百姓去评价。年终进行认真的总结，对品种进行单收单打单称重，对技术也是进行认真的考核，每年筛选淘汰一批，保留一批，新引进一批。这种老套的

方法在成果转化中不断地发挥着新作用，展示效果非常好。通过几年的工作，我们的技术与品种都以基地为圆心扩散辐射开了，有了很大的推广面积，效果很好。

我们还想了一个办法，就是实行流动宣传。最开始是借用市科协的一个科普大篷车，它上面的宣传器材都是现成的。后来就是租用社会车辆，装扮成宣传车。宣传车上带上资料，带上品种，带上技术人员，带上录音，一路走一路播放，走走停停，进村串户，深入田间地头做宣传，发放宣传资料，现场讲解农技知识。流动宣传贯穿了白银市的主要路段，白银—景泰、白银—靖远—会宁、白银—平川都跑遍了，沿线主要深入的就是比较偏僻闭塞的地方，有岔路口就进，一直走到尽头，走到山沟疙瘩。有庄子就停，农田有人就停，随时给农民发放种子，发放资料，现场讲解。这样的宣传每年要进行10到15天。

在总结"十二五"工作的时候，提出的第一个普及就是胡麻优良品种的基本普及，主要依据就是流动宣传。我们把种子分成半公斤的、一公斤的小袋，走到哪给农民发到哪，农民种上第二年自己繁殖，相互串换。

我们每年都在搞技术培训，形式也很多样。有一年在刘川培训，为了吸引更多的农民，专门请了一台秦腔小戏，培训间隙来段清唱活跃一下气氛，效果非常好。有一年在武川乡培训，预期有一个礼堂的农民就不错了，结果乡政府的半个院子都站满了老百姓，真是人山人海，到最后车都开不出去。可见老百姓对技术的渴求是非常高的。

我们这多少年搞技术转化的经验就是，把基点办好，把流动宣传搞上去，把培训工作搞扎实。有这么几条，可能成果转化就比较快一点、好一点。

4月30日　　祖厉河

2015年　星期四　农历三月十二　乙未年　【羊年】

2016年　星期六　农历三月廿四　丙申年　【猴年】

2017年　星期日　农历四月初五　丁酉年　【鸡年】

2017年4月30日，全市晴转多云。

党家岘的地膜胡麻已经出苗，平川吊沟的胡麻开始浇水，西王农民在胡麻地里除草。

西王是柴门镇的一个村民小组，在会宁县城的北面约10公里处。从县城出发，要先走一段开阔的会师大道，大道的两侧有红色旅游圣地——中国工农红军三军会师旧址，有高考状元县赫赫有名的会宁一中，以及正在新建中的会宁二中。走完了会师大道这段城际公路，便进入了颠颠簸簸的省道，过不了一阵就会在尘土飞扬中看见一条河。

这条河叫"祖厉河"，很有名气，它是黄河上游的一条重要支流。祖厉河是由祖河与厉河组成的，祖河发源于会宁县党家岘的砖井村和太平店镇的大山顶村，两条祖河的发源河在各自向北流淌了二三十公里后，在翟家所相汇形成一条河，继续向西北流淌，直抵会宁县城。厉河发源于会宁县中川乡的三条岘村，向北流淌三四十公里后，抵达会宁县城。其实两条河都发源于东西走向的华家岭，经过一番奔腾流动之后，在会宁县城的西岩山下相汇，从而形成了祖厉河。祖厉河一路向北，在靖远县的闇门汇入黄河。

祖河、厉河相交翻天覆地。不用考证，任何大江大河的变迁都是一个重新安排河山的过程。很有机缘的是，20世纪30年代，就在祖河、厉河相汇的地方发生了一件开天辟地的大事——中国工农红军在西岩山下胜利会师了。沧桑巨变的历史可能是一种巧合，但不乏蕴含着历史的必然。无论是谁，每每走过会师圣地，看到"共和国从这里走来"几个遒劲的毛体大字，都会心潮澎湃，思绪万千。

2015年，我在《白银日报》上发了一篇祖厉河的小文，寄托对这条河的深情。现照录如下：

天下第一河——祖厉河

一

女娲娘娘居秦安，工厂开在大地湾。炼石补天毕，仍剩余一石，见其粗中透细，曰：此石弃之可惜，既无缘赴三界举天，就让它到三岘为民作砺去吧。言罢，念念有词，向西一抛，但觉天际一抖，一道霞光刺穿华家岭。

一声巨响，砺石入土百丈，砸出三条岘，砸出八五十三岔。岘岘分水，岔岔喷泉，清江曲曲抱村流，后世子孙感激涕零，尊娲为皇，尊河为砺，厉河应运而生。

砺石坠落之时，震落了牛背上的太上老君，哆哆嗦嗦一番考察，深为炼石之术折服。

二

伏羲在成纪，喜访山问水，把玩天象。一日，追星向西，不知不觉跨过界石铺，但见，峰回路转，山如馒头，圆润饱满，水似玉液，清澈透亮，好一个东河！

羲皇立于山巅，俯察大地，见东河枕南而北流，过席棘滩，与桥沟诸水汇于高张，道道山梁，摇头摆尾，如鱼戏水，婀娜多姿。大山顶下，山环水抱，似双鱼缠绕。

羲皇兴趣大增，勾改涂擦，不出半日，画出一幅双鱼图来。此图一出，水欢河笑，委婉向前，绕出双鱼无数。

从此，东河流域，五谷兴，百业旺，百姓无不称赞，尊东河为祖河，谓之曰人文始祖之河。

三

羲皇常到祖河，或下河，或上山，与民相熟，亲密无间。见百姓背斗，二筋四角八肋，八八六十四经，纬条无穷，顿发灵感，画得一图，将双鱼置中。霎时，霞光万道，惊雷震天，一幅绝伦太极八卦图喷薄而出。

一声惊雷，惹来了不安分的太上老君。老耳骑牛出关，悄然而至，闪目观看，大呼宝地，便在八卦图上布下八卦炉，积薪取火，修仙炼丹，忘切哪世哪劫。老君炼丹之地，后世百姓尊之曰：老君坡。祖河因炼丹，河水变苦，做馍免碱，做饭免盐。

四

祖河水涓涓，厉河水奔腾，两河相遇西岩下。祖河旋，厉河转，祖厉两河打水旋，旋出天大一个太极波。波如日晕，逐浪向前，东至海原，西达榆中，南到通渭，北接黄河。山山水水，山断水接，乾坤震巽，坎离艮兑，波及八方。

一时间，晴空万里霹雳雷，干枯草木百花开，东山柳吐穗，西山杨飞絮，南山桃花花遍地。虎踞南山，龙蟠北里，紫微升，凤凰鸣。鸡叫狗咬娃娃吵，羊咩牛哞马高歌。愚顽百姓，茅塞顿开，知羞知耻懂礼貌，会锄会铲会劳动，习文习武有智慧。

真乃祖厉相会开世界，混沌初分定乾坤。

五

祖厉成河，感天动地，蛮荒山河，重新安排。一路之上，遇水，水改道，遇山，山转向。如什字川河，如土木岘河，如关川河，九八七十二条溪流去朝觐。如天边梁，如那坡山，如屈吴山，九九八十一道山梁来拱卫。

祖厉两河相汇，似伏羲女娲交泰之象。祖厉两岸，又呈大鹏展翅之势。山河相连，更现八卦图腾之胜境。

沿河之翟所城，西宁城，张城堡，会宁城，甘沟驿，郭蛤蟆城，黑城子，闇门，无不呈太极之图。星罗棋布之高山堡，盘盘营，更成八卦之布局。座座山峰，层层梯田，堪比张张大罗盘……

祖厉河，气象万千。祖厉河，天机无限。祖厉河，永难释怀。

六

祖厉之河，极尽包容，咸水淡水，其乐融融，八面来客，和衷共济，挖沙排污，极度忍耐。

祖厉之河，游刃有余，奔流不息，萦迁翩然，小湾任性，大势取直，水随山行，不走弯路。

祖厉之河，贵在担当，水虽不丰，毫不保留，相接相续，直注黄河，运势接气，沟通世界。

祖厉之河，坦坦荡荡，不以旱悲，不以贫痛，不畏大河，不惧名山，竭尽所能，哺育人民。

扪心可慰始祖，吾祖厉之民，亦如祖厉之河！

昂首以谢娲皇，吾心中之河，尤为天下第一！

5月1日　　神游珠峰

2015 年　星期五　农历三月十三　乙未年　【羊年】

2016 年　星期日　农历三月廿五　丙申年　【猴年】

2017 年　星期一　农历四月初六　丁酉年　【鸡年】

2017 年 5 月 1 日，全市是个大晴天。

在党家岘，露地胡麻开始出苗，在刘川，胡麻株高已经达到 9.5cm，18 片叶，分茎 3~4 个，根长 5cm，毛根 10~15 根。

大山川露地下午 4 点 10cm 土层地温 14℃；西王地膜地 28℃，超过往年当天 4~5℃；刘川 26℃，与往年持平。

基地的几位农民技术员都在日记中写道："今天是五一国际劳动节，是劳动人民的节日。但我们都没有假期，也没有外出游玩，都坚守在自己的劳动岗位上，把节日作为普通日子过。"刘万景在参加了邻居家娶新媳妇的活动后，照常进地采集胡麻样本、观测数据。平川李长衡也在胡麻地里锄草，观察胡麻示范田的长势情况。党家岘的农民开始点播玉米。西王正好是劳动季节的空档，有农民骑着自行车或开着三码子在田间串串看看，有的蹲在地头吸吸烟聊聊天。当今的农民沟通意识也非常好，看了田里的情况就会通过打电话或捎口信的方式告诉张三、李四，你家的胡麻地长草了，你家的玉米田缺肥了。

我们团队的成员这几天基本放假，有的通过自驾游，有的通过户外群到附近的农村转悠去了。平时作为农业技术人员，进到田里蹲在地头是一种心情，今天作为游客同样是迂回在田间，又是另外一种心情。

说来也怪，虽然是同一个事物，身份转化了，对人的感官刺激也就不同了。更奇怪的是，劳动人民的节日，绝大多数的劳动人民却仍在劳动。

"五一"了，不论外出还是在家，或是在劳动岗位，自己给自己放个假吧。这天我撇开工作写了篇游记：

五一神游珠峰

一

"五一"了，信号很弱，偶尔收到短信，问节日怎么过。我回信说：在爬珠峰，喜马拉雅山上的那个最高峰。啊！厉害，见过厉害的，没见过你这么厉害的。过节了，听说有徒步去张家岭的（白银市内公园），最远去水川的（白银郊区），还没听说去喜马拉雅的。去了喜马拉雅也就去了，偏偏还要去珠峰，高处能胜寒吗？

二

山是什么？山是"造物主"留给人类的生存屏障。没有山，不论哪个方向刮风，都会把人刮得绕地球一圈，就人类那点小胳膊小腿，还不散架得连个完全分子都找不到。要是来场雨发起大水，就算你铜头铁臂，也会被刮进太平洋，再大西洋再印度洋，当穿过马六甲海峡又回到太平洋时，已经没有机会顺道去新加坡云游了。

三

山是神圣的。人为什么上山要一步一低头？那其实是一步一鞠躬，是在表达人类对山的尊重。既然山是神圣的，那么珠穆朗玛峰更应当是神圣的，因为，它是山中之山，山上之山，山中之王，天下第一高山。珠穆朗玛是藏语，"珠穆"是女神，"朗玛"是第三的意思。当我站到珠峰顶的时候，总是一阵阵异常兴奋，古往今来，为世界第一者能有几人。

四

我是从南坡上山的。南坡是热带气候，植被茂密，高大的乔木密匝匝，灌木只能自找位置见缝插针了。一路上在密林之间穿梭，地下惊起千奇百怪的飞禽走兽，有好玩的，有面目狰狞的，搅得心里一团糟。渐渐的，树木稀少了，变小了；再少，再小；少得没了，小得不见了。眼前开始出现裸露的山坡，险峻陡峭，怎么办？好办！我从褡裢里拿出飞猫绳，在头顶抡圆了，再"嗖——"的一声甩到高处岩石缝里，铁爪抓石，攀绳而上。

五

开始时，怕岩石坠落，事实证明，这个担心是多余的。那么高的山，那么长的山龄，什么极端的风雨雷电没经过，松动的，不牢靠的，早都淘汰了，滚蛋了。山为什么上小下大呢？因为孬的多，孬的滚蛋了，"铮"的挺立着。现在有一个时髦词儿叫调结构，看来这结构真的很重要，起码有两个比例结构是通用的，不论自然界还是社会界，一个是黄金比例，一个叫二八结构。这山，也不例外，"铮"的占少数。

六

走着走着，突觉寒气逼人，眼前出现了冰川。冰川一望无际，像一面镜子躺在大地上，高强度地反射着天上的一切。一会儿霞光万道，刺眼欲穿；一会儿云影斑驳，婀娜多姿。就是到了晚上也不寂寞，天上有什么，冰川就有什么。天上云遮月，地上犯朦胧；天上星星眨眼，地上秋波暗送；天上嫦娥招手，地上你想得美。在冰川上也是用飞猫绳前行，如果稍不留神滑脱，会滑向何方，只有自己心里清楚。

七

爬完冰川就是爬冰山，这是征服珠峰的关键环节。冰山刃立，如刀削斧劈一般。爬山难，难就难在冰山没法爬，人们一般到冰川便止步了，照几张照片就圆满了。我是带了新研制的工具的，新工具名叫吸盘，简单说就是橡皮碗。吸盘是根据壁虎、蜜蜂等的吸爪原理进行仿生研究出来的，"啪"的

一下踡在冰面上，只有按动机关才能分离，否则，纵有千钧之力去拉也枉然。吸盘共有六处，除了脚和手外，臀和肩也有，万一滑脱，就会被吸住。

八

那真叫神，几乎是"唰、唰、唰"几下就登顶了。今年干旱，珠峰降雪也少，经大风一刮，峰顶的岩石都露出来了。站在峰顶看天，也就那回事儿，四下望望，冰天雪地。信步向前走去，不远处摆着一盘象棋，开着一束胡麻花。没有人，茶水还冒着热气。细看那棋，红方只剩单马单炮俩兵，黑方单车双炮也有二卒，双方仕象都不全，也都不太在路子。我的棋臭，看不了三步，一时还看不出这盘棋的结果。

九

令人惊叹的是，这地方还有人下棋？这地方还开胡麻花？是人呢？还是神呢？我放开喉咙在天下第一高峰上喊道：下棋啦！胡麻花开啦！喊声在天际回荡，好不嘹亮。突然，就听我家掌柜的喊道："喊个啥！大白天睡觉吓人捣鬼的。"哈哈——节日快乐！

5月2日　　说农村空气新鲜——那是传说

2015年　星期六　农历三月十四　乙未年　【羊年】

2016年　星期一　农历三月廿六　丙申年　【猴年】

2017年　星期二　农历四月初七　丁酉年　【鸡年】

2017年5月2日，全市阴转小雨。刘川和平川下午刮起了大风。

王新民在日记中说："早上阴，10点转小雨，午后中雨至夜间，共降雨21.6mm，有利于胡麻生长。"

刘万景写道："昨天半夜，风吹得很大，滴滴答答还下着雨呢。我今天就睡个懒觉。风在吹着，雨还在下着，但地温还是要去测的，早上8点：5cm土层10℃，10cm土层11℃，15cm土层12℃，20cm土层13℃，25cm土层13℃。下午4点：5cm土层20℃，10cm土层18℃，15cm土层16℃，20cm土层15℃，25cm土层15℃。"

这一天范立荣仍然早一趟晚一趟去了西王。去西王照例要过祖厉河。如今的祖厉河沟壑依然，但水量已大不如前。当下到河底时，河边旷阔的河床

上堆了好大一堆马铃薯粉渣。粉渣脏乱也就够煞风景的了，更囧的是，一堆粉渣搞臭了一条河，上下十里臭气熏天，河边的堡子里还住着一户人家，不知道他们对此怎样奈何。

说到农村的空气，还有段趣事：也就是我们下乡的一个地方，有一年的6月份，我们忙完胡麻田里的工作，中午在一农户家吃饭后，主人领我们去他收拾得比较好的一个房子休息。我指着四周的建筑说："你这摊子好大，建设得也不错！"主人抿着嘴谦虚地对我说："建设倒没有啥，在农村只图一样，就是空气新鲜！"主人话音刚落，不知从哪吹来一阵小风，把路边的羊圈味全吹到了我们的鼻子里嘴里。

在农村，说空气新鲜，那是传说。东家的大门前就是西家庄子后面的茅坑，房前茅坑房后驴圈，左面鸡圈右面羊圈，垃圾满地，能新鲜吗？农村的厕所、圈舍、垃圾都是大问题，一定程度上城乡差别就是厕所差别，城市干净就在于城市没有牲口（但现在城市养狗的污染也很厉害）。

我们经常下农村，经常在农田在农家。不能说天天见，一月之中总有几天与农民在一起。见农民、在农家、转农田并不怕风吹雨淋日晒，说实话最怕喝水上厕所。农村的水要么窖水要么提灌水，井水已经很少了。应该说窖水直接来自天上，污染最少。井水来自地下，水质和污染程度因水源地的不同而不同。提灌水一般来自黄河，黄河的"原水"可不敢恭维。不论水的来源如何，农村人饮水一般都是原始澄清。水源不可靠，水处理方法简单，喝着农村水总感不踏实。农村厕所基本还是坑式，在农村如厕是件最不能习惯的事。

农村环境治理及三废处理，关键在人的思想，很多人都是习以为常"脏"惯了；重点在科技，填埋、焚烧、水冲是当前的主要方式，但都不是最科学的。这个世界原本没有废物，废物只是人的主观意念的产物。绿色发展其实质就是无害化无废物的发展，不是说不允许产生废物，而是要全员再次多次地利用好废物，真正变废为宝。

目前情况下，要一边在尘雾中打扫院落，一边研究不起尘的打扫设备和方法，两者不可偏废，最终走出一条依靠科学治理环境、利用废物而不是丢弃废物的道路。在这里，科研是先行官，要担起这个责任。

5月3日　　四月八

2015年　星期日　农历三月十五　乙未年　【羊年】

2016年　星期二　农历三月廿七　丙申年　【猴年】

2017年　星期三　农历四月初八　丁酉年　【鸡年】

2017年5月3日，全市阴转多云，气温3~14℃。

党家岘露地下午4点10cm土层地温12℃；刘川14℃，比2016年低6℃，比2015年低14℃。刘川胡麻的株高已经达到10cm，叶片22片，基本封垄了。

刘万景在当天的日记中写道："天天吹风，早晨天气也特别冷，我们走地里都穿着棉衣。下午吃完饭，风特别大，我估计有6~7级，不过吹到下午4点左右就小了。"王新民在日记中写道："多云，午后3~4级北风，较冷，最低气温4℃，但对胡麻无冻害影响。"西王的范立荣在日记中说："早上阴天有风沙，北风，下午晴，仍吹风，玉米有点受霜冻。"

今天，在相隔百里，穿插深沟、大山、黄河的三个基地不约而同地都记载了同一件事：气温低，冷。西王的玉米还有点受霜冻，单从5月3日这天看好像没有什么特点，只要翻翻日历，就会发现今天是农历丁酉年四月初八。

过去听老农们讲农谚：四月八，黑霜煞。对农谚一直关注较少，后来学了农，做了专职农业技术工作，信的"洋技术"多起来了，对"土说法"不怎么在意，偶尔听农民说说，也是秋风过耳。自从承担

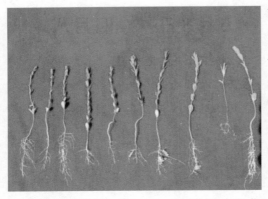

胡麻产业技术体系试验站的工作以来，逐渐对老农经验有了重新认识。想起来有两件事情改变了我的看法：一件事是我们提倡胡麻适期早播，在每个地方将播期提前 10~15 天，比如在会宁西王将清明前后播种的胡麻提前到 3 月 20 号播种，在刘川将 3 月底播种的胡麻提前到 3 月 19 号，在平川砂田由 3 月底提前到 3 月 15 号。

提前播种概念提出以后，基本上遭到了农民和部分技术人员的一致反对。反对理由是播得早容易受冻害，胡麻冻害非常普遍，几乎每年都会不同程度地受冻，造成难以全苗甚至改种，最怕的就是农历四月初八的"黑霜"。由此四月八的"黑霜"这个概念再一次跳进了我们的思考圈。

另一件事是大约 2015 年春夏之交的某天，当我们走过会宁县城到柴门的那道川的时候，发现沿川的玉米都受了严重的冻害，三四片叶被冻得萎蔫凋零甚至成了"一包水"，有的只有小小心叶在那儿脆弱地展示着生命。会宁是这样，靖远的刘川也是这样。

对于农业科研工作者来说，对所有的农作物都重视，不论哪个作物受冻，科研人员都很受伤。但是对于专门从事胡麻工作的我们，很自然最关注的作物还是胡麻。挨着地一块一块观察过去，昨天还苗壮旺盛的玉米今天在流泪，而弱不禁风的胡麻苗却依然如故，在地间亭亭玉立、摇曳生姿，好似昨夜的冻害绕过了胡麻田。

当天的日子原来就是农历四月初八。

以后的几年里，我一直在关注这个农历四月初八——年年有霜冻，无一例外。很神奇啊，也很震惊！不信都不由你。老农的经验和农谚是劳动人民在与自然界长期做斗争中得出的宝贵经验，是真理，我们应当研究利用它们，不可迷信，但也不可小觑！

5月4日　　各位领导

2017年5月4日，刘川、平川是沙尘天气，气温3-19℃。

党家岘露地下午4点10cm土层地温16℃，仍然低于往年；西王地膜地20℃，地温回升较快；刘川12℃，比往年低8~10℃。看来，刘川霜冻影响还在持续。刘川胡麻株高10cm左右，叶片22片，根长5cm。

党家岘的王新民在今天的日记中写道："5月4日，晴转多云，有3~4级南风，早晨最低温度3℃，对胡麻子叶没有造成冻害。引洮工程电机轰鸣，好一派合唱的生活景象。"王新民说到了冻害，而胡麻没有受冻，那其他作物呢？显然受冻了。西王的范立荣在日记中写道："5月4日，早上阴有霜冻。"西王同样有霜冻，但胡麻安然无恙。

刘川的刘万景写道："每周能暖和一天，尤其这几天，天天吹风，今天又是扬沙。我的天哪，风吹得天昏地暗。老魏家的胡麻中间的一块子好像要死的样子。我以为是两个品种，他老婆说是一个种子。我用铲子挖了几苗子，只有主根没有毛根，好像是化肥上多烧的，又不像，我估计他的地有问题。"

刘万景说的这个情况在胡麻栽培中也常有发生，这个时期是胡麻出问题较多的时期之一。并不是化肥上多了烧的，而是立枯病。进一步的原因是土壤带菌，从栽培的角度说是重茬种植所致。

很有意思，2015年的今天，我们团队成员也在刘川。当年刘川基地的农民技术员是刘小娥，她在日记中写道："早上天气晴朗，中午稍微有些微风，天空飘浮小云，晚上天气晴爽。今天上午锄胡麻，中午和农科所的各位领导交流谈话，下午给胡麻及各种粮食作物追肥，准备晚上浇灌今年的第一个水。农民们说地里杂草特多，需尽快发放所需的农药。"

实在不敢当，天下哪有天天在农田地埂上串的"各位领导"？做农业科研，水平不高，修炼不到家，我们做不得院士，但常在农民地头走，做个"田士"还是可以的。

她的日记不单纯是恭维我们几个"各位领导"，还提出了一个严肃问题，"尽快发放所需的农药"。紧张的春播结束后，我们团队成员就在密切关注着胡麻苗情，根据虫态病情，及时组织发放示范田的农药。实施统一供药、统一防治。这种方法比较好，但也有弊端：示范点办的时间长了，周边的农民就会产生依赖性，有时有等种子、等播种、等供药、等防治的现象。

这也给我们一个启示：办科研点不能单纯追求规模和面积，把该做的试验做了，该示范的做上一半亩，最多三五亩，能说明问题就行。科研"一枝一叶总关情"，规模是企业的事。

5月5日　　春天从立夏开始

2015年　星期二　农历三月十七　乙未年　【羊年】

2016年　星期四　农历三月廿九　丙申年　【猴年】——立夏

2017年　星期五　农历四月初十　丁酉年　【鸡年】——立夏

2017年5月5日，全市扬沙天气，灰蒙蒙的一片，气温3~16℃。

今天是二十四节气中的立夏，春天结束了。

已经结束的这个春天是个繁忙的季节，在那个季节里，要过春节，春节既是个休息的节日，又是个热闹的节日，是富人们笑逐颜开、穷人们一筹莫展的节日。当春节的年味还未散尽时，春播又开始了。平川、刘川这些热量较高的地区，有时候春节和春播是掺和着过的，上午急急忙忙给地里拉粪，下午打牌唱戏耍社火。上午吃油饼捣罐罐茶，走亲戚聚会，下午进地。

在春播的凌乱繁忙中，不知不觉一个春天就过去了。人们向往春天，生活生产中不能没有春天，可这里的春天除了冷飕飕就是灰蒙蒙。柔柔的阳光暖暖的风，迎春花绽放的春天其实才开始不久，真正的春天在这里好像是始于初夏。

党家岘的王新民在日记中写道："今天晴转多云，但今年的气候特点是冬天不冻，春天不回暖。试验田全膜覆土穴播胡麻还在放苗，胡麻品种展示田中定亚22号、陇亚13号出苗迟缓。农民焦急等待着甘露降临。"

农历四月初八霜冻的阴影还没有消失，特别是党家岘高海拔区的胡麻，由于出苗时间正好与四月初八的晚霜期相遇，时有冻害也是正常。

平川吊沟的赵生军在2015年的今天写道："全天以阴为主，无风。新砂胡麻试验田浇了第一次水，使前几天弯了头的胡麻像战士一样全部昂首挺胸。"

两相比较，同是农民，生活在旱区的农民，生产权在天，在春旱露头时，只有祈祷般地等待甘露降临。而在灌区的农民，灌水只是一个简单的计划问题，生产权在我。

景泰县是黄河提灌区，是生产权在我的典型的沙漠绿洲区。境内有白银

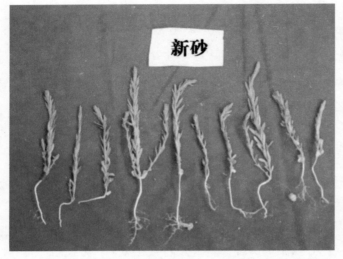

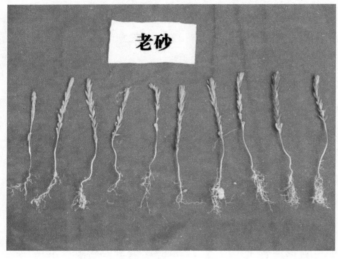

综合试验站的陈庄示范基地，有体系育种岗位的条山基地。由于我们没有在陈庄基地设日常五项观察（每日地温、水分、生长动态、拍照、日记），在本书记述中对景泰提到的相对较少，现特做如下介绍：

景泰县位于河西走廊东端，甘肃、内蒙古、宁夏三省（区）交界处，是黄土高原与腾格里沙漠的过渡地带，总土地面积5432平方公里。交通便利，地处亚欧大陆桥腹地，距省城兰州187公里，县城距中川机场100公里。包兰、甘武铁路纵贯全境，201线、308线等级公路连接数条国道。境内地势西南高东北低，地形地貌大致分为中低山山地、洪积冲积倾斜平原、石质剥蚀丘陵和风沙地四种类型。土壤类型主要为洪积灰棕荒漠土和灰钙土。

景泰县总人口22.85万人，其中农业人口19万人。全县总耕地69.3万亩，其中灌溉面积36.2亩，农业人口人均1.87亩。

年均降水量185毫米，多集中在7—9月三个月，占全年降水量的61.4%。年均蒸发量3038毫米，是降水量的16倍。光热资源丰富，年日照时间约为2725小时，日照百分率62%，太阳年平均辐射约147.8千卡/平方厘米，年≥0℃的活动积温3614.8℃，≥10℃的有效积温3038℃，无霜期141天，是我国除青藏高原外光热资源最丰富的地区之一，全县平均海拔1620米，最高海拔3321米。

灌溉条件便利，黄河过境约110公里，年平均流量993~1040立方米/秒。境内有号称"中华之最"的景电高扬程大型提灌工程。

景泰胡麻具有产量高、品质优、成熟度好的特点，据甘肃省农科院李玉奇等的资料，景泰县胡麻播种面积常年在4万~5万亩。

附：2015—2017年的5月5日地温与胡麻平均生长动态关系：

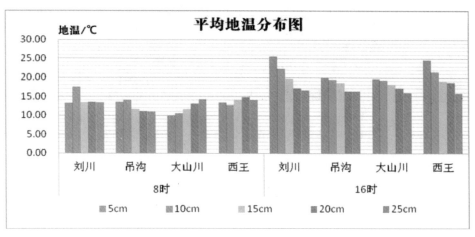

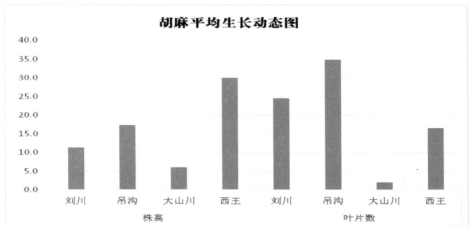

　　5月5日，党家岘胡麻刚刚出苗，叶片数2片；吊沟胡麻株高17.4cm，叶片35片；刘川胡麻株高11.3cm，叶片25片；西王地膜胡麻生长快，株高30cm，叶片17片。0~25cm各土层地温平均高低排序为刘川露地、西王地膜地、吊沟砂田和大山川地膜地，8时分别为14.24℃、13.82℃、12.31℃和11.91℃，16时上升为20.23℃、19.92℃、18.09℃和17.98℃，上升的幅度各点差异不大，为5.78~6.1℃；10cm地温稳定进入10℃以上，以刘川露地为高，8时达到17.55℃，16时上升到22.33℃，大山川地膜地为低，8时是10.54℃，16时上升到19.15℃。

5月6日　　菜豌豆

2015年　星期三　农历三月十八　乙未年　【羊年】——立夏
2016年　星期五　农历三月三十　丙申年　【猴年】
2017年　星期六　农历四月十一　丁酉年　【鸡年】

2017年5月6日，全市晴朗，气温3~21℃。

最寒冷的党家岘露地10cm土层地温达20℃，超过往年5~10℃，西王的地膜地达25℃，超过往年5~10℃，刘川露地23℃，比去年高3℃。刘川早上8点地温：5cm土层10℃，10cm土层10℃，15cm土层10℃，20cm土层11℃，25cm土层12℃。下午4点地温：5cm土层28℃，10cm土层23℃，15cm土层20℃，20cm土层15℃，25cm土层14℃。

在党家岘，晚霜对玉米已造成冻害，对低凹地的胡麻也造成冻害，但轻于玉米。农民穿着棉衣在地里干活。在西王也有霜冻。

2015年我在云南过春节，当时正是玉溪一带菜豆生长的时节，农民朋友们在地里种了好多的菜豆，一排排的豌豆架，非常整齐，也很壮观。大概过完年就能摘豆角，一亩地的鲜豆角可以卖到5000元，对我很有启发。

春节过后，我们团队的同志就和云南省以及玉溪市的农科院所取得了联系，引进了5个菜用型豌豆品种，在刘川试种。种植方式是种成胡麻菜豌豆带田，而不是单纯种豆子，因为我们的工作是围绕胡麻开展体系工作。这种带田就是四行胡麻两行豌

豆，用我们设计的胡麻豌豆带田同机播种，两种作物一次性播种成功。

我们的想法是，刘川是典型的城郊，东达靖远县城、平川区，西达白银市区，都不过10公里，发展城郊型农业很有优势。菜豌豆管理简便，产值又高。种胡麻带田也行，单独种植也行，只要农民看到利润，就会主动去种。

事与愿违，农民朋友并没有从其中看到前景，更没有想出好的办法，当慢慢吞吞把豌豆架子搭起来时，豌豆的枝蔓已经长了一地，行间都被封住了，根本下不了脚。

菜豌豆的生长要比普通豌豆旺盛，植株更高大。从5月底，商品豆荚开始长成，每市斤鲜豆荚最少可以卖到八元，但实际上淳朴敦厚的试验户却以普通鲜豆荚的价格，每市斤1.5元低价甩卖了。

5月14、15日刘川地区受降温冻害影响，豌豆出现了不同程度的黄叶、萎蔫、枯萎灾情，生长点部分萎蔫，以致后期豌豆减产。

根据调查结果，云豌31号、云豌34号、云豌22号相对早熟，生育期为75~76天；云豌18号、云豌42号和云豌8号相对中晚熟，生育期为82~92天。云豌18号亩产207.6kg，云豌42号亩产132.2kg，云豌31号亩产94.5kg，云豌34号亩产80.1kg，云豌22号亩产101.8kg，云豌8号亩产232.6kg。云豌8号亩产最高，其次为云豌18号（鲜食籽粒）。

菜豌豆在刘川做了一年的试验，那个豌豆花盛开的季节是2015年的5月6号，今天是两年后的5月6号。云南那边的豌豆角依然使农民收入大增，我

们这里闹腾了一阵后复归于沉寂。是真的沉寂了还是我对最近两年的行情不太了解，总而言之，我是再没顾得上关心这件事。但有一点可以肯定，在刘川种菜豌豆是一个好办法。

5月7日   农药的两面性

2015年   星期四   农历三月十九   乙未年   【羊年】

2016年   星期六   农历四月初一   丙申年   【猴年】

2017年   星期日   农历四月十二   丁酉年   【鸡年】

2017年5月7日，全市晴转多云，气温5~19℃。有浮尘，农作物叶片上浮了一层厚厚的尘土。

刘川的胡麻株高10~11cm，叶片28片。

2015年的今天，我们团队的成员在刘川发放农药，指导农民防治病虫害。当时刘川的农民技术员刘小娥在日记中写道："早上天气不太好，有小片云在飘浮，中午刮起了大风又下起了小雨。正在刮大风时农科所的各位员工下来给农民们发放农药。"

人们现在对农药非常敏感，对干净的蔬菜、对来自灌区的农产品都有点不放心。农产品的污染是多方面的，农药污染是其中之一。我们在田里转的时候，每当看到地头乱丢的农药瓶就会不由自主地想到污染，甚至想这个地方的农产品农药残留会不会超标。

日本的消费者已经不太重视食品的价格，而是更重视食品的安全，对不用农药、化肥的农产品的需求日益增长。一是不定期到产地（超市）抽样监测，并通过各种市场营销组织，经常把消费者或商社请到现场参观考察，在增进互信的基础上签订供销合同。二是推行实名制销售。从产地生产到协会、加工企业、进入市场都是采取实名制。三是完善农产品产地标识认证制度。各地都推行本地认证，符合质量标准和环保标准的本地农产品，可以打上产地认证标签。日本全国农协中央会早在2006年底之前就对通过全国农协上市的肉类、蔬菜等所有农产品编排识别号码，实施"身份"管理制度。

农药的两面性问题非常突出，一方面农药必不可少，施用农药避免和挽回的经济损失占粮食产量收入的1/3；另一方面农药残留也已成为农业面源污染的重要来源之一。

近年来，除草剂的使用增长率远高于杀虫剂和杀菌剂，约占到农药产量

比重的 1/3。草甘膦最初主要用于非粮食作物以及免耕土壤的除草，现在已从非粮食作物转向粮食作物，使其在全球的使用量正以每年 20% 的速度递增。在高使用量的条件下，土壤中草甘膦的浓度可能达 2mg/kg，若考虑土壤对草甘膦的吸附，土壤表层中实际的浓度要比这个数值高得多。

对农药污染的普遍性目前我们还不清楚，只能查找到一些资料作为佐证。就农药的管理和使用来说，问题有三点，解决的途径也有三点：

一是高效低毒低残留农药的研发问题。要加大危害较大农药的替代品研发力度。二是农药生产的规范程度问题。只有源头上没有高毒高残留高污染的农药品种，农药污染才能得到根治。三是力争规范农田用药。这是个面宽量大的工作，但只要加强工作力度就有效果，大力加强就有大力加强的效果。

5月8日　　聚人聚财

2015年　星期五　农历三月二十　乙未年　【羊年】

2016年　星期日　农历四月初二　丙申年　【猴年】

2017年　星期一　农历四月十三　丁酉年　【鸡年】

2017年5月8日，全市早上晴天，下午有扬沙，傍晚有些地方下起了零星小雨，气温5~25℃。

党家岘露地下午4点10cm土层地温22℃，西王地膜地26℃，刘川露地24℃，吊沟砂田20℃，吊沟露地22℃。各个点的地温完全上升到常态，和往年均值接近。

西王和刘川的胡麻进入枞形期。

最近几天，胡麻地的主要农事活动就是浇水、锄草、打药。我们团队的成员忙着给灌区示范基地发放农药，指导农民防虫、防草、防病。

农业上的每个问题，几乎都是要战胜自然的问题，战胜自然的问题是比天还要大的问题，要解决天大的问题，是比登天还难的事情。在这里，农业科研就是登天的梯子，最现实的就是要认清农业科研的特点，依规律促农业科研的发展，以科研事业的壮大促进一个个农业问题的解决。

要在科研的群体化特点上聚人。科研需要庞大的科研力量去支撑，这是由科研的群体化特点所确定的：一是社会的发达程度决定对科研成果的需求程度，社会越发达对科研成果的需求越旺盛，在建成小康社会和发展现代农

业的道路上，有太多的事情必须依靠科研去解决；二是随着社会发达程度的不断提高，科研介入的时间也在不断提前，过去是"先干起来再说"，现在就必须是先科研再生产，一旦失当，过去是小失误，现在就是大错误；三是所谓科研在一定意义上就是重复，可重复性原则是科学研究中最重要的原则，通过重复达到成果再现。中国历史和国外现实都证明，科研成果倍出的时代是与大批养"科研闲人"直接相关的。谁来养大批的"闲人"呢？农业企业肯定不行，群体化的特点与企业"以一当十"的用人用财之道显然无法融合。而只有提供公共产品和公共服务的政府，既有能力也有必要养这样一批科研"闲人"。

要在战略的高地上聚财。农业科研是典型的战略性工作，需要长远规划持续投入；是对生命的研究，需要严格的程序和规则，几十年出一个品种，或几十年不一定出一个品种，如果没有足够的资本和适宜的社会环境，性急的个人是没有那份耐心的，性急的中国农业企业也不例外。人生的刻度和企业家的效益预期，在农业科研的战略长河里就是如此的不成比例。科研院所出成果是出最好的成果，他的目标是社会进步，他的科技人员需要用好成果来提升自己的社会认知度。而企业出成果是阶梯形的，先出最差的，他的目标是经济效益，他的老板需要用连续不断的下一代产品去覆盖上一代产品，手机市场就是最典型的例子。科研单位的成果走向社会的过程叫推广，企业的成果走向社会的过程叫推销（叫炒作）。唯独能够广聚资本长效投资的就只有政府了。

胡麻产业技术体系的进程，正是在科研群体化特点上聚人和战略高地上聚财的一个缩影。长期以来，把胡麻作为小作物看待，把它放在了并不重要的位置，科研的团队也很小，还时断时续，全国从事胡麻工作的人也屈指可数。对胡麻科研经费的投资也很少，争取到的项目也难以持续。自从2008年国家胡麻产业技术体系启动以来，国家开始重视胡麻产业技术体系的建设，胡麻人气大增，胡麻团队成员人数增加到200人以上，科研经费在较快增长的前提下保持了稳定投入，一大批新品种、新技术应运而生，有些研究还国际领先。

5月9日　　胡麻人生

2015年　星期六　农历三月廿一　乙未年　【羊年】

2016年　星期一　农历四月初三　丙申年　【猴年】

2017年　星期二　农历四月十四　丁酉年　【鸡年】

2017年5月9日，全市上午大晴天，下午沙尘。

党家岘的王新民在日记中写道："5月9日，沙尘弥漫，见不到太阳，前夜4~5级北风，沙尘天气变得相当不好，农作物叶子上一层尘土盖得作物喘不过气来。2017年以来北风多，南风少，空气湿度30%，太差，对作物没有一点滋润，对胡麻幼苗生长相当不利，渴望甘露降临。"

党家岘露地下午4点10cm土层地温18℃，较前两天略低，但与往年持平。西王地膜地27℃，刘川露地24℃，吊沟新砂田21℃，基本和往年持平。刘川胡麻株高11cm，叶片28片。2016年的今天，株高17cm，叶片40片。2015年同天株高16cm，叶片30片。各年情况不同，生育期有迟早。

我们团队的赵宝飈同志有一段胡麻方面的记述，较好地诠释了胡麻人生，现照录如下：

我认识胡麻是从看爷爷奶奶捻胡麻毛线开始的。小时候常见爷爷和奶奶拿着"Y"形木质工具，捻胡麻毛线，行走、拔坨两不误，双手和身体动作很协

调，就像专业人士抖空竹。线坨转动的时候非常好看，我总爱去抓，爷爷总是转着圈圈躲，时常做成了爷孙游戏。爷爷奶奶缠的胡麻毛线球很漂亮，就像一副优美的线条图案。

那时候我们家每年要种10亩胡麻，爷爷每天都要去地里忙农活，从胡麻破土而出就开始锄草，一遍一遍到最后长到一尺多高快开花了还在锄草，一个季的胡麻要锄草四边到五遍。爷爷干农活，我就跟着玩耍，有时候也干点零零散散的小活，向路边搬个草、递个筐子，有时候还跑到别人家的胡麻地里拔草，爷爷不但不责备我，还常夸我干得好。到后来长大了，上学了，只要一有空就帮家里干农活，胡麻的农活更是少不了我。

收获和播种相辅相成，想要收获得多，就要带着情感去耕种、锄草。胡麻是我们家的主要经济来源之一，我们兄妹5个和小叔、小姑的学费大部分都来自胡麻籽的贡献。经常是卖了胡麻籽和豌豆等，有了学费，才能入学。

现在进城工作了，我每年都从家里带来"家乡味儿"的胡麻油，自己有了孩子，更是每一顿饭菜都离不开它了。它承载着我童年的美好记忆，记忆着我慈祥的爷爷、奶奶，连接着我和大自然的友情。

……

5月10日　　高值化

2015年　星期日　农历三月廿二　乙未年　【羊年】

2016年　星期二　农历四月初四　丙申年　【猴年】

2017年　星期三　农历四月十五　丁酉年　【鸡年】

2017年5月10日，全市多云，局地有小雨，气温8~22℃。

团队成员分头到各示范基地开展工作，党家岘的王新民写道："农民穿棉衣从事农活。白银农科所对胡麻展示和试验很重视，前来党岘村党岘社南沟湾检查，然后又去王山社红瓦岘检查旧地膜宽幅穴播胡麻示范，基本对我点的品种展示、抗旱胡麻品种及栽培研究试验满意。"

沿着华家岭山路一路走，山坡两面的胡麻不时映入眼帘，这些地方土壤性状好，气候冷凉，适合胡麻生长，而常发性病虫害又少，是发展胡麻高值化的好地方。

胡麻高值化，甘肃省农业科学院作物所副所长、研究员、国家胡麻产业技术体系岗位专家张建平是最早提出者之一，他结合胡麻体系工作也做了很多研究。

张建平研究员认为：近年来我国胡麻消费增长速度较快，平均以每年7%的速度增长，预计到2022年，消费总量将达到120万吨。但由于胡麻产业规模小，产业链短，高附加值技术落后等问题，加之进口胡麻的冲击，我国没有形成胡麻产业的发展优势。

张建平研究员指出：走高值化的发展道路，可能是发展胡麻产业的一个有效途径。胡麻高值化，是指立足胡麻物种优势和生产技术优势，依靠科技创新进步，发现对人体新的有益物质、创制新的种质、发明新的技术、提升胡麻产品的功能，生产新的高附加值的产品，依靠产业链的延伸和扩展，整体提升产业价值，促进产业的可持续发展。高值化应涵盖四方面的内容：

一是高值化品种。高值化所需要的品种不同于传统品种，必须要以一些新的功能成分富集，并且能够开发功能产品的品种（如高亚麻酸、高木酚素含量等）做支撑。

二是高值化生产技术体系。高值化必须要在种植和生产环节保证产品的品质，同时要有保证产品质量安全的技术，要以完整的高值化生产技术体系做保证。

三是高值化产品加工技术。以优质原料为基础，针对胡麻油、亚麻酸、木酚素、环肽等有效成分，提升高营养、高稳定性的亚麻籽油制油工艺。研发高含油、高活性的亚麻籽油营养膳食补充剂加工工艺以及亚麻籽蛋白肽制备工艺等。开发特色功能性油脂、食品、保健品、化妆品、畜禽产品等高端亚麻籽产品。

四是高值化品牌。深入挖掘地域特色和文化特色，突出"绿色、有机、生态、健康"四张牌，积极申请专利、集体商标、证明商标、地理标志产品等，争创一批知名品牌，培育壮大一批企业品牌，培育形成特色亚麻籽产品品牌体系，通过品牌提升产品和产业的价值。

张建平研究员认为：当前应着重从四个方面开展胡麻高值化科学研究：

一是高值化品种选育和应用。加大品种资源收集和研究力度，加快高亚麻酸、高木酚素含量等优异种质资源鉴定。对优异性状进行遗传规律解析，建立高值化品种选育的理论和方法，以高亚麻酸（α-亚麻酸>56%）、高木酚素含量等高值化品种为目标，选育高值化的品种。同时，加快良种繁育技术和种子生产基地建设，保障种子的供应。

二是高值化生产技术研发。建立绿色生产技术体系，以有机绿色为目标，优化产区布局，建立绿色防控和绿色生产技术，集成保优增产技术，建立产品安全检测技术，良种良法配套，提升产品质量和产品价值。

三是高值化技术及高值化产品研发。以打造亚麻籽全产业链发展模式为目标，抓住关键节点补链、强链、扩链，实现主产品由单一化的亚麻籽油向功能食品、医药保健品和化妆品等系列产品转变，提高产品附加值和竞争力，满足产业市场对不同类型产品的需求。

四是高值化ω-3畜禽产品及优质饲料开发。通过试验研究开发高ω-3含量的鸡蛋、牛奶和牛肉等高营养产品；通过优化配方，利用饼粕开发有利于畜禽健康的优质饲料，从而形成以产业融合提升产业链的整体价值的目标。

5月11日　　潜叶蝇

2015 年　　星期一　　农历三月廿三　　乙未年　　【羊年】
2016 年　　星期三　　农历四月初五　　丙申年　　【猴年】
2017 年　　星期四　　农历四月十六　　丁酉年　　【鸡年】

2017 年 5 月 11 日，全市晴转多云，气温 3~25℃。

党家岘露地下午 4 点 10cm 土层地温 23℃，较 2016 年低 5℃，比 2015 年高 7℃；西王地膜地 28℃，和往年基本持平；刘川 27℃，比 2016 年高 7℃，比 2015 年高 4℃；吊沟新砂田 23℃，较 2016 年低 6℃，比 2015 年高 3℃。

今天各示范基地 0~30cm 土壤含水量：党家岘旱作区地膜地 20.9%、露地 18%，2016 年当天分别是 15.45%、13.31%，2015 年是 5.44%、2.79%。西王 2015 年三膜地 8.65%、露地 4.25%。刘川露地 2017 年含水量 11.91%，2016 年 3.09%，2015 年 9.27%。吊沟 2015 年露地 15.76%、新砂田 8.89%、旧砂田 11.88%，2016 年缺项，2017 年旧砂田 2.88%。

在党家岘有轻微晚霜，玉米有冻害，胡麻已进入苗期，不受影响。西王的农民在忙着锄草和玉米地施肥。刘川的农民都忙着用我们昨天送去的除草剂给胡麻地打药。

刘万景在日记中特别提到了一位老太太讲迷信的事，她说："下午，天气很热，有一老太太说，她晚上浑身难受得睡不着，她让儿子讲了一下迷信，我问讲了有效果吗，她说有呢，晚上好多了。我说这怕是你心里的毛病吧。"

随着科学技术的

发展和科技普及，农村信迷信、讲迷信的人群在迅速萎缩。

看，我们的农民技术员刘万景说得多好！

在平川，2016年和2015年的日记都不约而同地提到了胡麻潜叶蝇。他们都说潜叶蝇只能提前预防，如果潜入叶片就没办法了。

潜叶蝇属双翅目蝇类，中国常见的有潜叶蝇科的豌豆潜叶蝇、紫云英潜叶蝇，水蝇科的稻小潜叶蝇，花蝇科的甜菜潜叶蝇等。

对危害胡麻的潜叶蝇我们还没有确定的资料，初步认定是豌豆潜叶蝇。

潜叶蝇是舐吸式口器，以幼虫为害植物叶片。潜叶蝇为多发性害虫，1年发生代数随地区而不同。据报道，宁夏每年发生3~4代。在北方地区，以蛹在油菜、豌豆及苦荬菜等叶组织中越冬。潜叶蝇有较强的耐寒力，不耐高温，夏季气温35℃以上就不能存活或以蛹越夏。因此，一般以春末夏初危害最重，夏季减轻。由北向南，春季危害盛期明显递增，秋季则相反。

春季卵期9天左右，夏季卵期4~5天。孵化后，幼虫由叶缘向内取食，取食叶肉，留下上下表皮，造成灰白色弯曲隧道，并随幼虫长大，隧道盘旋伸展，逐渐加宽。幼虫危害使叶片逐渐枯黄，叶绿素分解，叶片中糖分降低，危害严重时被害植株叶黄脱落，甚至死苗。

幼虫共3龄，历期5~15天，老熟幼虫在隧道末端化蛹，蛹期8~21天。化蛹时，将隧道末端表皮咬破，以便蛹的前气门与外界相通，且便于成虫羽化，由于这一习性，在蛹期喷药也有一定的效果。

防治方法：掌握成虫盛发期，及时喷药防治成虫，防止成虫产卵。

5月12日　　歪打正着

2015年　　星期二　　农历三月廿四　　乙未年　　【羊年】

2016年　　星期四　　农历四月初六　　丙申年　　【猴年】

2017年　　星期五　　农历四月十七　　丁酉年　　【鸡年】

2017年5月12日，是一个大晴天，是今年以来大家都普遍感觉到少有的大晴天。气温3~30℃。

今天党家岘露地下午4点10cm土层地温23℃，较前两年高出3℃。刘川28℃，与2015年持平，较2016年高8℃。吊沟新砂田22℃，比2015、2016年分别低3℃和1℃。

党家岘露地胡麻株高7.4cm，叶片8片。三膜地胡麻株高8cm，叶片8~10片。刘川胡麻株高13cm。

今天我们试验站的团队成员对西王示范展示情况进行了现场调查：地膜胡麻手扶穴播机每亩3.7万穴，27万株/亩；大型四轮穴播机每亩4.4万穴，24万株/亩。

党家岘的王新民兴奋地在日记中写道："晴天无云，空气格外明亮，是进入2017年以来晴得最好、无云无风无浮尘的一个烈日高照的艳阳天。地膜胡麻在放苗，冬小麦进入拔节期，农民在叶面喷肥，品种试验进行苗期调查。"

这一天西王的农民充分享受着大自然的恩惠，瓦蓝瓦蓝的天，黄褐色的荒山，绿油油的农田，头戴草帽的男人和包着纱巾的女人，各自忙活在他们那一亩二分田里，有的在胡麻地里除草，有的给玉米施肥，好一幅风情油画图。

地膜胡麻是我们这个团队的老话题，也是个不断翻新的话题，今年又有两点新意出现。

第一点是把地膜胡麻播种到了海拔2000米的二阴山区。长期以来人们好像有一个共识，像党家岘这样的高海拔二阴地区，种胡麻无需地膜。今年为了示范研制的地膜胡麻手扶穴播机，便在党家岘选择了一块三膜地做了示范。今天，农民正在放苗的这个地膜胡麻就是具体的示范。在播种到放苗的过程中，我们经常跟踪调查和指导，从播种时的半信半疑到放苗时的普遍叫好，农民们共同认为，在海拔2000米的华家岭上还从来没有看到过这样厚夯的胡麻。

第二点是在做胡麻观光旅游工作时，无意又把地膜胡麻向深山区推进了一步。地膜胡麻自从在会宁的苦水灌区试验成功后得到了广泛示范推广，但种植区域总在灌区打转转，没有过多设想在深山区推进的事。

今年我们与企业联合在会宁东部的深山区做了一个示范点，目的是通过连片种植探讨胡麻的旅游观光问题。种植方式随老百姓的习惯，也没有过多地强调地膜种植。

当汽车舍弃公路后，就进入了弯弯曲曲的盘山小道，一般的山路都是绕着山包的外沿走，有种速度一快就会被甩出去的感觉。而这里的山路是贴着"面盆"的内壁，速度越大离心力越大，贴得也就越紧。左边是山壁，右边是沟畔，山壁陡峭得马上就要散架就要滑坡，沟畔险峻得如临万丈深渊。

这里是一个三面被环形山包围着的村庄，山腰是层层的梯田，山脚是农家，地随山形，人随地形，都呈环状分布。设想在那层层梯田里搭配种植上胡麻，在胡麻花开的时候，将是一处幽静而安逸的好去处——深沟里是潺潺的流水（可能雨天会有的），沟畔人家藏在绿影中，偶尔传来几声善意的犬吠，庄户后面的山上，幽蓝的胡麻花画出道道的山际线，婆娑着、飘动着、一会儿飘上南天，一会儿掩映在村庄里。

来到沟畔的你，一定会在那飘动的山间行走，一定会循着犬吠走进幽静的山居，玩玩乡里人古老的游戏，饱餐一顿真正的山珍。

这些还不是全部，当爬到了山顶往下看时，你刚才所经过的地方就是一个"聚宝盆"。"盆"的背面，层层梯田把三个山头衬托地像三只悠闲的孔雀。

我们就是针对这种地形，提出了"三不一个等高线"的胡麻布局模式：茬口不变，结构不变，效益不减，适当引导，等高线种植。

今天，当我们再次来到这里时，春旱困扰着人们，也困扰着胡麻。大面积的露地胡麻地还白着，胡麻在耐心等待着雨，农民在耐心等待着胡麻。而此时的我们，已经不是耐心和等待了，焦虑在心头，困扰上眉梢。

发展胡麻观光的念头一直缠绕在心间，隔几天就会冒出一点想法。而在农民看来，我们的这些想法乃是痴人说梦，谁会费时费力大老远跑山沟里只为看一眼胡麻花开？

但令农民欣喜不已的是：地膜胡麻出苗了，而且还很健壮！

5月13日　　刘小娥

2015年　星期三　农历三月廿五　乙未年　【羊年】

2016年　星期五　农历四月初七　丙申年　【猴年】.

2017年　星期六　农历四月十八　丁酉年　【鸡年】

2017年5月13日，上午晴，下午大风，起浮尘，晚间有小雨，气温10~20℃。党家岘午后雷阵雨降水量1mm，随后小雨下到晚10时，总降水量5mm。

真是天无三日晴，昨天就好了一天，今天又变得凄凄楚楚起来。

平川的李长衡跟随白银市户外运动协会去了临夏一日游。晚上他写了一篇长长的日记，兴奋地记叙了赏牡丹、游红园、观八坊的所见所闻。农民旅游是我们倍感欣慰的事，充分体现了党和政府三农工作的成效。

2015年的今天，刘川的农民技术员刘小娥在日记中说："今天天气晴朗，热得很像夏天似的（本已立夏），早上起来到地里把试验测试了，十点钟去平川取回姑娘的户口簿，到两点钟才回来，三点半要去中学给孩子开家长会，真是忙不过来啊，因为下午四点钟要看地温做胡麻观测记载，只好在三点半临走时，把今天的地温表提前给看了，希望谅解。"

就在2015年的前天（即5月11日），刘小娥写道："早上又是下雨，什么都不能干，一直在家。中午给孩子洗头吃饭，休息一会，到三点送孩子上学，迎着大风去和孩子赶路，回来了之后冒着扬沙去地里测试水分以及搞其他试验。哎！哪怕是多冷多大的风还是要去地里把

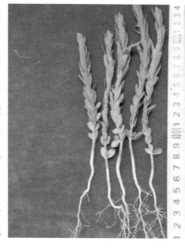
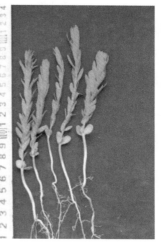

这几项试验搞完，太费事了，作为一个农民干这些我感到太费事，如果我没有其他活儿只搞这一行，可能觉得不费事吧！

每天早上把养的羊、狗、鸡等喂完，送孩子，再到地里除草干一下杂活，再加上搞这些试验弄得我一天特别忙。想到外面转转都没时间，都让搞试验的这些活儿把我捆得死死的，非要到下午四点钟赶到，因为要量地温。晚上休息大概一直到十点钟了，不知道忙忙碌碌地干什么，成天没有闲的时间。"

刘小娥是一个很干练的农村妇女，不干练我们的团队成员也不会选她。

第一次见到她是在春播的地里，当时还以为她是乡上或县上的指导干部，很庆幸我们找准了一个不邋遢的农民技术员。后来发现她的确很忙，老公在白银市里打工，她一个人带着两个孩子上下学，还要管理自家10亩地，成天骑着电动三马子东奔西走，早8点晚4点定时定点完成观测记载任务，孩子的一日三餐也是定时的。她还做得一手好饭，烙的饼子配上腌的酱辣椒非常可口。

她的忙是人人能看到的，我们还时常夸奖她能干，但我们忽视了她的疲惫。直到有一天，她在日记中没头没脑抄了一段话，我们才重新认识这个农村妇女。

她抄写道："幸福的女人都是相似的，因为成熟，不幸福的女人也是相似的，因为不成熟。成功了不一定幸福，幸福才是圆满的成功，女人最重要的是成熟了的成功，女人最大的成功就是成熟。"

我们应当改变以貌取人、以职业取人的片面看法，在改造世界观上狠下功夫。你、我、他，工人、农民、干部都是组成社会的一分子，每个分子都具有完整的结构和完美的运行机制，残缺了就不完整，是分子就是完美的。

在这个社会上，在新的时代，不应当埋没任何人丰富的内心世界，哪怕是工人、是农民。

5月14日　　　会宁普通话

2015年　星期四　农历三月廿六　乙未年　【羊年】

2016年　星期六　农历四月初八　丙申年　【猴年】

2017年　星期日　农历四月十九　丁酉年　【鸡年】

2017年5月14日，全市都下了阵雨，气温8~18℃。

2016年的今天，是农历四月初八，在我们的日记中，没有记载霜冻的情况，是四月初八的霜冻不灵了？

党家岘露地下午4点10cm土层地温21℃，高于往年5~6℃；西王地膜地25℃，高于往年3℃；刘川17℃，低于往年3℃。0~30cm的土壤含水量党家岘地膜地20.2%，露地18%；刘川露地10%。

党家岘今天午后狂风乍起，电闪雷鸣。风有5~6级，把临街小摊全卷走了。真是雷声大雨点小，雷过了风停了，降水量只有3.3mm。农民在风中雨中从地里跑回家，刚到家里又不下了，就在街道上闲谈下象棋。王新民说："这点雨下得很好，吓跑了黑绒金龟甲。今年金龟甲爆发危害，把扁豆吃掉了近一半，还有1/3的胡麻。农民朋友用毒死蜱灭虫，灭了一茬又一茬。"

黑绒金龟甲是成虫危害，群居生活，主要发生在干旱年份。在20世纪80年代、90年代经常发生，近几年发生较少，今年突发猝不及防。

在与外地专家联系黑绒金龟甲的防治事宜时，在电话里发生了好几处"语言障碍"，对方与我都是浓重的方言夹杂着生硬的普通话，听起来非常不舒服，也非常难懂。

做体系工作近10年，普通话是用得上的，因为多的是外省的专家，观摩交流、年终述职都得让人家听得懂。那一年我还专门写了一篇普通话的短文，发表在《白银日报》上，说的是我去会宁县新源乡，在我们的胡麻点也是扶贫点的甘岔村小学听见老师讲课而引发的一段有关普通话的感想。

会　　普

四月的一天，我来到了会宁山里的一个村子。

村部旁边是小学，学校正在上课，老师的讲课声和学生的朗读声交织着，高高低低，此起彼伏。虽然普通话尚欠火候，倒也抑扬顿挫，很有点地方特色。

会宁本地人，包括当地的老师，平时交流全是毫无外界"污染"的老土话，只有酒喝大了，偶尔才冒出一丁点的普通话，大多数人是在土话里夹带"洋话"，草盛豆苗稀。少数人也是土七普三，最多四成普通话，但也不是先土后普，或者先普后土，而是土土普普土土普，普普土土普普土，韵不韵律不律的。这就是小有名气的"会普"，说白了就是会宁普通话。

居住在会宁、西吉、静宁、通渭、定西一带的人，把说普通话叫"变言子"。在过去，当地人对"变言子"是非常反感的，对外来人"变言子"也是不屑一顾的。

"变言子"与会普是一对因果关系，正因为"变言子"的功夫不到家，才形成了会普这个特殊的"语系"。一个土生土长的会宁人，要猛扎扎地讲几句普通话，必须得做一定的准备：要深吸一口丹田之气，做定一种架势，牙关紧咬把劲咬圆，唯有如此，才能讲出自以为好的会普。害羞的人，未开口脸先红，也有变青发黑的，甚至有人如小孩憋尿一般，毛瑟瑟满身的不自在。由于注意力过度集中，往往会出现把"啤酒"读成"笔酒"之类的笑话。当年我们在高中政治课上就把"培养和造就"听写成了"配羊和造酒"。

会宁话平声多，还有一定的轻声，讲起来毫不费力，听起来轻声细语。而普通话平平仄仄四声兼有，听起来有力度，讲起来不容易调舌头。不到万不得已，会宁一带的人是不大认真去学普通话的，有好事和喜显摆者，由于倒不过舌头，也只是拾得一两个话把儿权作普通话装点一下门面。

六十年代前期，有一个故事很有代表性，说一个当兵回家的青年，指着田里的庄稼问他大：这红秆秆绿叶叶的东西是什么？他大又羞又恼又怕别人耻笑，狠狠地抽了儿子一鞭子，反问：你说周是色到（你说这是什么）？儿子赶忙告饶：周是荞！故事归故事，但因儿子"变言子"羞煞老子的事却不鲜见。

六十年代中后期，最流行的一个话把儿大概就是"制一个"。"制一个"是"这一个"的变性词，由实词逐渐演变成了语气助词。当官的一般惯用这个词，起码是大队主任以上的官，生产队长轻易不敢用。"制一个"在用法

164

上五花八门，大致是两类：一类是用在每句话的最前面和中间，张嘴先虚后实，"制一个……你好!""制一个叫级（阶级）斗争……制一个要年年讲……"一类是用在每句话的最后面和中间，开口先实后虚，"你好……制一个!""人民制一个……只有人民制一个……"

八十年代以后，对外交往多了，讲会普的人也渐渐地多了，会普的质量也渐渐地高了，会普也基本没有中心词和话把儿了。对"变言子"的排斥虽然淡了许多，但也不是一扫而光。

过年了，一大家人围在一起看晚会，在南的在北的小侄子小外甥满嘴普通话，嘻嘻哈哈好不热闹，八十多岁的老父亲就听不惯"变言子"，总嫌他们"咕嗒嗒——"。

出差在外或在公共场所，与家人、老乡、同事交流或通电话，讲老土话既轻松又保密。接到推销电话，只要来上几句老土腔，对方准会先你压了电话。偶有闲情，当对方要挂断电话时来个多云转晴，赶紧补几句会普，通话即可接续。

"变言子"关键是要变得好、变得准，变得不好，耽误事折磨人。七八年前，两次电话预订飞机票，我就"被这样"过。

在一问一答中，我说姓刘，语文的文，右面一个捉刀儿，刘笔（备）的刘……对方就是在"牛"上牵着不放。多个回合后，烦躁的对方丢了句"这人神经有问题"，便送了我一个无情的"嘟嘟"声。

当再次拨通电话时，又在"继"字上卡住了。我变着法儿解释，说继续的继、继承的继、继续革命的继……可对方也"变着法儿"在"急、集、纪"上绕圈子，情急之下险些来了句"他×的"会普。

对方换了个更聪明的姑娘，想了个最简单的方法：让我描述一下"继"字怎么写就行了……

真行啊！聪明的，你能告诉我"继"字怎么写吗？

略一思考，我就用近乎快板书的节奏说：螺丝旁…绞丝旁……一拐一拐再一提，一个半框……一斗米……没容对方反应，就扔了句"我神经有问题"，便摞下电话给对方还了一个"嘟嘟"声。

很奇怪，这应当是多年来我讲得最溜的一次会普了。哪是会普，根本就是标准的普通话嘛。人啊，无所求了倒还状态好了。

在北京的那次订票，最后由同事接过电话说清了。在西安火车站广场的那次，只得打的到订票大厅去。

……

有人也笑南方人，说他们的普通话还没有我们讲得好，可人家身在国家的经济主打区，随便聊，人人听得懂，事事办得通。我们则不然，"变言子"水平不好，首先自己就边缘化了，好比订飞机票，飞机不差你一人，可那时你百分百需要飞机票啊。

5月15日　　化学防控

2015年　星期五　农历三月廿七　乙未年　【羊年】

2016年　星期日　农历四月初九　丙申年　【猴年】

2017年　星期一　农历四月二十　丁酉年　【鸡年】

2017年5月15日，全市大多数地区多云，华家岭一带放晴，昨天下了雨，空气很清新。

刘川的刘万景在2016年今天的日记中写道："今天早晨有霜冻，地里的洋芋、玉米、黄豆、西红柿、豆子，这几样作物都有点冻害伤疤，有的玉米苗从头到脚都冻了，不知道会不会死。我就看胡麻，胡麻几乎没有受冻。"

昨天刚好说到2016年的四月初八没有霜冻记载，2016年的今天（即2016年农历四月初九）刘川就出现了。

这几年我们对胡麻保护方面还是做了大量工作：

2012—2014年，开展了4种化学杀虫剂防治潜叶蝇和蚜虫试验。一是防治潜叶蝇药效试验，药后7天48%毒死蜱防效最好，为52.92%。1.8%阿维菌、3%的啶虫脒、4.5%高效氯氰菊酯防效为52.86%、48%。二是防治蚜虫药效试验，药后1天4.5%高效氯氰菊酯防效为55.56%。药后3天及7天3%啶虫脒防效为82.50%、85.00%。

2011—2014年，建立了白粉病监测预报点，对10个参试材料田间各生育期感染白粉病、抗病性、受害程度进行了评价。陇亚杂1号抗白粉病效果显著，陇亚10号初发期抗病，发病最重时感病；定亚22号、轮选1号、宁亚14号、伊亚4号、坝亚11号、晋亚7号、伊亚4号、宁亚19号均表现感病。

2011—2014年，在8个示范基地开展了白粉病防控技术中试，示范面积500亩次以上。筛选了白粉病防控药剂：单项用药，40%福星乳油连防两次效果较好，防效为82.25%，比其他药剂高8.7%。交替用药，40%福星乳油和43%好力克悬浮剂交替防治三次，防效最好，防效为95.26%，比其他药剂组配高9.3%。

2011—2013年，对白银地区胡麻主要品种在盛花期、青熟期、黄熟期的发病株率进行了监测。白粉病的初发期为6月中旬，病株率为21.3%~

32.0%，平均为27.4%，病情指数3.0~4.8；盛发期为6月下旬，病株率在100%，病情指数为67.1~76.0；7月中旬，随着气温升高和胡麻逐渐成熟，白粉病逐渐衰退。

2011—2015年，在农科所试验场、刘川、平川、大山川建立了病虫草害监测预报点，监测预报病虫草害70余次。在全市胡麻产区开展了白粉病，蚜虫、潜叶蝇、漏油虫，黎、苣荬菜的发生时期、危害程度调查和研究。

2011—2013年，对麻草克星、异丙甲草胺、乙草胺进行了除草试验，对阔叶杂草和禾本科杂草防效最好的是麻草克星165g/亩+乙草胺135mL/亩。阔叶杂草株防效66.67%~79.41%，禾本科杂草株防效62.50%~80.95%。

附：2015—2017年的5月15日地温与胡麻平均生长动态关系：

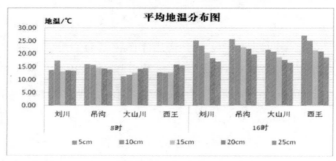

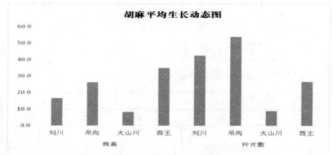

5月15日，大山川胡麻进入枞形期，株高8.4cm，叶片9片；吊沟胡麻株高26.1cm，叶片54片；刘川胡麻株高16.7cm，叶片43片；西王胡麻株高35cm，叶片27片。0~25cm土层平均地温早8时吊沟砂田14.99℃，刘川露地14.28℃，西王地膜地13.96℃，大山川地膜地12.95℃；16时各点地温随土层的加深而降低，吊沟由25.77℃降到19.91℃，刘川由25.37℃降到17.25℃，西王地膜地由27.2℃降到18.8℃，大山川由21.71℃降到16.67℃；平均地温分别较8时提高7.73℃、6.65℃、8.73℃、6.18℃。8时10cm土层的地温以刘川露地为高，达17.33℃，16时以西王地膜地为高，达25.07℃，较8时提升12.47℃，提升幅度最大。

5月16日　　黑绒金龟甲

2015年　星期六　农历三月廿八　乙未年　【羊年】

2016年　星期一　农历四月初十　丙申年　【猴年】

2017年　星期二　农历四月廿一　丁酉年　【鸡年】

2017年5月16日，全市都是个大晴天，气温10~25℃。

党家岘露地下午4点10cm土层地温19℃，西王地膜地20℃，刘川露地25℃，与往年基本持平。

党家岘的王新民在今天的日记中写道："空气湿润，烈日炎炎，很适合胡麻生长。测土壤水量及容重的刚买的土钻根本无法钻到2米深。午后2到3时胡麻地里全变成了黑色，黑绒金龟甲爆发危害，在胡麻上累积成堆，造成严重缺苗。用药毒杀无效果，真烦人。每天早上还要穿着棉衣从事农活，昼夜温差大，已经快到5月下旬了，天气还是不回暖。"

今年在华家岭一带黑绒金龟甲发生如此严重，是在胡麻体系开展工作以来的第一次，我们在思想上也是准备不足。看来，病虫草害的预测预报，特别是年度的长期预报和半年预报应该好好抓一抓，植保工作没有好的预测预报往往会抓瞎，既搞得手忙脚乱，又会造成浪费和严重的损失。

干旱和半干旱地区的春季（在我们这里视为春夏之交）发生黑绒金龟甲危害并不奇怪，在过去是常有的事。近年来我们重视了水浇地的栽培，也由于多样化的栽培，作物结构比较合理，爆发性、流行性的病虫发生较少，在预测上和预防上也有所忽略。

黑绒金色甲在我国发生普遍，寄主范围甚广。主要寄主有苹果、梨、葡萄、桃、李、梅、山楂、柿、草莓等。早春，成虫常群集为害果树的嫩芽、嫩叶，常将芽叶食光，影响果树生长，特别是对刚定植的幼树为害更为严重。在白银地区主要危害夏田扁豆、胡麻、小麦幼苗等，老百姓叫它"麦牛"。

黑绒金龟甲属鞘翅目，金龟甲科。成虫呈卵圆形，体长 8~10mm，宽 3.5~5.2mm。体黑褐色略带紫色，被灰黑色绒毛。触角9节，鳃3节。雌雄异型。雄虫鳃片部大，雌虫鳃片部小，鞘翅侧缘列生褐色刺毛。卵椭圆形，长约1.2mm，乳白色。幼虫体长14~16mm，乳白色，头部黄色，体被黄褐色细毛，在尾部的肛腹片上有28根锥状刺排列成向前突的横弧。蛹长 8~10mm，宽3.5~4.0mm，裸蛹，黄色，头部黑褐色，触角靴状。

黑绒金龟甲在宁夏、甘肃、陕西、河北、辽宁等地1年发生1代，均以成虫在土壤中越冬。越冬深度一般在20~30cm，也有个别达50cm，阳坡地较阴坡地为多。翌年春季，当土壤15cm深处的平均温度达9.2℃时，成虫集中到5~10cm深的表土层。当温度升至10℃以上时，开始出土活动。甘肃4月上旬成虫出土开始活动，盛期在4月下旬至5月中旬，终期为6月下旬。

成虫出土为害与4月份温度、降水量有关。温度升高后，只有降雨才能大量出土。在一天中，成虫15—16时开始出土，17—20时最多，20时以后逐渐入土，潜伏于表土层2~5cm深处。3级以上风天和雨天则不出土。成虫假死习性和趋光性都较强。雄虫飞翔能力较强，雌虫一般不飞翔，仍做短距离的急飞或跳飞。

5月中下旬成虫开始交尾产卵。卵多产在草荒地、果园及绿肥地里，入土5~15cm深，呈块状。1头雌虫一般一次产卵2~23粒，一生可产9~78粒。卵期约9天。幼虫孵化后，取食植物幼根及腐殖质，幼虫期为55~60天，老熟幼虫在30cm左右深的土层做土室化蛹，约经10天开始羽化。羽化后的成虫一般破出土室，向上移动约1cm后，头部朝上越冬。

5月17日　　现代农业中的胡麻

2015年　星期日　农历三月廿九　乙未年　【羊年】
2016年　星期二　农历四月十一　丙申年　【猴年】
2017年　星期三　农历四月廿二　丁酉年　【鸡年】

2017年5月17日，全市基本晴天。

党家岘地膜地的土壤含水量19.2%，露地17%。胡麻生长快到枞形期了，常年5月中下旬天气已经很热了，今年农民朋友还穿着棉衣在地里干活。

黑绒金龟甲对胡麻危害率35%，造成严重缺苗。黑绒金龟甲的发生与干旱紧密相关，好多天没有下好雨了。

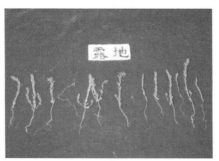

平川的老李这几天可是风光了，趁着农作物播种结束收获还未开始的相对农闲季节，到北京天津跟团去旅游了，他在日记中做了大量记载，感谢改革开放的好时代，农民朋友走出家门进京游玩了（他旅游去了，我们的胡麻记载可要耽搁了）。

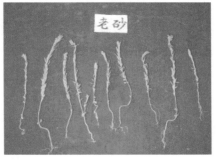

最近几天，我们的主要工作就是向各个示范点发放农药，指导农民预防潜叶蝇和白粉病，防治金龟甲。各点的农民技术员在日记中记叙的也是这些事，中间也有许多趣事：有的人领药回去了，杂草依旧；有的嫌把农药给自己少了，给别人多了。西王的老范想了个办法，索性在地头发，多大面积就发多少药。

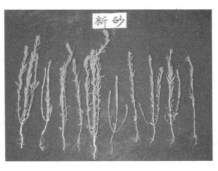

对胡麻的打药，我们是很谨慎的，不到万不得已不打药，就是打，也用的是体系专家配方的无公害农药。

在白银，胡麻称得上完全符合现代农业"一控（控制用水）两减（化肥减量、农药减量）三基本（秸秆基本利用、粪便基本利用、残膜基本利用）"（简称"123"）的要求。

一是胡麻本身就是节水型作物，适合在半水半旱地区种植，水太足反倒贪青和倒伏。生成干物质亚麻的需水量400g/g，小麦的需水量513g/g，而油用胡麻又比纤维用亚麻耐旱、省水。胡麻种子发芽时的吸水量也较其他作物少，常为种子量的105%~150.3%。胡麻苗期需水较少，出苗到枞形期耗水占全生育期的8.4%，现蕾到开花耗水占60%左右，开花到成熟期耗水占30%左右。

二是胡麻自身喜中等肥力土地，传统作务方面就有广种薄收之说。化肥用量很少，许多地方都是只用农家肥不用化肥，试验说明，化肥太足也会造成贪青和倒伏。胡麻传统栽培上基本不用农药，有些地方用些烟叶水等生物土制剂。这几年我们就是针对胡麻的抗虫耐病性特点提出了"可防可不防——坚决不防"的胡麻病虫草害防治策略。

三是胡麻的秸秆非常有价值。胡麻纤维是最优质的植物纤维，传统农村用的袋子、绳子甚至衣服、被褥都是农民自己用胡麻纤维手工织造的。在工业化织造中，胡麻纤维恐怕紧追蚕丝，是数一数二的上等原料；在白银市，胡麻对残膜的利用功不可没，地膜胡麻有一定的地位，地膜玉米后的第二茬第三茬基本都种胡麻，极大地提高了地膜的效益。在地膜胡麻方面，我们做了一系列的研究，特别是在大型联合机播、机械收割方面很有成效，解放了人力和畜力，把种胡麻这些繁重劳动变得轻松和"不算啥"了。在减少残膜方面，我们提出了"地膜覆盖2~3年为一个周期，第3年必须揭膜，必须深翻，必须施农肥，必须倒茬"的一整套技术办法，在"十三五"期间，将重点围绕这些问题开展研究。

时间已经进入"十三五"了，我们的胡麻仍然是洁身自好，是我国几个为数不多的基本符合"123"要求的作物。称胡麻为无公害或有机食品或绿色食品都不为过。

从整个现代农业技术产业看，做到了"123"，就是做出了中国特色，更重要的就是做出了国际水平。"123"肯定会使胡麻光明一片。

5月18日　硕鼠

2015年　　星期一　　农历四月初一　　乙未年　【羊年】

2016年　　星期三　　农历四月十二　　丙申年　【猴年】

2017年　　星期四　　农历四月廿三　　丁酉年　【鸡年】

2017年5月18日，全市晴转多云，有阵雨。

党家岘的胡麻还是很能调动我们的神经，金龟甲的阴影还未消除，今天又冒出鼢鼠来。王新民在日记中写道："农民朋友穿着棉衣干农活，忙着放玉米苗，除草。鼢鼠

对每一块地都危害严重，被害田块率85%，严重度在20%~30%，近年来鼠害危害猖獗。"

王新民说的鼢鼠是中华鼢鼠，当地老百姓叫瞎瞎（ha　ha）。是一种专门在土壤根层打洞危害植物的害鼠。白银地区的害鼠我们曾经做过调查，有11种，有大黄鼠、小黄鼠、松鼠、中华鼢鼠等。20世纪八九十年代是鼠害最猖獗的时期，由于社会流行毒鼠强、三步倒等剧毒和二次毒害严重的杀鼠剂，对猫、狗和鼠害野生天敌造成严重杀伤，许多农村猫狗绝迹，鼠害猖狂，地下地上危害，农田村庄危害，大有人鼠争夺空间的趋势。

当时，各级植保部门开展大张旗鼓的科技灭鼠活动，提出了"消灭百只鼠等于建设一亩吨粮田"的号召。后来，随着国家对剧毒性灭鼠剂的清理和禁用，农村生态系统得到了大力恢复，断裂的生物链得到修复，鼠害得到有效控制。曾经一段时间，农村基本没有鼠害，显得格外安静和谐。

在胡麻体系工作以来，还真没有遇到严重鼠害，党家岘的这场鼠害对我们来说，就跟黑绒金龟甲的发生一样，让我们有些措手不及。

鼢鼠是啮齿目仓鼠科鼢鼠亚科的通称。属于哺乳动物，尾短，眼睛很小，视力差，外耳退化，仅是小的皮褶。鼢鼠白天居住在地洞中，晚上偶尔

会到地面活动，以植物的根、茎、种子为食，在洞穴中储存大量食物。鼢鼠挖洞速度极快，洞穴系统复杂，分支多，平时地面没有明显出口，但附近有不规则的土堆。鼢鼠挖洞活动受气候影响显著。3—9月繁殖，年产2胎，每胎产仔1~8个。

鼢鼠生活习性有五大特点：一是栖息在土壤潮湿、疏松的洞中；二是雌、雄单独生活，但繁殖期在一起生活；三是喜黑暗，怕阳光，视力差，听觉灵敏，喜安静，怕惊吓；四是吃土豆及草根，一般挖洞采食；五是抗病力较强，不冬眠。

鼢鼠是杂食性害鼠，以植物根茎和茎叶为主，几乎各种农作物都吃。据统计，被害的种类有苜蓿、小麦、马铃薯、豆类、甘薯、花生、胡萝卜、青稞、玉米、棉花幼苗、大葱及牧草等。觅食时咬断根系，或将整株植物拖入洞中，造成缺苗断垄。夏季主要采食植物的绿色部分，冬春季节喜食种子和块根、块茎。洞内仓库中储存的越冬食物以粮食或块根、块茎为主。曾在洞内仓库中发现1600公斤的玉米穗。

防治策略：一是捕捉，人工捕捉或放养蛇、猫等动物；二是药物诱杀；三是弓箭射杀，农村有专门的射杀弓箭。

诗经中有专门描写硕鼠的段子，作为害物，进入中华优秀传统文化的还真不多。

——硕鼠硕鼠，无食我黍！三岁贯女，莫我肯顾。逝将去女，适彼乐土。乐土乐土，爰得我所。

——硕鼠硕鼠，无食我麦！三岁贯女，莫我肯德。逝将去女，适彼乐国。乐国乐国，爰得我直。

——硕鼠硕鼠，无食我苗！三岁贯女，莫我肯劳。逝将去女，适彼乐郊。乐郊乐郊，谁之永号？

5月19日　　贫

2015年　　星期二　　农历四月初二　　乙未年　　【羊年】

2016年　　星期四　　农历四月十三　　丙申年　　【猴年】

2017年　　星期五　　农历四月廿四　　丁酉年　　【鸡年】

2017年5月19日，全市大部分地区晴朗。

党家岘露地下午4点10cm土层地温24℃，西王地膜地30℃，刘川露地30℃，吊沟新砂田20℃。

刘川胡麻株高20~24cm，叶片58~74片，与历年同期相当。

今天党家岘王新民的日记很平静，总算让我们喘了口气。2015年的今天，平川吊沟的赵生军在日记中写道："天气多云，可刮风很频繁，夜间风很大，白天也有2~3级，这几天不是北风，就是南风，每天都在吹，像有雨似的。希望下一场雨，洗一洗田间庄稼叶片上的土。新砂田胡麻株高在48cm左右，分枝长有10cm，有花蕾，株顶出现3~4个花蕾，是快要开花的样子。"

灌区的农民也期盼雨，以雨洗尘。这个盼望对我们做研究的是个启发，胡麻生产要高效，要环保，要绿色，何不在需要的时候来场恰到好处的雨

呢，洗洗尘，洗洗蚜虫，岂不美哉！

人力无法安排天时，可人们完全有可能在胡麻、在其他作物需要洗尘时安排一场"人工花洒淋雨"，简单地说，就是用喷雾器打打水即可。但这样的操作还是费时费力，有必要设计和研制一种简约化的田间降雨设备或工具，既洗尘又洗虫，还能打药和喷肥。

今天我们的任务是去帮扶点做扶贫工作，一路上一脑门的就是贫，就是扶贫……

"贫"字最近几年出现频率很高，每个单位每个人都有帮扶脱贫任务。白银胡麻综合试验站每年都给扶贫联系点的农民提供胡麻优良品种，推广新技术。

"贫"字很有意思，分成两部分看，上面一个"分"字，下面一个"贝"字，合起来的意思是分宝贝。是的，家穷不吸宝，就会把吃钱的东西贱甩掉，为生计耳。分成三部分看，八把大刀争夺一件宝贝，够血腥的了吧。不论分成几部分看，最下面不堪重负的是人，一切都是围绕着人的，围绕人而展开，围绕人而精彩。

贫的历史是沉重的，贫的感受是刻骨铭心的。贫可以剥夺尊严和人格，人类最基本的"讨吃要喝"就是丢弃尊严，人类最基本的"抢"就是放弃人格。前者演变成了难民，后者发展成了土匪。

贫困最集中的地区是农村，最集中的人群是农民。

农村是怎么来的？最初的地球，到处都是农村，发展中，有人在农村建设了城市，没有建城市的地方仍然是农村。城市不断完善，不断扩大；有的农村就没完善，不断缩小。

说农村不断缩小容易理解，说农村不断不完善就有点理解费劲。其实也很容易理解，因为在城市发展过程中，农村中优良的要素不断被城市吸附，剩下的要素就是非优良的了，城市越发展非优良的要素在农村的比例越大，这就是不断不完善的道理。

农民是怎么来的？最初的农民是从树上下来的。从树上刚下来时都是农民，后来从个别到局部的农民建城了，进城了，在城里生产生活了，变成城市人了。没有进城的农民还是农民。随着城市的不断扩大，农民变市民的越来越多，真正的农民越来越少。

粗看起来，在历史演进中，农民由单纯的一块分成了两块，即农民和市民。事实上远比这个要复杂，但复杂也就复杂在城里的这一块，留在农村的自然还是农民。我们现在要扶贫的就是留在农村的农民。

弟兄众人，老大能，老二行，老三跟着老大老二进了城，老四留在农村种了田。人才进城了，资源进城了，让留下守庄稼的老四如何脱贫？

从个人能力方面分析，能进城者智力好或身体壮两者必占其一。从产业方面分析，老大到老三，都是靠城市经济靠工业文明脱贫致富的，老四只有靠农业脱贫致富了。这一点很有思考价值。

不论城里人乡下人，人群里面谁最忙？毫无疑问，农民最忙！忙到什么程度？忙到根本没有时间去认真思考自己的路该怎么走。解了放，打土豪分

田地。刚到手的土地，茬口还没倒圆，还没做出个长远计划，就是互助组、初级社、高级社、人民公社，短短几年走马灯式的土地重组。人民公社期间土地稳定了20年，但那是没有自主经营权的20年。包产到户后农民刚"吁——"了一口气，又是流转啊、规模化啊、一村一品啊，等等。农民对一样政策还没"辨过劲来"，又变新的政策了。

贫是天下最可怕的，思与想可能是贫与不贫的根本区别。

5月20日　　创意农业

2015年　星期三　农历四月初三　乙未年　【羊年】

2016年　星期五　农历四月十四　丙申年　【猴年】——小满

2017年　星期六　农历四月廿五　丁酉年　【鸡年】

2017年5月20日，全市晴天。

大山川露地下午4点10cm土层地温21℃，西王地膜地32℃，刘川露地31℃。

党家岘王新民在喊雨，渴望甘露降临。半干旱地区的农民都这么盼雨，干旱地区的老百姓可想而知。今天党家岘地膜地30cm土壤含水量18%，露地16.6%，相比前两年，土壤墒情还算是好的。西王的胡麻开始现蕾。

王新民在等雨。坐车一个小时到西王，西王的农民正在给地里灌水，给玉米追肥，这里的农民只会说"有场雨也好啊"。神情间、话语间、日记里找不出一点王新民等雨的那种渴望。刘川的刘万景正忙着为邻居家办喜事。平川的李长衡早已把胡麻地灌得饱饱的，还在北京溜达哩。景泰在黄河水的滋润下，各色作物正在茁壮成长。

人们常用一句话——"同在一片蓝天下"来说明关系的紧密和条件的均等。这话听起来好亲切、好亲近，想起来也好感人。可当你真切感受了，就不那么认同了，同在一片蓝天下，并不是全大同全平等，盼雨的心憔悴，灌水的好滋润。同在一片蓝天下，穷的穷富的富、胖的胖瘦的瘦。

也许我们就是在这种貌似很逻辑很人生哲理的话语中一直醉醺醺地快乐着。也许迫于生活的无奈，我们就用这种貌似很逻辑很人生哲理的话语一直在麻痹着自己……

胡麻生长到这个季节，已经是一天比一天好看了，由此总有一个胡麻景观的事萦绕在心头。关于胡麻景观，体系的几位专家多次提到过，今年我们在那个山沟里也做了创意，但由于干旱没有抓住苗，看来很难如愿。

农业景观设计在国外叫创意农业，就是对农业生产经营的过程、形式、工具、方法、产品进行创意和设计，从而创造财富和增加就业机会。

创意农业就是要使得农业的生产性与审美性相结合，把农业生产的生产过程变为有趣体验，把动植物的生长过程变为生活和观赏过程，与生态密切结合起来。

传统农业，只重视收成物，对农业生产过程没有足够重视，认为生产过程只是一种单纯的体力劳动和枯燥无味的过程，太过于注重和追求结果，没有注意到享受过程。单纯而纯度过高的追求结果，是艺术会埋没艺术，是生活会淡化生活。这也是长期短缺经济造成的一种意识常态。

实际上，白银的许多农业都具有观赏农业的价值，也初具创意农业的基础。比如灌区的间作套种，粮菜套作、粮油套作、胡麻玉米套作、胡麻大豆套作，这些夏秋作物、高矮作物的搭配，在色泽上、花色上、成熟度上都是很好的农田景观。比如山区坡地、梯田地，一般都种植十多种作物，呈多层次多形状分布，都极具观赏性。艺术来源于生活，所有这些，只要加以引导，就会升华为艺术。

英国的麦田怪圈也就是个平面种植图案，日本的稻田艺术也是通过插播、套种等方式使稻田在大地上呈现出预先设计好的图案，在作物成长阶段呈现颜色的不同变化。美国的玉米迷宫也是先设计一个迷宫图案，按图种植，待玉米长成后，就成了一个玉米迷宫。

创意农业还有节会创意、农业主题公园创意等。

在胡麻上，比如小区试验完全可以做成有趣的图案式，没必要几十年一成不变地做成"呆板"的方块。

5月21日　　抗旱增产研究（一）

2015年　星期四　农历四月初四　乙未年　【羊年】——小满

2016年　星期六　农历四月十五　丙申年　【猴年】

2017年　星期日　农历四月廿六　丁酉年　【鸡年】——小满

2017年5月21日，全市晴间多云，局地有雷阵雨，气温10~24℃。

党家岘的胡麻株高已达10cm，刘川的普遍过了20cm，最高的26cm。

今天有两条消息值得一提，一是党家岘午后出现了阵雨，傍晚下起了小雨，王新民兴奋地说："这有利于胡麻生长。"2015年和2016年的今天都是雨天。还有一件事也在王新民那里，他在日记中说："化学锄草虽然对胡麻有些影响，但无大碍。"这段话说的是用装过除草剂的喷雾器（当时忘记了，没有洗干净）给旱地品种试验田打药，结果造成了药害的事。

在寒旱区胡麻抗旱增产技术研究与应用方面，2011—2015年，白银综合试验站共开展了8项技术研究，对特定环境下胡麻的生长发育状况有了比较系统的认识，明确了胡麻的需水、需肥规律，提出了地膜胡麻栽培技术要点，示范展示了抗旱丰产胡麻品种，今天先介绍前四项的工作：

2011—2015年，对陇亚杂1号、陇亚10号、陇亚8号三个品种在出苗期、枞形期、现蕾期、初花期、盛花期、黄熟期等6个时期的叶面积指数和干物质积累进行了测定。各品种的叶面积指数都呈单峰曲线变化：

——叶面积指数各品种盛花期和黄熟期差异明显。陇亚杂1号叶面积指数1.536，陇亚10号1.435，陇亚8号1.405。

——干物质积累各品种盛花期后差异明显。盛花期后陇亚杂1号457.6kg/亩，比陇亚8号增加6.25%；成熟期陇亚杂1号为635.5kg/亩，比陇亚8号增加10.27%。

——叶面积指数和干物质积累与产量紧密相关。盛花期和黄熟期叶面积指数高，干物质积累明显增加的品种产量高，陇亚杂1号最高，为137.8kg/亩，比陇亚8号增产6.68%。

2011—2015年，研究了水地地膜胡麻与露地胡麻器官发育动态、经济性状、干物质积累和群体变化等，明确了地膜胡麻生长发育规律：

——地膜胡麻比露地胡麻出苗率提高7.6%，基本苗增多7.4%，幼苗健壮，生长整齐。

——地膜胡麻叶面积指数相应增大，枞形期到黄熟期均表现增加，盛花期达到最大，达1.453，增幅18.61%，随后递减，黄熟期增幅6.08%。

——地膜胡麻总茎数、单株蒴果数和千粒重比露地胡麻分别增加3.8%、3.1个和0.2g。

——干物质积累量5个时期均表现为增加，最高峰在现蕾期，保持到初花期，增幅达42%，枞形期和黄熟期增幅31%，盛花期增幅28%。

——地膜胡麻产量显著提高，亩产179.6kg，增产26.7%。

2012—2015年研究了地膜覆盖水分利用效率。地膜覆盖的耗水量为514.48mm，水分利用效率0.3427kg/（mm·亩）；露地耗水量为545.58mm，水分利用效率0.2716kg/（mm·亩）。

2009—2013年开展了"3414"测土配方施肥试验：

——水地胡麻产量最大化施肥方案：亩施10.24kg纯N、8.95kg P_2O_5、5.42kg K_2O，亩产（203.1±14.7）kg。

——效益最大化施肥方案：亩施8.16kg纯N、4.87kg P_2O_5，最佳产量（195.5±14.7）kg。

——生产100kg胡麻籽粒，需从土壤中吸收纯N 5.2kg、P_2O_5 1.84kg、K_2O 5.14kg。

5月22日　　抗旱增产研究（二）

2015年　星期五　农历四月初五　乙未年　【羊年】

2016年　星期日　农历四月十六　丙申年　【猴年】

2017年　星期一　农历四月廿七　丁酉年　【鸡年】

2017年5月22日，全市阴有小雨，气温8~19℃。

党家岘的王新民在日记中引用了一段唐朝诗人杜甫的诗，以表达自己的兴奋之情，他说："好雨知时节，当春乃发生。随风潜入夜，润物细无声。胡麻生长所需甘露，昨晚终于降临，今天还在下中雨，共降水18.8mm，农作物有了丰收的前景。冬小麦如果再无雹灾，丰收已成定局。胡麻生长除重茬外，其他茬口都生长良好，现在正处在锄草时节，除尽胡麻田间杂草是胡麻丰收的保证。"

降雨满足了，关键点也就转移了，除草成了胡麻丰收的重点。

西王的范立荣在日记中写道："上午一直在下雨，下午阴转晴天，农民给胡麻追肥。"

刘川的刘万景多少有点嫌雨下多余了的感觉，真是"天旱十年，有怕雨的人"。她写道："不知不觉天亮了，外面又下雨了，还挺大，要去兰州，我就被雨隔住了。雨下着，邻居家办喜事，他们家有个大车棚，人们就在里边

坐席。中午，雨停了。下午我就到胡麻地里采集标本。"

巧合的是，2015年、2016年和2017年的今天平川都有雨。赵生军在2015年的日记中写道："雨后胡麻除去昨日的旧装，穿上了更艳的绿衣。"李

183

长衡在2016年的日记中写道："雨水中的粮食看起来真够新鲜的，胡麻地里绿得耀眼，有的胡麻茎秆很高，比别的高出那么一节子，又粗，正在努力向上长。"

寒旱区抗旱增产技术应用研究的另外四项工作是：

2011—2013年开展了地膜胡麻栽培技术优化试验（品种×播期）。

——穴播地膜胡麻的适宜播期为3月20日前后，播期推迟，产量降低。适期播种的陇亚杂1号和陇亚10号平均亩产167.6kg和158.7kg，产量水平居前2位，播期推迟一周，产量降低4.9%。

——适期播种的总茎数38.7万~40.1万/亩，播期推迟一周总茎数31.9万~34.3万/亩，单株分茎数、主茎分枝数、单株粒重分别减小0.2~0.49个、1.2~3.7个和0.16~0.29g。

2011—2013年开展了地膜胡麻栽培技术优化试验（品种×密度）。陇亚杂1号、陇亚8号和陇亚10号3个品种的适宜密度，即行宽20cm，亩株数18.0万~19.9万。在这个密度下亩产量最高，分别为173.3kg、160.7kg和167.3kg。分茎数、主茎分枝数、单株有效果数、单株粒重在适宜密度之上随着密度加大而减小。

2011—2015年开展了抗旱丰产品种展示。

——大山川旱山区，陇亚杂1号亩产117.46kg，定亚22号亩产101.2kg，陇亚10号亩产95.67kg。

——西王地膜覆盖栽培灌区，陇亚10号亩产149.61kg，内亚9号亩产140.37kg，晋亚11号亩产129.82kg，陇杂1号亩产126.65kg，陇亚11号亩产121.38kg。

——刘川黄河灌区，陇亚11号亩产152.2kg，陇亚杂1号亩产162.9kg，内亚9号亩产157.5kg，晋亚11号亩产156.6kg，陇亚10号亩产154.8kg。

——平川砂田井泉灌区，陇亚11号亩产188.1kg，陇亚杂1号亩产221.7kg，内亚9号亩产220.2kg，晋亚11号亩产185.4kg，陇亚10号亩产201.2kg。

2014—2015年开展了磷肥密度互作效应试验，磷肥与胡麻密度的最佳组合为P_2O_5 6kg/亩、密度30万粒/亩，胡麻产量最高，为227.57kg/亩。

5月23日　　金种子

2015年　　星期六　　农历四月初六　　乙未年　【羊年】

2016年　　星期一　　农历四月十七　　丙申年　【猴年】

2017年　　星期二　　农历四月廿八　　丁酉年　【鸡年】

2017年5月23日，全市雨过天晴，气温8~23℃。平川吊沟的胡麻开始现蕾。

党家岘露地下午4点10cm土层地温16℃，较往年低了5~6℃，刘川露地25℃，吊沟新砂田25℃，露地24℃。看来到这个季节，砂田的作用已经被拉平。党家岘地膜地30cm土壤含水量23.5%，露地21%。

雨后旱地区的农民忙于地膜地里的除草，西王的农民开始给胡麻浇第一次水。

对胡麻接触时间长了，就有种胡麻情结在里面，看到胡麻亲切，听到胡麻也亲切，越是喜欢，越觉得胡麻了不起。

胡麻籽粒外形扁平，椭圆尖头，较芝麻略大，长4~6mm。籽粒口感脆且耐嚼，具有令人愉悦的坚果味道。胡麻籽的颜色从深黄到浅黄，颜色的深浅与种皮中色素含量高低相关，色素越多，籽粒颜色越深。胡麻籽粒营养成分丰富，含有较高油脂、蛋白质、食用纤维、维生素和多种矿物质等。

胡麻籽中含有丰富的油脂，把从胡麻籽中制取的油脂称为胡麻油。一般胡麻籽含有35%~45%的油脂，油脂的脂肪酸组成中含有39%~62%的α-亚麻酸和15%~18%的亚油酸。研究表明，α-亚麻酸是一种功能强大的ω-3脂肪酸，它和亚油酸一起都属于人体自身不能合成而必须通过外源补充的脂肪酸，称之为必需脂肪酸。缺乏α-亚麻酸将影响人体的正常发育和健康，导致各种疾病的发生。作为胡麻油的主要成分，

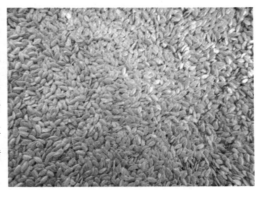

α–亚麻酸具有降血脂、降胆固醇、降血压、抗癌、改善脑血管疾病、提高脑神经功能、预防过敏性疾病等功能。

亚麻胶，其主要成分为80%的多糖物质及9%的蛋白质，占种子质量的8%~12%，主要存在种子的外皮上。亚麻胶是一种多功能天然绿色食品添加剂，具有营养成分高、黏性大、吸水强、乳化效果好、对重金属有吸附解毒作用等特点，还具有护肤、美容、保健的功效。

胡麻籽中蛋白质的利用率不是很高，然而随着对植物来源蛋白质需求的增加，胡麻籽的蛋白质作为人类食品来源有着巨大的潜力。胡麻籽中的蛋白质除了赖氨酸含量较低外，富含其他多种氨基酸，尤其是精氨酸、谷氨酰胺、谷氨酸、天冬氨酸和天冬酰胺极好的来源。

胡麻籽中含有丰富的木酚素。木酚素是一类温和的植物雌激素，在许多谷物中都发现了木酚素，但胡麻籽中含量最高。木酚素具有抗癌和抗病毒的作用，也可能保护人体对抗与雌激素相关的疾病，如骨质疏松症。木酚素能够阻碍激素依赖性癌细胞的形成和生长，对前列腺癌和乳腺癌有治疗作用。

无论外形颜值，还是内涵内容，胡麻种子可堪称"金种子"。

5月24日　　等雨

2015年　星期日　农历四月初七　乙未年　【羊年】

2016年　星期二　农历四月十八　丙申年　【猴年】

2017年　星期三　农历四月廿九　丁酉年　【鸡年】

2017年5月24日，全市晴转多云，气温10~21℃。

下午4点刘川的地温是：5cm土层32℃，10cm土层28℃，15cm土层24℃，20cm土层18℃，25cm土层18℃。

党家岘的王新民在日记中写道："这两天的雨真是下到人心坎里去了，常言道，一场春雨一场暖，一场秋雨一场寒。今年的气候特点是一场春雨一场寒。根据往年，现在应该是雨后初晴，烈日高照的艳阳天，但今天还是像初春的气候，穿着毛衣干农活。"

西王的范立荣写道："这个时段气温不高，土地保持湿润，不干。小雨不断，胡麻缺阳光，叶片有点灰白色，无病害。"

对雨，对水，渴望也好，淡定也罢，不同的心态反映了一个共同的问题，那就是水的重要。

白银市是典型的灌溉农业区，没有灌溉就没有农业。华家岭地区是个例外，这个年降水量400mm以上的小区域是天赐于我们的一块宝地，它使得白银农业除了灌溉农业还有旱作农业。否则，白银的农业将会很单调，也很寂寞。

在白银市，灌溉农业基本都处于年降水量250mm以下的地区，这些地区在没有灌溉之前就有农民居住，就有农业生产。我们能够想到，盼雨的程度与降雨的多少成反比，400mm降水量处的王新民尚且如此，过去处于干旱地区的农民岂不如渴骥奔泉一般。

2016年5月的这几天，干渴的白银大地等来了两天两夜的好雨，那天我按捺不住兴奋的心情在微信朋友圈里写下了一首名为《等雨》的小诗，真实地记录了干旱地区农民等雨和盼雨的心情。由此也感动了在我朋友圈里的一位报刊编辑，把它发表在了《白银晚报》的文艺版上。现照录如下：

等雨

一

惊蛰那天
没有响雷
也没有下雨
吝啬的老汉
把金子般的种子
大气地撒在
皲裂的土地里
种子入土的刹那
两颗混浊的水滴
紧随其后
干涸的嘴唇上
又多出了一道
血色的口子

二

春分那天
真的有风
还有沙尘
沙尘过后
只是几滴小雨
清明时节
不为雨纷纷
只为无力的幼苗
该有点雨了吧
老汉无数次地抬头
都是一码的蓝色
谷雨
还是无雨
之前的雨水
也无雨
带雨的节气
都无雨
那个春天
这个初夏
老汉戴着草帽
在无雨的山道上
不停地徘徊

一路尘土
一身燥热

三

小满这天
有人说
半夜四点就下雨了
老汉说
三点钟就开始了
有人在雨声中惊醒
老汉在等雨中无眠
雨下了两天
有时淅淅沥沥
有时紧锣密鼓
地酥了
苗绿了
等雨老汉
张着漏风的嘴巴
含着祖传的旱烟嘴子
呼呼大睡了

188

5月25日　　这般有型

2015年　星期一　农历四月初八　乙未年　【羊年】

2016年　星期三　农历四月十九　丙申年　【猴年】

2017年　星期四　农历四月三十　丁酉年　【鸡年】

2017年5月25日，全市晴间多云，气温6~25℃。

党家岘露地10cm土层地温21℃，高于往年5℃；西王地膜地28℃，高于往年5℃；刘川露地27℃，高于往年3~6℃；吊沟新砂地23℃，低于往年5℃。今天各个基点的同志都喊热，看来温度上来了。值得一提的是，2015年的今天是农历四月初八，那几天大家都没提到霜冻的事。

党家岘露地胡麻株高已达6.5cm，地膜胡麻株高达8cm。刘川露地胡麻株高30cm。这个时候的胡麻是很好看的时候。

胡麻在地里生长的一生都非常好看，有几个关键时期更为美丽和诱人。

胡麻苗期是非常好看的，在粗糙的土地上、在大大小小的土块缝隙中，一株一株稚嫩的胡麻苗，先挤出来两个圆圆的小耳朵，探听着春的消息，当一阵春风拂过时，那婀娜的身姿又长高了一节。

当胡麻长到8~10cm的时候，又是一个很好看的时期。整株的胡麻都长满了小小的叶片，随风而动，无风也要摆三摆。它的顶端总是微微弯曲着，那里是生长点，要不断地长出嫩枝，不断地往高里长、往大里长。因为嫩，所以才弯着头；因为弯着头，看上去才显得谦和。胡麻的谦和是与生俱来的，是从青少年时代就有的。我们都应该多走走胡麻地，多看看胡麻的"谦谦"风范。

这时候的胡麻行距非常清楚，就像一排排的士兵那样整齐而有型。

胡麻好看的时期还有很多。

在"十二五"期间，白银综合试验站还开展了胡麻高值化技术研发与应用，开展了胡麻有机栽培试验。

在有机栽培中，施用油渣处理的，果粒数、千粒重、单株粒重、亩产量均最高，分别为7.5粒、8.2g、1.12g和198.3kg。施用化肥的（尿素8kg、磷肥14kg、钾肥6kg）较施用油渣的主茎分枝、单株果粒数略高，其他经济性状次之，亩产186.2kg。亩施农家肥2500kg（羊粪）的主茎分枝数最多，其他经济性状略低，亩产165.6kg。结合长期生产实践，胡麻的有机高产栽培应以"重施优质农家肥、适度施用油渣、配合施用化肥"为主导模式。

附：2015—2017年的5月25日地温与胡麻平均生长动态关系：

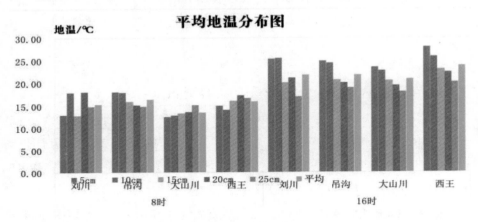

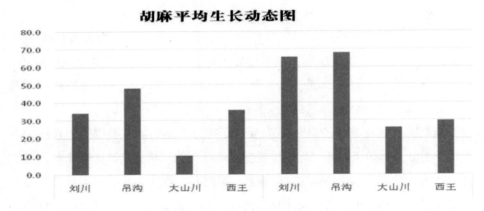

5月25日，大山川胡麻进入枞形后期，株高10.7cm，叶片26片；吊沟胡麻株高48.3cm，叶片68片；刘川胡麻株高34.2cm，叶片66片；西王胡麻株高35.8cm，叶片30片。0~25cm各土层地温平均高低排序为吊沟砂田、西王地膜地、刘川露地和大山川地膜地，8时分别为16.32℃、15.79℃、15.27℃和13.41℃。16时上升为21.79℃、23.84℃、21.78℃和20.79℃。其中，以西王地膜地上升幅度最大，达到8.05℃。10cm土层地温以吊沟砂田为高，8时达到17.85℃，16时上升到24.42℃。大山川地膜地为低，8时是12.75℃，16时上升到22.63℃。

190

5月26日　　立枯病

2015年　星期二　农历四月初九　乙未年　【羊年】

2016年　星期四　农历四月二十　丙申年　【猴年】

2017年　星期五　农历五月初一　丁酉年　【鸡年】

2017年5月26日，全市晴间多云，气温8~25℃。党家岘的胡麻进入了枞形期。

这几天会宁胡麻田间管理的主要活动是喷药、防治胡麻潜叶蝇，刘川的胡麻正在浇水。昨天傍晚到平川基地看胡麻，大型宽幅播种的胡麻长势很好，美中不足是有的地头有空行，大约2米长。这是由于播种时机子占地所致，但只要最后在地头回两趟就好了，可粗心的机手没有把趟回完，留下了白行。同期播种的胡麻玉米，玉米长势还好，就是靠胡麻太近，现已经与20多公分（厘米）的胡麻长到了一起，对玉米幼苗生长产生了影响。

西王的范立荣在2015年日记中写道："中午，白银农科所小赵（宝飈）和杨继忠送来杀虫剂、除草剂；下午4点，刘所长带来胡麻体系草害专家胡冠芳一行实地查看病情。"

2015年西王胡麻播种时，我们选择了相邻几块不同状况的耕地，包括露地、四膜地、三膜地、二膜地（要找类型比较齐全又相邻的地块不容易）开展对比试验，5月中下旬的时候，露地的一块胡麻开始陆续死苗，5月26日时，死苗已经相当严重。

我们分析原因有两条：

一条是春季土地旋耕所致，由于土壤太过疏松造成掉苗。在会宁许多地方都实行春季播前旋耕，经过旋耕的土壤疏松而平整，耕层厚15~20cm。现在很多地方实行春季不犁地只旋耕，造成土壤耕层越来越浅。经过旋耕的土地由于播种之前没有镇压，很容易在土壤踏实过程中造成掉苗，形成缺苗断垄。

另一条原因是病害。经过体系的病虫草害岗位专家现场检查，确认为胡麻立枯病。

　　立枯病主要发生在苗期，为害茎基部。先在茎基部的一边出现淡黄色病斑，后变为红褐色，逐渐凹陷腐烂，严重时扩展到茎基四周，病部细缩，易从地表部折倒死亡，致地上部叶片萎蔫，叶变黄。发病轻的植株，地上部不表现症状，只在地下茎或直根部位形成不规则的褐色稍凹陷病痕。条件适宜时，病部现褐色小菌核，有别于炭疽病。

　　立枯病病菌在土壤中腐生或附着在种子上越冬，翌春出苗期侵染根茎部或幼根。该菌在土壤中还可为害多种农作物或杂草，没有寄主时在土壤中或有机质上营腐生生活。遇低温阴湿条件或土质黏重易发病。

　　防治方法：一要与禾本科作物轮作，严禁连作或迎茬（迎茬在地膜胡麻栽培中不好解决）；二要收获后及时深耕；三要适当密植。

5月27日　　毫不迟疑的邀请

2015年　星期三　农历四月初十　乙未年　【羊年】

2016年　星期五　农历四月廿一　丙申年　【猴年】

2017年　星期六　农历五月初二　丁酉年　【鸡年】

2017年5月27日，全市晴转多云，气温9~28℃。

党家岘30cm土壤含水量地膜地20%，露地18.5%。今天刘川胡麻地浇水。

2015年半干旱区的具体试验和示范基地在会宁县太平镇的大山川村，距离G312高速路大山川出口不远。我们选择的农民技术员是一位村民组长，后来他妻子对我们的工作感兴趣，很有激情，逐渐地就由他妻子曾芳全接替了丈夫的工作。

2015年的今天，是曾芳全写的第一篇日志，她写道："天气晴朗，烈日炙烤着大地，田地里正在忙着锄草的农民们满头大汗。这时，白银市农科所的技术员来观察他们种的试验田，同时还给农民们发了农药。在这种情况下，锄草的妇女们感受到在党的政策指引下而出现的这些干部及领导对农民的关心。由于发自内心的感激，于是毫不迟疑地叫他们到自己家里吃饭、喝茶。中午，天空罩上薄云，在微风吹拂下，下起了蒙蒙细雨。雨越下越大，下了整整一个下午、一个夜晚。"

这段日记带来的信息量也使我们倍感欣慰。由于工作关系，我们经常与农民打交道，在农民田里出出进进，邀请我们到家里吃饭喝茶的只是很少数。原

因不外乎要么家庭建设、生活水平都还欠缺，不好示人，不敢邀请；要么心理上不情愿。

2011—2015年我们在大山川进行了抗逆高产品种选育研究。对62个品种（系）的抗旱性、丰产性、抗病性进行鉴定并做了筛选试验。抗旱性方面，主要表现在成株期，相对抗旱的材料占60%。而苗期抗旱性较差，相对抗旱的材料只有35%。丰产性方面，比对照增产的材料占46.8%，最高产为153.88kg，比对照增产40.48%。抗病性方面，25%的材料初花期感染白粉病，60%的材料青果期感病，较抗病的材料占40%。抗倒伏方面，轻度倒伏的材料占65%，中度倒伏的材料占35%。

在2012—2015年开展的甘肃省胡麻区域试验方面，对41个胡麻品系材料的物候期、生物学特性、经济性状和产量进行了鉴定。区试材料代表的是未来，从区试材料中可以看到将来的胡麻品种趋势和特点。在参试的这批材料中，各材料生育期中偏晚，在91~115天之间。抗性均较差，对白粉病30%的材料初花期感染，85%的材料青果期感病。抗倒性也较差；均有倒伏发生，70%的材料倒伏轻微，30%的材料中到重度倒伏。产量中偏上，单株果数相差较大，在13.5~25.6之间，千粒重相差也较大，在5.9~10.5g之间，果粒数差异较小，在6.5~8.1之间，平均亩产60.0~211.8kg。抗病和抗倒伏仍然是胡麻育种的重点和难点，今后胡麻的产量主要取决于单株果数和千粒重。

5月28日　　油馍馍和亚麻籽食品

2015年　星期四　农历四月十一　乙未年　【羊年】

2016年　星期六　农历四月廿二　丙申年　【猴年】

2017年　星期日　农历五月初三　丁酉年　【鸡年】

2017年5月28日，全市多云，局地有小雨，气温15~29℃。

党家岘的王新民在日记中写道："雨照常下着，我顶着伞，穿着雨鞋去试验田里挖土，田野里四处无人，只听到落在地膜上吧吧作响的雨滴声，还听到雨下到树上的唰唰声，偶尔传来几只鸟儿清脆的叫声。没有一丝风，胡麻、谷子、冬麦等这些作物的幼苗像胖娃娃一样站立在地上一动不动，贪婪地吮吸着迟到的甘露，好好地解一解多日来的饥渴。看到这些，我心里是无比舒坦，雨就这样一直下了一整天。"

这个时候的山区农民正是忙里偷闲的时候。天若有晴，谁也舍不得在家闲上半天。遇上雨天，是要好好睡个透觉的，在雨声中睡去，在雨声中醒来。当懒懒散散地坐到茶炉旁，咬上一口层层叠叠的胡麻油油馍馍，细细咂上一嘴罐罐茶时，前所未有的满足感油然而生。

白银的人喜欢吃油馍馍，把油馍馍视为最高级别的面点。油馍馍都是胡麻油做的，看着眼馋，嗅着就能调动全身的神经。有学者分析，这里的人们不缺ω-3脂肪酸，就在于胡麻油的摄入量足。

20世纪80年代以来，根据国际健康专家研究结论，世界卫生组织（WHO）、联合国粮农组织（FAO）推荐，ω-3和ω-6脂肪酸的摄入量应该是1:4~1:6，要求各成员国在人们的膳食中必须添加α-亚麻酸。美国、日本、英国、法国、德国等国专门立法规定，在孕产妇、儿童、运动员、老年人等人群食品中必须添加α-亚麻酸方可销售。

目前，在发达国家的大超市、健康食品市场均有亚麻籽及亚麻籽延伸产品出售，如亚麻油、饮料、代餐粉、调料、烘焙产品等，涉及各食品领域。原美国总统奥巴马和夫人米歇尔在出席2015年6月1日国际儿童节大会时，将亚麻籽作为礼物送给了出席大会的儿童，并鼓励大家多吃亚麻籽。近年

来，日本也开始通过各种渠道将亚麻籽融入百姓生活，研发如亚麻籽米饼等的亚麻籽烘焙类食品。中国台湾地区将亚麻籽作为食品添加剂的食品琳琅满目，如亚麻籽曲奇、亚麻籽汉堡、亚麻籽面包、亚麻籽奶米糊、亚麻籽蛋卷、亚麻籽苏打饼等。

在我国大陆地区胡麻油有所普及，在胡麻主产地始终保有自产和销售胡麻籽馍、胡麻籽土豆片、麻割盐烧土豆等胡麻食品的传统，但其市场占有率和影响力微不足道。

近年来，随着科学技术的发展和人民生活水平的提高，为适应广大消费者对健康功能食品的需求，胡麻籽深加工已经成为农产品加工的热点之一，以胡麻籽为原料的深加工产品，如亚麻籽仁、亚麻籽酱、亚麻蛋白、亚麻胶、亚麻膳食纤维等开始兴起，我国胡麻食品加工产品前景广阔。

5月29日 　　曾芳全

2015年　　星期五　　农历四月十二　　乙未年　【羊年】

2016年　　星期日　　农历四月廿三　　丙申年　【猴年】

2017年　　星期一　　农历五月初四　　丁酉年　【鸡年】

2017年5月29日，全市大部分地区晴，气温15~30℃。

党家岘的王新民在日记中写道："午后晴天霹雳，西边形成雷雨，雷雨形成了冰雹。阳春5月最怕的是雷雨灾害天气。农民朋友在地里忙于锄草，准备明天的端午节和赶庙会。"

2015年的今天，大山川的曾芳全在日记中写道：

雨停了，太阳出来了。我把自己家里驴圈、牛圈里的粪处理干净，拉到大门外的一片空地上埋好，又准备五六月种的荞麦。这时，我已累得浑身是汗了，但又不能休息。接着我又到试验田里去看地温表和挖土测水分了。

田野里，四处基本无人，只有放羊的老人"啪啪"地甩着羊鞭，驱赶着羊儿们去山上吃草。近处只有一个农民正在埋粪。

为啥田地里干活的农民这么少，是他们在偷懒吗？不是，我们这里的农民大多数不偷懒，都很勤快。是"天爷爷"给他们放假了，下的雨多，地湿进不了人，让农民们好好休息一下，消去多日来由于繁忙带来的疲劳。

走近胡麻地时，忽听有人说："人家的试验田比咱们的旋耕机种的庄稼好。""嗯。"我随口答应着抬起头看，原来干妈在地头埋粪。这话引起了我的注意，这试验田的确比我们平常采用的播种法播的长得好，既胖又高。

在阳光照射下，每一株幼苗头上都顶着一颗露珠，像一颗晶莹透亮的珍珠。放眼望去，好像是谁把一颗颗珍珠撒在了一大片一大片的绿地毯上，使人不由得憧憬起丰收的景象。

……

不知不觉又到了下午我去看地温的时候了。到地头一看，绿地毯上的珍珠怎么不见了？原来被风姑娘轻轻一推，禾苗一摆动，珍珠掉在地上摔碎了。禾苗们低着头，好像在说："摔碎了，怪可惜的。我们大家齐努力，定

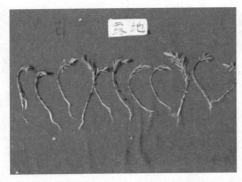

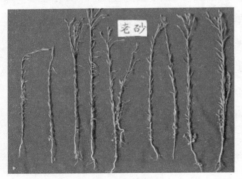

要长出个又肥、又胖、又高的身子，把上苍撒给我们的珍珠保护好。"

远处是羊儿"咩咩"的叫声，近处是鸟儿清脆的闹声。抄完地温，大口吸了些新鲜空气，放眼望了望绿毯，觉得浑身舒畅，走在回家的田埂上，觉得脚底下特别轻快，转眼就到家了。

……

曾经多次，我们被曾芳全的文采所折服，被她描述的田园风光所吸引。她是高中毕业，那年高考与大学失之交臂，从此心安理得地做了农民，做了农民的妻子，在大山川这块形如簸箕湾的土地上生儿育女，日出而作，日落而息。

她说，自从高考后再也没有拿过那支伤心的笔。这次，为了我们的记载，她重新拿起了久违的笔。有谁知，她对笔一点也不生疏，一旦挥洒起来就如行云流水！

我也曾想过，假如她那次高考成功了，说不准上的就是农大，后来的工作很有可能就是我们今天干的这些，她一定会把这件枯燥无味的事干得风生水起。

5月30日　　夏节

2015年　星期六　农历四月十三　乙未年　【羊年】
2016年　星期一　农历四月廿四　丙申年　【猴年】
2017年　星期二　农历五月初五　丁酉年　【鸡年】

2017年5月30日，全市多云转晴，气温17~28℃。

今天是民间很重要的节日——端午节，农民一般都会停下手里的农活休息游玩，想着办法吃点好的，耍点开心的。

我把端午节叫"夏节"，因为有春节，有中秋节，端午节自然就是"夏节"。对此曾在微信朋友圈上有过几次描述，不妨照录如下：

天下第一夏节——端午节

1.转瞬间又是一个端午节。对端午节的来历说法很多，其实端午节就是夏节。冬春交接有春节，仲夏有端午节，仲秋有中秋节，这就是中国传统的三大节日。春节到端午约125天，端午到中秋约100天，中秋到春节约135天，再加上大小月相错的5天，就是365天，从时间划分上基本相等，体现了劳动的有张有弛。三大节日都是选在北方传统农业相对休闲的时间段，如端午节，春种已全部结束，夏收尚待时日，此段正好农闲，安排个节日，变着花样吃吃喝喝、玩玩耍耍，为下一个农忙季节的到来养精蓄锐做做准备。端午端阳，从字面就可以理解，端就是正、不歪斜，如日中天。从节令上说，就是夏至前后，太阳最高，是一年之中太阳高度角最大的时候。

2.端午节的一切习俗都在告诉人们，下一个大忙而特殊的季节马上来临：仲夏气温升高，各种病菌扩繁加速，各种蚊虫进入活跃期，插杨柳、用

艾叶、喝雄黄酒就为驱蚊赶虫，绑花花线也是利用了虫类的趋光避色原理，防止叮咬；仲夏之时也是洪水泛滥的关键时刻，划龙舟竞赛其实就是防洪自救的仿真演练；端午过后，男女老少就要进地锄草追肥，大牲畜就要放牧，接着便要进入打仗般的夏收，虎口夺粮，一个人要掰成两个人用，哪里还顾得着蒸炒烹炸涮，用粽叶子包点米煮熟能吃就不错了。

3.关于端午节的传说很多，比如屈原怎么了，伍子胥怎么了，其实都没怎么。那只是后来的文人杜撰的。人说端午节是祭祀的节日，那更是太离谱。因为，中国的传统节日都祭祀，活人欢乐，也不忘给老祖先上供。比如，春节期间就香火不断，照此说，春节也是祭祀的鬼节了？

4.我们的老祖宗（我说的老祖宗是劳动人民）除了智慧睿智外，还有一个显著的特点，就是只相信自己，从来不崇拜神仙皇帝，也就是不崇拜别人。那么众多的泥塑神仙佛祖，严伟而神圣，但老祖宗把他塑得人体结构和比例严重失真，有许多还面目狰狞。孔夫子、老子，人们够崇拜的了吧，要不是画得那么丑，就是描写得那么狼狈。这一切都说明，在老祖宗的心中，英雄就是自己，只有人民才是创造世界历史的动力。老祖宗都是为慰藉自己而立节。

……

今天，我和国家产业技术体系的首席科学家党占海研究员在会宁南部查看胡麻长势，中午在华家岭的一个街道上吃了碗浆水凉粉和甜胚子，这个节日过得很充实。

5月31日　　老娘的背影

2015年　星期日　农历四月十四　乙未年　【羊年】

2016年　星期二　农历四月廿五　丙申年　【猴年】

2017年　星期三　农历五月初六　丁酉年　【鸡年】

2017年5月31日，全市多云，会宁南部有雷阵雨，气温16~26℃。

刘川的胡麻株高达到42cm，分茎达36cm。

端午节虽然过完了，但心情还被节日缠绕着，因为这个节日我不在家，没有与家人团聚。

就在五月初四，临出门前，我给老娘打电话时，发生了一段很有意思的事，当天我把它记录在微信朋友圈里，现照录如下：

老娘的背影

五月初四的上午十一点，我给老娘打电话，问中午做什么饭我也来吃，下午我要出外去。老娘说："你去耍吧，我还没准备做饭，在小区门口呢，暂时不回家。"

我紧赶慢赶，12点半才赶到老娘住的小区门口。原来，老娘在门口摆地摊卖花花线，已经摆了好几天了，明天就端午佳节了，现在是关键卖期。

当我赶到时，老娘已在收摊，说起风了，不收就吹脏了。我一边吆喝叫卖一边帮老娘收摊。收到最后时，我说："妈，给我绑一个花线吧！"老娘笑笑说："那就绑一个。"我伸出右手，老娘挑了一根红、黄、水红三色并串有一个小铃铛、九个各色小珠子的花线给我绑上。我又挂着老娘的肩膀伸出左脚，老娘挑了个红、水红、黄、绿、翠绿的花线给我绑上。绑的时候老娘缠了两圈，结果线不够长，只好缠一圈绑上了。

哦！老娘上次给我绑花花线少说也是三十多年前了吧，自从求学、工作以来，就再没有机会让老娘绑花花线了。小时候过端午节，都是老娘用白线染的花花线，照例是用白布染色的布做荷包。过了春节我就天天盼着过端午，让老娘把我这样打扮一下，然后再美美吃上一顿腊肉韭菜炒鸡蛋。

多少年后，在大街上，在马路边上，我万分荣幸地赶上了这个美好的时机。我要说：妈，您多少年没给我绑花花线了？我没有说出口。我要说：妈，您还记得的是你孩子小时候的身体吧，绑花花线要绕两圈，我没有说出口。

我帮老娘收拾好地摊，把从珠海带来的特产和老娘一再叮嘱过的云南三七装好，又买了碗酿皮装上。老娘从小凳子上要起身，第一次没能成功，第二次是我赶紧扶了一把才站了起来。

老娘起身后提好两个包和折叠凳转身就走了，走得那么专注。

我没有等到老娘转过身对我说：娃，出门当心。没有，没有等到。

老娘对儿子已不再啰唆，老娘对儿子已不再叮咛。

快60岁的儿子——我，今天突然觉得我真的长大了！

我，只有默默地，看着老娘如烛光般摇曳着身子，渐渐远去，远去……

6月1日　　六一国际儿童节

2015年　星期一　农历四月十五　乙未年　【羊年】

2016年　星期三　农历四月廿六　丙申年　【猴年】

2017年　星期四　农历五月初七　丁酉年　【鸡年】

2017年6月1日，全市晴转多云，气温17~29℃。

今天是六一国际儿童节，城乡的小朋友们都在欢乐地过着属于自己的节日。大人们，特别是孩子的妈妈们，也是重新焕发了童心，和她们的孩子一样高兴地过节。

平川吊沟的赵生军在六一日记中写道："小朋友特别高兴，今天是他们的节日，不用上课学习、写作业，可以好好玩，表演他们的节目。胡麻也像很高兴的样子，早晨太阳出来，蓝色的小花开了很多。"

2016年六一这天，吊沟的李长衡说："今天是六一儿童节，孩子们欢喜地过六一。6月的第一天，胡麻也长得很精神，像过节似的，开了那么多蓝花。"

刘万景家这几年没有上中小学的孩子，但她同样很重视这个节日，在2016年的日记中写道："今天是六一儿童节，有孩子的家庭都准备去看六一节目。"2017年的今天，她写道："今天是六一节，早晨我从胡麻地里回来的路上，嫂子和几个人说去看六一节目，我也跟着去了。今天的天气特别热。"

2015年的今天，大山川的曾芳全女士很是开心，她用1300多字记录了当天的情景，现节选如下：

早上雨停了，微风掀开了乌云，太阳悄悄地露了头，光芒四射，我心里非常高兴，这下能看到六一儿童会演了。我的宝贝是六一儿童节节目主持人，又是优秀少先队员，所以最怕六一节目被雨耽搁了。我以比以前快十倍的步伐来到了试验田抄了地温，又几乎跑步回家，穿上新衣服，叫上老妈匆忙赶到了学校。往日的一切对我来说毫不重要，唯有看孩子表演。

节目一开始是少先队员整队，升国旗，奏国歌。每当听到神圣庄严的国歌声时，我总会情不自禁地流出"爱"的眼泪。

紧接着就是各年级举行文艺演出，有些年级是唱歌，有些年级是跳舞，也有些年级是耍武术，节目都很让人感动。这些与老师的精心教导、孩子们的认真都是分不开的。

有几位远方来的客人及平凉的一位老板，还有来自各地的大学生给孩子带来了雨伞、鞋子、文具盒、铅笔、笔记本等。他们说自己小时候由于家里贫穷，连一把伞、一双鞋都没有，每当雨天，衣服和鞋子都湿透了，变成了落汤鸡。他们希望现在的付出能够唤起社会上更多人的爱心。

节目结束后，记者采访了这次六一活动的小主持人——我的小宝贝。

此时此刻，在我看来，我的小宝贝是天下最棒、最帅、最耀眼的。

当然，这些话只能装在心里。

……

也就是在2015年的今天，我也写了一篇有关六一的小文：

天下第一节
——六一国际儿童节

一

人生节日无数
六一要数第一节
过节好
儿童最好
手手
片片
屁屁
牛牛
……
想咋露就咋露
你
敢和娃晒一哈吗

二

嘘嘘
啦啦

……
时间和场地
一切都随意
想咋就咋
你
敢学娃吗

三

抛土坑
满嘴泥
补钙
天然的
你
敢直补吗

四

抓到啥
都往嘴里喂
抓堆鸡屎
吃得满嘴黄

你
敢来一嘴吗

五

儿童很本真
儿童很完美
儿童就很幸福
当然
并不是说
大人很假
大人很丑
大人很不幸福
呵呵
无论如何
娃娃别干大人的事
大人别干娃娃的活
祝儿童们节日快乐
祝大人们儿童节快乐
…………

204

6月2日　　可防可不防——不防

2015年　星期二　农历四月十六　乙未年　【羊年】

2016年　星期四　农历四月廿七　丙申年　【猴年】

2017年　星期五　农历五月初八　丁酉年　【鸡年】

2017年6月2日，全市阴有小雨，气温15~28℃。

这几天是灌区胡麻开花的季节，刘川张亚2号、陇亚杂3号、陇亚13号、陇亚14号、宁101-11已开花，定亚22号、晋亚11号和内亚9号只有个别植株开花。在平川各品种均已到花期，陇亚14号、陇亚杂3号已至盛花期。

胡麻病虫为害也日趋严重，在刘川胡麻斑潜蝇危害株率最高（16%），百株虫量48~80头，危害部位集中在靠近地面的叶片上。在平川各胡麻品种均出现斑潜蝇及蚜虫危害。

2011—2015年，白银综合试验站开展了6个方面的病虫草害的无公害防控试验研究，取得了对白粉病、蚜虫、潜叶蝇的防治方法。

在防治方面有两个问题还需做深入研究。

第一是关于防治方法还得深入探讨。成株期的胡麻比较脆弱，在使用喷

雾器工作过程中容易造成胡麻倒伏。胡麻封行较好，来回进地极容易造成人为践踏损害。胡麻叶片小，喷雾器雾化程度低，雾化颗粒较大，叶片的附着力差，既造成了药液浪费，又达不到实际防效。我们曾经设想用微喷代替现在的机械喷雾，关键点在于降低喷雾强度，提高雾化程度，使雾化微粒自然附着在叶片上。

第二是农药对胡麻的污染。虽然相关专家和老师都做过相应的试验，现在的农药相对生态，基本安全。但农药毕竟是药，民间有"见药三分毒"的说法，直白地说，农药对胡麻的污染有多重，我们没有谱，关键时期不用药不行，用了药心里不踏实。

胡麻病虫草害的防治，将来还是要走生态化、无污染、无公害防治的道路，"可防可不防——不防"的防治策略还是可行的：

一是要把土地的准备工作提上议事日程，做好土地的耕翻、晒垡、熟化和播前的土壤处理等整套准备工作，传统农业好的做法要重新拾起来。

二是做好轮作倒茬和换地工作，最起码做到胡麻不重茬，通过调整和完善作物种植结构，力争使胡麻用上豆类茬等上茬。要把胡麻作为一项产业，不能只停留在目前的"调节性作物"的地位上。

三是地膜胡麻一定要重视土壤整理和培肥。目前实施的地膜胡麻看起来是一种节本增效的好措施，但可探讨的地方很多，比如两年、三年不耕地的问题，两年、三年不施肥的问题，前两茬单一种植玉米造成土壤整体协调性下降的问题，以及地膜胡麻如何自如地施用有机肥、追肥和整地平茬的问题，都需要深入探讨研究。

胡麻生产的底线是，绝不能把胡麻在一片农药的雾化中"雾解"掉。

6月3日　　25℃线

2015年　　星期三　　农历四月十七　　乙未年　　【羊年】

2016年　　星期五　　农历四月廿八　　丙申年　　【猴年】

2017年　　星期六　　农历五月初九　　丁酉年　　【鸡年】

2017年6月3日，全市阴有小雨，气温13~21℃。

难得进不了地，我们的几位农民技术员都睡了个自然醒。

灌区的胡麻普遍开花，刘川的胡麻株高55cm。平川新砂田胡麻株高70~80cm，已经开始浇第四水。

胡麻是节水作物，适应性比较广，在年降水量400mm的区域能正常生长，在年降水量200mm的特干旱地区也能正常生长。白银市的景泰县、靖远县、白银区、平川区都是极度干旱区，胡麻也有悠久的栽培历史。

干旱区上水后，胡麻也随之由旱作物转化成水浇地作物。水地栽培后，胡麻的一切栽培技术随之改进，产量随之提高。虽然是水浇地栽培，各地情况不尽相同：会宁的沿黄灌区，在胡麻生育期一般只浇一次水，最多两次；靖远和景泰的沿黄灌区一般浇两到三次水；平川属于井泉灌区，浇水比较方便，可以浇四次水以上。

在现有灌溉体系下，研究大田的节水栽培是件很难的事，因为水都是统一配的，配到了水不灌水，错过时机就没有水。还有灌水的定额也很难控制，还是由于错过了配水期就没有水的缘故，老百姓都实行只要灌水就一次性灌饱的办法，突破了科学的定额，造成了对水的浪费。

尽管如此，我们还是进行了相关的节水栽培技术研究。先在技术方法和路线上搞清楚，再动态配合灌水制度的改变和完善。2011—2015年共开展了6项技术研究，其中最重要的结论有两项：

一是在胡麻玉米带田中，不同灌水次数对胡麻叶面积指数的影响在盛花期到青果期差异逐渐明显，胡麻和玉米灌水次数与叶面积指数成正相关。施氮量对胡麻叶面积指数的变化，在枞形期以后出现差异，现蕾到盛花期差异达最大化，随着施氮量的增加叶面积指数增加。玉米的差异从灌浆期开始，蜡熟期差异最大。干物质积累量与灌水次数和施氮量均呈正相关。在胡麻生育期灌水两次，在整个玉米生育期施氮16公斤/亩，产量最高，胡麻和玉米亩产分别是119.17公斤、719.5公斤。

二是在胡麻套种大豆带田中，胡麻和大豆的叶面积指数均表现出"单峰曲线"的变化，随着施氮量、灌水次数的增加，叶面积指数均在增加。带田的干物质积累量与灌水次数和施氮量均成正相关。灌水两次、亩施氮15公斤，胡麻、大豆亩产均居第一，胡麻为71.81公斤，大豆为186.11公斤。

灌水无法自主定额，无法自控灌水次数和灌水量，但可换个思路，即可以控制胡麻的栽培区域，把保灌区让给需水量较多的作物，把胡麻安排到不保灌区，如景电灌区、兴堡子灌区的边缘地带和靖会灌区，把节水作物种在节水区域，岂不相得益彰。

原本把胡麻安排在几大灌区的核心区域就不是太合理，除了水不能充分利用外，光热又有点浪费。同样的精心栽培、精心呵护，为什么我们会经常听到"今年胡麻好""去年胡麻不好"之类的说法呢？其实说的是温度，胡麻适宜的温度是25℃，25℃是个分界线，某一年超过25℃的高温天气多，特别是现蕾到灌浆期超过25℃的天数多，胡麻发育便受影响，这一年的胡麻纵使精耕细作也是"不好"的。而白银的几大灌区又是白银的高热量区，25℃以上的天数随便找，这也是为什么会宁胡麻栽培面积大的原因之一。

6月4日　　花季

2015年　　星期四　　农历四月十八　　乙未年　　【羊年】

2016年　　星期六　　农历四月廿九　　丙申年　　【猴年】

2017年　　星期日　　农历五月初十　　丁酉年　　【鸡年】

2017年6月4日，难得大范围降雨，气温9~15℃。

党家岘周围降水量17.4mm，农民悠闲地在家打牌、看电视。刘川既吹风又降雨，比党家岘的风雨更大。

胡麻最怕降雨加大风或灌水后吹大风，非常容易倒伏。不过现在正是花期，胡麻头轻，雨过天晴只要好好晒几天，一般的倒伏都可恢复正常。

2015年的今天，西王的胡麻进入现蕾期。今天党家岘的胡麻进入现蕾期，平川吊沟的胡麻已进入盛花期。

记得前面说过，胡麻有几个特别好看的时期，花季是胡麻一生中最好看的时期之一，颜值最高。

胡麻的花瓣有5片，花朵直径15~25mm，绝大多数的胡麻品种花色为蓝

色，也有白色、紫红色。胡麻开花如同其他植物一样，是一生中进入旺盛生长的重要标志，也如同人一般，进入花季就开启了最美好的旅程。

当胡麻幼苗长到3~4cm高时，在它的茎基部就分生出新的茎秆，一株胡麻分茎1~4个。自分茎后，主茎和分茎如同亲姐妹相依相偎。当茎秆长到80cm左右，达到一生高度的近九成时，在顶端会陆续分枝。茎上有分枝，分枝上也有分枝，可以分到三四级，一株胡麻分枝少则五六个，多则十五六个。每个茎秆分枝向外成15~30度角，整体形成纺锤形网状结构。

就这个纺锤形的网状结构，已经够美、够时髦了，也够人们遐想的了。现代社会从组织形态到经济关系、人际关系，从互联网到大数据，那个不是网状结构？

对于胡麻，这种美，还不是她的极致美。

分枝长出后，在每个分枝的顶端都会出现一个秀气的花骨朵。这都是眨眼之间的事，当再眨眼的时候，一点蓝莹莹的花瓣就会冲破花萼的包裹，露

出头来。渐渐地，渐渐地花萼张开，花朵绽放，用不了一个早晨花瓣就会全部展开。绽放的花朵在形状上很像梅花，只不过梅花红得鲜艳，胡麻蓝得深沉。5个花瓣儿既分开，也相互依偎，条条媚线把花瓣勾勒得无比生动别致。

花的正面厚重，花的背面靓丽，花的中央是胖胖的花柱，柱头5裂，花柱的周围簇拥着5枚雄蕊，在5个花瓣的烘托下显得清新可人。

一个分枝一朵花，一株胡麻就是一簇花。胡麻开花的清晨，天地间都是一片蓝色。那蓝，沉稳而优雅，徜徉其中少了浮世的烦躁，多了自然的幽静。

曾经多少次地体会到，胡麻花中

正是读书的好去处，拿上厚厚一本闲散集，坐在田埂上，背靠老榆树，嗅着胡麻花淡淡的幽香，任风翻书，翻到哪页就在哪页胡乱读上几句，高兴了再大声朗读上一段，吓得树上的雀儿静声。

字里行间都是胡麻嫩绿的叶片，都是胡麻蓝色的花瓣，有几只蝴蝶抖落几粒水珠，有几只蜜蜂飞过，搅散几粒花粉……

胡麻花最怕热了，中午、下午，当太阳老高的时候，当温度升高的时候，那五个花瓣儿就像百叶窗那样微微闭上，包裹住花柱和花药。一个没有经验的人，大中午走过胡麻田是不会受到胡麻花青睐的。

当胡麻授粉结束后，在微风的吹拂下，幽蓝的花瓣翩翩洒洒，飘零落地。此刻，拨开已经封垄的胡麻，就会看到另一个奇迹——覆盖着大地的花瓣，像一地的蓝宝石，不忍下脚，甚至不敢出口大气。

花季

一

播种季
有时
喂进嘴里的
是种子
倒进播种机里的
是二月二的炒豆子
好乱

二

心想
当绿色一片时
垫张报纸
拿杯三炮台
坐在田埂上
把满世界看个够

三

嫩芽

匆匆地出来了
植株
匆匆地长高了
花
匆匆地开了
花
匆匆地落了

四

有人涂着粉
有人画着妆
成群结队地上了台
大老远的

像朵花儿
细瞅瞅
都是大爷大妈

五

大前天猛想起
春天有个愿望
但
当回头时
花已不再开
人已不再年轻
…………

6月5日　　羊倌

2015年　星期五　农历四月十九　乙未年　【羊年】

2016年　星期日　农历五月初一　丙申年　【猴年】——芒种

2017年　星期一　农历五月十一　丁酉年　【鸡年】——芒种

2017年6月5日，雨过天晴，气温9~20℃。

今天是芒种，川陕的小麦到了收割期，过去我们这一带的农民会到陕西赶麦场当"麦客子"，白天挥汗如雨收割小麦，图的是能"咥"（吃）顿饱饭，晚上在麦场上数着星星睡觉。

芒种在白银大地并不太忙，夏作还没有成熟，秋作基本播种完毕。

这个时候，胡麻花已从川区开放。穿梭在白银的群山之中，别有一番雅趣：不经意间总有胡麻田散落山间，偶尔还能听到一台红火的秦腔大戏。这个山头正唱《三对面》，转过一个山头又是《五典坡》。生生旦旦，男男女女，惟妙惟肖。那皇姑刚咿咿呀呀两句，就被字正腔圆的包拯给镇住了。俏皮的一定是薛平贵，国骂的肯定是王宝钏。板胡二胡加三弦，锣钹家什一应俱全。

群山被唤醒了，山有生命，在这一刻我信了；山还有感情，在这一刻我也信了。那高高低低的山头，就是竞相跳跃欢腾的人群；那起起伏伏的山峦，就是一曲曲高亢而委婉的秦腔曲牌！唱念做打——在群山里回荡，顿觉空泛嘹亮；寂寞的牧羊人——有寂静的山河予以捧场，仿佛高朋满座。人与自然，真的就在这儿和谐相处了！

农忙季节，乡亲们并没有闲情逸致去组织一台大戏，所有这一切，都是山坡那一个个羊倌所为。生旦净丑，吹拉弹唱，锣鼓钹钗，全出自羊倌那张皲裂的嘴。

羊倌是天下最"闲"的"官"。他的任务就是跟着羊群转，指挥羊群走，只需几个简单的口令和扬扬鞭子就能搞定一切。闲了就找乐，吼秦腔就是自找乐子，就是自个给自个嘴巴给不闲。一个羊倌就是一个戏班子。

在一个叫杨家沟的山坡上，我们的车和路边的羊群搅和到了一起。车刚停下，一个黑瘦的老头风风火火地来到车边，把头伸进车窗，前前后后看了个遍。我们还以为做错了什么，正忐忑时，他冲我们笑了笑，自问自答地说了声："阿是？干部！"便又风风火火地走到路边，从胸前口袋里掏出包裹了好几层的手机打起了电话。唱秦腔的嗓门打起电话来都是吼得山响。他命令般地对老婆说：要来干部了，种胡麻的，把油饼炸得旺旺的，罐罐茶熬得酽酽的，好好招待。

刹那间，我们可真有点回不过神来，刚还觉得很"冒失"的老头，一下子就变得这般可敬可亲。当然了，并不是他要给我们好吃的才觉得可敬，也并不是他说要给我们好吃的才觉得可亲……

哦，这种感觉我也说不清。

当我们还呆呆地和羊群混在一起时，他又风风火火地走过来，对我们说：一定要到家里去，家里没来干部都快18年了，不去就是薛平贵对不住王宝钏。我"羊务"在身，恕不奉陪！

"扑哧"一下，我们笑成了一片，羊群也好像听懂了主人的话语，"咩咩"地叫着，向山坡跑去，一条车道就让出来了。

农村有"两省"，种胡麻省工，养羊省事。胡麻种到地，人闲了撸两锄，人忙了可以不进地。养羊早上出圈，晚上收圈，草在山里吃，水在沟里喝，省事。但养羊又是最熬人的，一群羊要有一个羊倌去放。谁家养羊，谁家就得有个羊倌。只要羊在山上，羊倌就必须在山上。羊天天要上山，羊倌照例天天要上山。正月初一如此，刮风下雨也如此。所以羊倌又是天下最忙的人，也是最辛苦的人。

我们到赵家坡的一户人家时，家里没有大人，只有上小学四年级的哥哥和他的弟弟在打扫羊圈。说不知道他爸爸去哪儿了，他妈妈肯定是到山里放羊去了。

放羊去了？

一个小学四年级孩子的母亲，成天与羊为伴，真的引人深思。

孩子说：他妈妈放羊把式大，羊吃得好，吃得饱，羊就像部队方阵一样，一条线地往过啃，不挑拣草不糟蹋草，还不吃周边的庄稼，攒劲的羊不挤老的不欺负小的。说羊不听他爸爸的，他要去放，羊就满山满圪地乱跑，放一次总要打断一个羊腿。一只羊一两千块钱呢，他们都不同意爸爸去放羊。

214

看来，要做一个合格的羊倌，难度绝不亚于做一个好的一把手。

放羊是一件很枯燥寂寞的事，走在山里一片寂静，除了羊"咩咩"的叫声外，就是"沙沙"的吃草声。我们几乎无法想象，这位妈妈是怎么安心于这种寂寞的。

孩子热情地把我们让进他们居住的小屋，毫无戒备之心。

可能是不知道如何招待我们的缘故吧，刚才还活灵活现夸奖妈妈的两个小主人，突然一下子又变得羞怯怯起来。但从他们骨碌碌转动的眼睛上可以看出，这是一对非常机灵的小兄弟。他们每天要翻山梁过碱沟走十多里的羊肠小道去上学，妈妈不让旷课，他们就从没旷过课。

家里种了多少胡麻、多少洋芋，压了几卷地膜，养了多少羊，有多少余粮，今年计划要做些什么，两个小家伙都说得一清二楚。

小屋简陋而凌乱，还有点脏，可两面墙上糊满了新新旧旧的奖状，这使得我们眼前一亮，大家都会心地笑了！

噢——这就是一个年轻母亲安于寂寞的一切原因吧！

离开那个地方多少天了，那位未曾谋面的年轻母亲的"形象"，总是萦绕在眼前，像照相机对焦一样，时而清晰时而又模糊起来。果真就有《松下问童子》的感觉：

屋下问童子，言母放羊去。只在此山中，云深不知处。

附：2015—2017年的6月5日地温与胡麻平均生长动态关系：

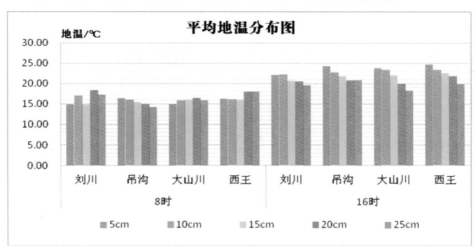

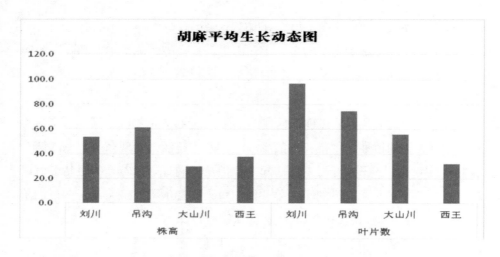

胡麻平均生长动态图

6月5日，党家岘胡麻进入现蕾期，株高30cm，叶片56片；吊沟胡麻株高61.4cm，叶片75片；刘川胡麻株高53.9cm，叶片97片；西王胡麻株高38cm，叶片32片。早8时各点平均地温从高到低依次是西王地膜地、刘川露地、大山川地膜地、吊沟砂田，各点地温相互间差异不明显，平均温度为15.38~16.89℃，16时上升4.55~6.71℃，分别达到22.53℃、21.04℃、21.52℃和22.1℃。8时10cm土层的地温稳定进入15℃，刘川露地16.9℃，西王地膜地16.04℃，吊沟砂田15.89℃，大山川地膜地15.82℃，16时分别提升到22.14℃、23.41℃、22.65℃和23.36℃，以大山川提升幅度最大，达到7.54℃。

6月6日　　韩国新村建设

2015年　星期六　农历四月二十　乙未年　【羊年】——芒种
2016年　星期一　农历五月初二　丙申年　【猴年】
2017年　星期二　农历五月十二　丁酉年　【鸡年】

2017年6月6日，全市小雨转多云，气温11~24℃。

党家岘地膜地下午4点10cm土层地温22℃，西王地膜地23℃，刘川露地22℃。刘川胡麻株高55cm。

常年在胡麻的各个示范点走动，会路过一个个的新农村。每每看到我们的新农村，就会想起韩国的新村。2012年我随甘肃省新农村建设培训班参观考察了韩国新村建设，深受感动。回国后，再通过媒体进一步了解韩国新村建设，发现早已有众多的考察报告和有分量的理论文章系统地介绍和深刻地分析了30年前发生在韩国大地上的这一壮举，并为其折服。现将我行我思粗举如下：

一、韩国新村建设的三个特点

1.明白早。1910年日本攻占韩国，直到1945年才获得解放。1950年战争爆发，城市化为灰烬，国家一片混乱。1962—1971年，韩国实施了经济开发计划，实现了经济增长率的提高，也加大了城市与农村间的收入差距。1960—1970年，工业增长率为9.6%，农业为3.5%，现在工业增长率为3%左右。其原因是资源匮乏，劳动力定价低，农产品价格也低。农民不满，导致农民背井离乡到城市务工。"贫穷的话，皇上也没办法"，这句韩国俗语反映了当时韩国农村的现状。

1970年，韩国总统朴正熙提出要改变农村贫困现象，他说："不要看别人，用自己双手改变现状，我们过得不好，不是命运不好，而是努力不够，农民应该联合起来，改变命运。"从此拉开了韩国新村建设的序幕。20世纪70年代（1971—1981的11年间）被称为"新村年代"，可分为三个阶段，即奠定基础（1971—1973年）、自主发展（1974—1976年）、完成自立（1977—1981年）。到1981年为止，全国的村庄基本实现自立，农户收入提高了3.3

倍。新村运动后，村容、村貌、村设施都发生了巨大变化。

从韩国新村建设的时间表可以看出，1953年以前，我国和韩国都经历了同一事件，都谈不上发展。20世纪60年代，在先工业后农业的经济发展方面也有许多相同点。之后，当20世纪80年代我国实行包产到户的农业生产责任制时，韩国的新村建设已经完成了。在这一点上，韩国人比我们早明白了10年到30年。

从韩国归来，总有一种"莫道君行早，自有早来人"的感慨。

2.起点高。"精神启发"在韩国新村建设中占有相当重要的位置，而且是整体战略的重要一环。把"精神启发"作为经济战略的重点，反映了新村建设倡导者和决策者高超的驾驭艺术和历史观，从而也拔高了战略的起点，赋予经济战略以艺术之美和文化生命，使战略有了灵魂，有了精神。

在新村运动中，为了提高事业的持续性和效率，为了解决政府财政能力有限的问题，为了确保"只要政府给予一点支援，有很多村民可以自己开展工作"，十分注意树立村民的主体意识和主动性，"如果没有村民的齐心协力，政府的支援也是于事无补的"。

自觉自助、勤劳自信与意志、协同协力就是实践新村运动的三大精神（行动纲领）。"精神启发"还包括新村精神生活化、勤俭节约、互相帮助、守法、守秩序等内容。比如，在共同的纪律约束下，村民形成了保护公共财产和设施的习惯，如遇大雨等自然灾害，村民就会自觉保护村社财产。以自律参与，确保开展事业的内部动力，成功地调动了大家的积极性。

这种从农村自立运动兴起的新村精神，发展为国家近代化运动，扩散成了国民运动。令人钦佩的是，新村建设成功了，"精神启发"也成功了，而且是"精神启发"的成功决定了新村建设的成功。

在我们的新农村建设中，在社会经济各个领域中，还真需要重塑自觉、重立勤劳、重振协同精神。

3.政策好。韩国的新村建设，完全是政府行为作用下的一种社会效果，并不是"经济社会发展到什么程度的必然产物"。1970年10月，政府给全国33267个村每个村免费提供335袋水泥，同时提了两个条件，一是村庄建设，一是鼓励开展十件事。虽然有的村不重视，水泥结块不能用了，但根据1971年分析结果显示，16600个村的建设获得成功。支援的41亿韩元，占全国财政收入的1%（当时韩国经济非常不好），但回报远远高于支援金额。第二年把第一年取得优秀成果的16600个村确定为优先支援的对象，对每个村额外支援500袋水泥、1吨钢筋。对居民积极参与建设的6108个村，加宽村口的道路，修房顶等。对居民不积极参与建设的村，由于村里的环境没得到改善，这些村庄提出了抗议，政府说："你自己不想改变现状，政府就不予支持。"他们也反省，说他们思想不对，要选一个好的带头人。农民有地出地，其他农民出力。通过这些措施，支援了33亿韩元，取得了316亿韩元的成果，产投比为9.6。第三年支援215亿韩元，收到了4.6倍的成果。

看似送水泥简单的一件事，膨大发酵出了多么大的政策效应！

一件实事调出了十件实事（开展村庄绿化，修路，修水坝，新建堆肥场，淘沙，维修并管理井，清理村庄周围环境，挖共同使用的井，选定共同洗衣服的场所，开展灭鼠活动）。一条政策调出了村领导的奉献、村民的斗志。

政策好，好就好在发挥出了膨大效应。

有一个现象值得一提，韩国老师在讲课时，为了形象地说明新村运动引发的变化，向我们展示了新村运动开展前后的许多比较照片。照片生动地表明，稻草的屋顶、破旧的围墙、泥泞的小路、脏乱的村庄、狼藉的小河都发生了翻天覆地的变化。

但非常有趣的是，这些变化都是在原址上的变化，村庄的大布局基本没变，村民的原居住点位置基本没变，甚至过去的那树那木亦然在原地生机勃发。虽然旧貌换新颜了，但老的格局依稀可辨。这种做法与我们的"路取直、房集中、推倒重来"的千人一面的新农村建设大相径庭。

这就使得我们的认识发生了一次飞跃：新村建设的要义是把旧村建成新村，而不是把旧村建成城市。建村要像村，要尊重和体现农村的千姿百态、生产生活、文化特点和村民个性。这就要求在政策的制定和执行上要拿捏得准，政策的膨大是事物内在规律的体现和运用，而不是热冷生熟、荤素不分的大烩菜。

我们的新农村建设，也是要把旧农村建成新农村，并不是要把旧农村建成城市，新农村建设不是城镇化。是城市还是乡村，是以产业和社会要素来区分的，并不是"人住在一起、猪圈在一起"就城镇化了。

政策好，好就好在有边际，好就好在执行中注意了边际。

政策和策略是党的生命！

二、韩国新村建设的三条经验

一是在发展动力上，形成了"改变贫穷的总统意志—行政激励—村民团结奋斗"的动力良性循环系统。韩国新村建设运动是由总统发起并领导的，体现的是国家意志和总统意志，但把意志要转变成行动，必须要有行政的强有力推动，这两条非常重要，缺一不可，但它仅仅是事业成功的前提和必要条件。核心的问题是，总统的意志符合了村民的意愿，行政措施激励和激发了村民的斗志，目标的高度一致和以激励为主的行政措施构成了发展动力的良性循环系统，从而保证了新村建设的极大成功。这一条值得我们对照和学习。

二是在发展战略上，形成了"改善环境—精神启发—提高收入"的科学的战略体系。在韩国的新村建设中，提高收入的愿望实现了。新村运动开展到1977年，城市人均经济收入140万元韩币，农村人均经济收入143万元韩币。1972年，贫穷的村庄占53%，通过政府支援可以自助发展的村庄占40%，可以自我发展的村庄只占7%，而到1979年，这三个百分比分别是0、3%、97%。令人兴奋的是，收入的提高并没有以环境为代价，而是环境明显改善。1982年联合国粮农组织称"韩国是唯一在山林绿化事业上取得成功的发展中国家"。更令人兴奋的是，收入的提高也没有以牺牲社会道德为代价，不是为富不仁，而是新村建设是以精神改革为基础的经济发展。一石三鸟，足见战略的科学和完美，这一条也值得我们思考和学习。

三是在战术措施上，形成了"政府主导—激发自主心态—全体参与"的网络化战术结构。韩国人引以为豪的一条经验是：新村运动的核心是村民的主动性。我们知道，一个原子只有原子核、一个细胞只有细胞核是远远不够的。同理，韩国新村建设不但有核心，同时还具备组成这个原子或者细胞的所有物质和结构，这就是"政府主导、全社会全体参与"，由此组成了韩国新村建设的网络化战术结构。我们常说，要把实事做好，把好事做实，指的就是战术问题，战术问题也是最头痛的问题。由此看来，韩国的这条经验也值得我们参考和学习。

上述三条经验是韩国新村建设的三个层面，它就像一座大厦那样，分层看，层内分工合理，自成体系，综合看，层间有一个共同的支柱强有力地支撑和联系着大厦。这个支柱就是"三个近义词"——村民团结奋斗、精神启发、激发自主心态。

看见了支柱，不一定了解支柱。了解了支柱，就会大吃一惊：啊，原来经济建设的支柱是精神！

三、韩国新村建设的三点启示

1.对观光农业的做法不能简单地照抄照搬。观光农业虽然也需要大量的科学技术，但在总体上是保护传统、保护历史，追求的是美元韩币而不是动植物产量。韩国的观光农业已经很发达了，在韩国大量发展观光农业是行得通的，因为韩国是资本主义国家，全世界的资本主义国家通用一个法则，它缺少的物资可以通过国际贸易无歧视地进口。同时，韩国又是个5000万人口的小国，它的农业增增减减不会影响全球凉热。

近几年，我国也提出了开发农业多功能和农业农村观光的命题，好些地方已经大张旗鼓地做起来了。这是一个新的发展方向，应当鼓励，但绝不能盲从，要正确引导，科学规划和布局。因为，我国的主要农产品一旦翻跟头，地球就要发抖，主要农产品不能自给，世界就要发慌。18亿亩耕地就是要以粮为主，非粮可用耕地非常有限。

所以说，在"要粮食、要产量"的前提下，中国的观光农业只能是在严格规划下的适度发展，韩国的做法只能借鉴吸收，绝不能简单地照抄照搬。

2.对归农归村的做法要引起高度关注。韩国现在兴起一种归农归村热潮，原因很多，不乏向往田园生活的悠闲，但最主要的原因还是农村缺乏人口和劳动力。新村建设前，60%的人口在农村居住，现在只有18%，从事农业生产的人口只有8.6%，另有一说是18%，而65岁以上高龄化的占20.9%。为归农归村，政府想了许多办法，2000年以前是完善农村硬件条件，改善农村生活环境。2000年以后着力把农村建成"综合定居空间"，将农村打造成生活园地、工作园地、休闲园地为一体的多功能空间，为城里人到农村去创造条件。这些政策已经在发挥作用，很多人退休后返村归农。朝鲜战争前后出生的170万人，2010—2018年刚好要退休，许多人也要把家搬到农村去。

韩国的这种现象恰巧是"三十年河东，三十年河西"，20世纪50年代到70年代的30年，农村人向城里进，20世纪80年代到21世纪00年代的30年，城里人到农村去。给这种现象可以赋予几箩筐的溢美之词，事实上就很美，乡进城是从贫穷走向富裕，城进乡是从富裕走向美好，这与人性的内需规律完全吻合。

这里要提的疑问是，假如从产业结构和资本运作成本的层面上分析，这算不算顶层设计的一点失误呢？如果当年的设计更有预见性，把工农产业结构和城市农村的人口比例结构设计得更合理些，就可以避免60年间的大进大出，单就节约的资本运营成本都是天文数字。更要提的疑问是，今后60年还会再来一次这样的大循环吗？假如还会，就这样不间断地循环往复周而复始吗？

我国正在做城市文章，13亿人口如果这般流动，那绝不是美好，肯定是灾难。所以说，韩国的这种现象很值得我们高度关注和研究。

3.对政府主导投入农业科研的做法要认真学习和借鉴。在韩国，我们考察了唐津市的农业技术中心、水原市的农村振兴厅和国立园艺特作科学园，了解了新品种研究开发、农业技术推广和农村人才教育方面的情况。在科研策略上，韩国人十分重视自研自育的品种，很少或不用国外品种，科研的自我保护非常严格。在科研的目标上，品质第一，不苛求产量。在技术推广上，高度重视绿色生产清洁生产的技术研究和应用，很少使用化肥和农药。在科研建设方面，基础设施和科研设备的建设是以满足科研开发为目的的按需建设，既不是简陋落后的短缺型，也不是高端配置的奢华型。在科研的主体上，都是政府主导性投入，科研的运行也是按科研规律以立项为前提，以成果为核心的。

韩国重视农业科研的做法，我们应当认真学习和借鉴，一要真正认识科研创新是国家、民族（包括一市一县）生存发展的原动力，没有科研创新就没有生命力，科研创新就不足，生命就不强。二要在认识的基础上加强政府主导性投入，看了韩国，使我们再一次验证了一个做法：科研成果都是在美元堆中拣出来的，科研都是政府手中的王牌，不会有哪一个发达国家把科研无度地推向市场，任其自生自灭。

222

6月7日　　胡麻油与"状元县"

2015年　星期日　农历四月廿一　乙未年　【羊年】

2016年　星期二　农历五月初三　丙申年　【猴年】

2017年　星期三　农历五月十三　丁酉年　【鸡年】

2017年6月7日，全市晴转多云有阵雨，气温11~24℃。

今天是全国高考日,刘川的胡麻进入盛花期。刘万景在2016年当天的日记中写道:"今年我的大姑娘参加高考。上午10点,小王（白银市农科所的王红梅）带着地温计,到胡麻地插好,我们一同看了豆苗（豌豆苗）、胡麻苗,观察完已经12点了,我就回家了。下午观察完胡麻就4点多了,我抓紧给豌豆苗打了4壶农药。"

农民和城里人对待高考有很大差异。作为妈妈的刘万景,依然是该干吗干吗,态度很平静,心情很淡定。

在白银市区,却有不同。家长们成群结队,护送的,等待的,不一而足,成了一道独特的高考风景线。

近年来在胡麻界,在胡麻主产县的会宁县,有一个把胡麻与高考紧密联系起来的故事在流传,说的是会宁高考状元县与胡麻α-亚麻酸的关系。

会宁是全国著名的教育强县,"状元故里、博士之乡"。自1977年恢复高考至今,拥有58万人口的会宁县,共考取博士200多人、硕士1000多人、学士1万多人、各类大中专院校3万多人。33个乡镇,平均每个乡镇出了7位博士、30位硕士和300位学士。明清两代,会宁共考取进士20名,举人113名,居甘肃全省各县之首。

有人把这种"会宁现象"总结成"三苦精神":学生苦学,老师苦教,家长苦供。后来有人用"乐"字置换了"苦"字,变成了"学生乐学,老师乐教,家长乐供"。大约是有心人觉得"三乐"还不够深刻和逻辑吧,于是近年来又有了胡麻油与高考状元的新说法,意在从食物结构方面说明胡麻油与状元县的必然性。

在会宁,无论城镇还是乡村,家家户户吃的基本上都是胡麻籽油,杂粮、羊肉、猪肉、亚麻油是会宁人经常吃的食物。

亚麻油中富含 ω-3 脂肪酸！ω-3 脂肪酸具有增强智力、提高记忆力、保护视力和改善睡眠等功能，在脑发育过程中被公认为具有重要意义。

α-亚麻酸分解后产生 DHA 和 EPA，而 DHA 正是大脑的重要构成成分！α-亚麻酸还含有锌、维生素 A、维生素 E 等。在陆地上，亚麻籽油的亚麻酸含量最高，高达 57%，没有比亚麻油更补脑的食物了。

状元县是客观事实，胡麻油的特殊成分也是现实存在。巧的是两者出现在了同一个地方，这就使得某些学者"有话要说"——会宁虽贫困，但由于吃的是胡麻油，所以会宁人大脑所需要的营养元素却一样也不缺乏，而且几乎有点奢侈。

至此，就从根本上把胡麻油与高考状元做了焊接与捆绑。

当然，说者可能也是吃过胡麻油的，也很聪明，当论证了胡麻油与状元县的必然性后也不忘留下"活口"，进而说道：

"会宁现象"与饮食的关系究竟有多大？有待于进一步的科学论证。不过，饮食营养对大脑发育、对智力发展的影响是确定无疑的。

有一年，在一个会上，听大家讲了胡麻油对人体的种种好处，轮到我发言时，我也即兴讲了我与胡麻油的故事。

我说：年龄大了，免不了会有回忆，回忆当中最多的是问号，一个是几十年工作为什么少有成效，第二个是为什么还小有成就。

我说：相当困惑自己的这两个问题，今天听了专家的讲解，我好像明白了不少，原来都与胡麻密切相关。

我说：专家讲三岁前是人生健脑关键期，而 α-亚麻酸是健脑第一神品。我的三岁健脑期正是 1960 年前后的三年困难时期，那时候能活下来就很邪乎了，哪还有胡麻油？原来几十年少有成就，少就少在缺少胡麻油，笨就笨在三岁健脑不足。人生多苦恼，归根到底还在自己"笨"。

我说：有意思的是，三年困难时期，许多人都是靠吃胡麻衣（碾碎磨细过筛后的胡麻果壳、叶片等，以果壳为主）活过来的。胡麻籽粒中富含 α-亚麻酸，果壳中不可能一点没有，只要有，多少都为健脑所用，这就是为什么还小有成就的道理……

写这篇的初衷是，别把状元县与胡麻油捆绑了，各说各话也很好，但写着写着我好像也自觉不自觉地把自己与胡麻联系在了一起。也罢，人在世界上就是与食物紧密联系的，联系是肯定的，绝对的。关键是要把这种联系客观地表达出来，并不容易。

6月8日　　地膜胡麻的特点

2015年　星期一　农历四月廿二　乙未年　【羊年】
2016年　星期三　农历五月初四　丙申年　【猴年】
2017年　星期四　农历五月十四　丁酉年　【鸡年】

2017年6月8日，今天全市晴转多云，气温10~26℃。

灌区胡麻还在盛花期，用赵生军的话说："胡麻小花开满整块地，蓝得像大海，蓝得像天空。"

昨天刘川胡麻基地遭遇短暂强风大雨袭击，张亚2号约有30%的植株发生倾斜，其他品种基本正常。刘川基地张亚2号初发白粉病。

胡麻开花期是观察胡麻生育进程的最明显期，远远看过去，山塬沟坝星罗棋布的胡麻田，有的开花了，一片蓝花花，有的还绿茵茵一片，摇着头在苦苦盼望着开花。进入花期的迟早有众多因素，品种的不同、播期的不同、土壤条件不同、栽培措施不同等，无法一概而论。就地膜胡麻而言，要比露地胡麻早一个星期开花。

地膜胡麻在白银地区有8万亩左右，基本都在旧膜上种植。一次覆膜多年使用，节本增效、保墒抗旱，成为白银市胡麻栽培的一大亮点。

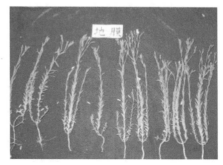

地膜胡麻栽培有五个基本特点：

一是茬口基本固定。地膜胡麻的茬口是玉米，没有选择的空间。由此提出的问题是：胡麻施肥既要考虑土壤肥力、自身需肥特点，也要考虑与玉米的营养平衡。

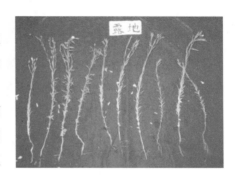

二是轮作方式基本固定。一种是两年轮作制，头茬新膜玉米→二茬旧膜胡麻；另一种是三年轮作制，头茬新膜玉

米→二茬旧膜玉米→三茬旧膜胡麻。当前生产上主要是三年轮作制。由此提出的问题是：地膜胡麻是对耕作栽培制度的改革，不论做地膜玉米还是地膜胡麻，都要通盘考虑三年，形成专家栽培系统，而不是单纯的种胡麻。

三是带幅基本固定。水地玉米普遍采用120cm宽的地膜，垄面宽100cm，垄间宽40cm，总带幅140cm。而胡麻播种无论二茬膜还是三茬膜，膜上膜下全播种。由此提出的问题是：覆盖地和露地通播，耕作地和间歇地通播，保水效能和肥力差异极大。现在大多数的是全膜覆盖地，地力都比较一致。

四是覆膜地保护是核心。一覆多年用，使许多传统耕作措施省略或简单化。而对覆膜地的周年保护成了这项栽培制度的核心。一组粗略的数据表明，地膜破损率在9%~16%时，耕层土壤含水量减少0.6%~8.2%。

五是二茬三茬基肥施入难度大。地膜覆盖后，氮肥可在灌水或降雨过程中追施，有机肥和磷肥基本无法施入。由此带来的问题是：不但影响当年作物产量，而是长远影响地力培肥。

在这五个基本特点和技术关键中，最难解决的就是基肥施入问题，在具体施肥方法和措施上，到目前我们还没有研究出一种比较理想的方法。农民要么不施肥，做成绝对的"节本"栽培，要么乱施肥，冬季用生粪压膜。我们打算从2018年起，做些探讨，寻找方便施肥且利用率高的地膜胡麻基肥和追肥施用方法，把这项技术在实际操作方面重新推广一把。

6月9日　　地膜胡麻栽培

2015年　星期二　农历四月廿三　乙未年　【羊年】

2016年　星期四　农历五月初五　丙申年　【猴年】

2017年　星期五　农历五月十五　丁酉年　【鸡年】

2017年6月9日，全市大部分地区小到中雨。

去年的今天是端午节，平川的老李和孩子们一起过节，包粽子、吃甜胚子，还带着孩子们去看胡麻花。孩子们就像放飞了的小鸟，在胡麻田埂上窜来窜去，爷爷孙子乐翻了天。

刘川的刘万景从地里回来后，说："胡麻长得挺凶的，今天下雨胡麻倒伏了，不过不要紧，才开花呢，明天太阳一晒就起来了。"

现在越来越感到写日记是件挺好的事，有点闲暇翻翻过去，与展望未来同样有意思。

2015年的今天，我们团队的马海灵、王红梅在刘川观察胡麻，给农民发了农药。李雨阳、俞华林在平川做胡麻和同期播种玉米的观察记录，并向示范户第二次发农药。

党家岘今年的胡麻有个特殊情况：由于黑绒金龟子的来势猛、危害重，造成了一定损失。部分胡麻主茎受害不能生长，分茎反而成了主要生长基，长势挺好。老百姓对地膜胡麻赞不绝口，王新民说："老百姓说从来没见过这样凶的胡麻！"地膜胡麻的好处的确被农民深深地认识到了。

地膜胡麻栽培要把握好以下几个技术要点：

1.安排轮作。白银地区地膜胡麻轮作倒茬的方式是：新膜栽培玉米，二茬膜可以是玉米或胡麻，但三茬膜必须是胡麻，胡麻收后揭膜整地开始新一轮三年轮作。

2.保护地膜。在整个农事活动中，要防止踩、划、戳破地膜。在农事活动结束后，常采用在旧膜破损处覆土、覆粪，或全膜覆土、全膜盖草、引洪漫淤等保护措施。

3.采用穴播。地膜胡麻用穴播机播种，穴播机要匀速前进，防止播种过

深或损伤地膜。

4.适期播种。白银市露地胡麻传统的播种时间，中北部地区是3月25日前后，南部地区是3月底至4月初，地膜胡麻相应地提前一周播种。

5.播深适宜。黏性土壤和墒情较好的地块，播种深度为2~3cm；沙质土壤和墒情较差的地块，播种深度是3~4cm。

6.密度适宜。播种密度为每亩55万粒左右。

7.施肥方法。地膜胡麻常用的施肥方法有以下几种：

（1）隔年基肥：在第一茬覆膜种植玉米时，为隔年种植玉米或胡麻留足底肥，每亩施有机肥5000kg、普通过磷酸钙50~75kg，尿素的施入量根据当年种植需求而定。

（2）追肥：灌水便利的地区，一般在胡麻枞形期、现蕾期和盛花期视情况追肥一次，追尿素13~14kg，不保灌区随降雨情况确定。

（3）叶面喷施：每亩用磷酸二氢钾100~200g加尿素250g，兑水20kg，进行叶面喷施，全生育期共喷1~2次。

8.灌水次数。现蕾期灌第一次水，盛花期前灌第二次水，以后视缺水程度及供水条件灌第三次水，最多不能超过四次。

9.田间管理：

（1）除草：用自制的小钩铲除草效果好。

（2）及时防治病虫害。

（3）适时收割：胡麻上部叶片变黄，茎秆及75%的蒴果变黄、种子变硬时即可收获。

6月10日　　　白银农业科研的特色

2015年　　星期三　　农历四月廿四　　乙未年　【羊年】

2016年　　星期五　　农历五月初六　　丙申年　【猴年】

2017年　　星期六　　农历五月十六　　丁酉年　【鸡年】

2017年6月10日，全市晴间多云，气温9~25℃。

党家岘地膜地下午4点10cm土层地温19℃，西王地膜地27℃，刘川22℃。大山川露地胡麻株高15cm，地膜地胡麻株高22cm，刘川露地胡麻株高66cm。

今天南北水旱两地的基地发出的是截然不同的声音。

在最南端的会宁县华家岭山麓，王新民说："今天晴转多云，阳光不好，沉闷无新鲜的味道，对农作物的生长有一定的影响，对花季的作物非常不利。不过胡麻正处于营养生长期，对湿润的气候较适宜，如在生殖生长开花期就有些不好。农谚说'农民要吃油，伏里晒日头'，开花期如果遇上这种天气，那就有一定的不利。"

这里反映的是一个有经验的老农的顾虑和担心。

处在白银中部的平川的老李今天很自信，他说："今天是一个大晴天，到胡麻地里去观察地温，胡麻长势很好，无死苗，无虫害，如果这天气好好的，再有20多天就可以收胡麻了。"

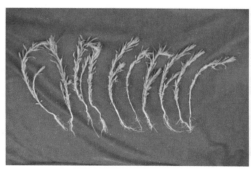

平川胡麻是种得早收得早，对自然禀赋我们应当好好利用。平川区以北的地区（包括白银区，靖远的部分地方以及景泰县）是比较典型的一季有余两季不足区。这个"有余"和"不足"恰好是白银农业科研的平台所在，农业科研就是要利用好"有余"，弥补好"不足"。

针对白银的自然禀赋，我们确立的白银农业科研的三大目标是：培养白银农业科学家、打造白银农业技术孵化器、为白银农业发展提供技术支撑。

白银农业科研的主要任务是：依托甘肃黄河流域生态区开展农业新品种、新技术、新成果的科学研究。

白银农业科研的特色：是针对年降水250毫米的科研，属最"旱"的科研；是针对无霜期140天的科研，属最"短"的科研；是针对旱区占2/3的科研，属最"大"的科研；是针对五谷杂粮的科研，属最"杂"的科研。

建所以来，得到了政府和有关部门的大力支持，1992年所机关由靖远城郊迁至市区，1995年新建了实验楼，1998年在农业部的重点支持下建设了实验室，2008年起得到了国家农业产业技术体系建设的持续支持，2015年得到了农业部基地建设项目支持。

市农科所有研究员3人，副高职称13人，中级职称21人，研究生6人，中共党员24人。省委省政府顾问团顾问1人，国务院政府特殊津贴专家1名，省优专家2名，省555人才工程第二层次人选2人，省领军人才第二层次人选1人，陇原青年创新人才2人，市级创新带头人2人，市"215"人才工程5人，市农业科研首席专家1人。

长期以来，以深化"五个认识"为着眼点，保持了农业科研的生命力：一是不断深化对农业科研历史地位的认识，努力树立农业最终靠科技解决问题的主体自信。二是不断深化对科研人员历史作用的认识，努力提振科学家的职业自信。三是不断深化对农业科研领域的认识，努力建立大农业深层次的科研观点。四是不断深化对农业科研方法的认识，努力增强不断创新、永远创新的意识。五是不断深化对科研目标的认识，努力把出成果与产业化密切联系起来、结合起来。

6月11日　　胡麻油拌蒸洋芋

2015年　　星期四　　农历四月廿五　　乙未年　　【羊年】

2016年　　星期六　　农历五月初七　　丙申年　　【猴年】

2017年　　星期日　　农历五月十七　　丁酉年　　【鸡年】

2017年6月11日，今天全市多云间阴，气温15~27℃。

大山川地膜地下午4点10cm土层地温25℃，露地22℃，西王地膜地30℃，刘川露地23℃，平川吊沟砂田25℃，露地23℃。

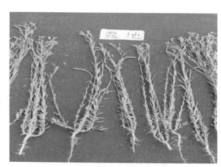

处在华家岭山上的王新民在喊闷，而平川的老李却说今天比较凉一些，真是生活环境影响人对自然的感知。

胡麻和它的主产品胡麻油一样与西北人的生活紧密相连，不离不弃。我曾把胡麻油比喻为小康生活的"标志"，一个家庭纵然大米白面满仓，也只能算得个解决了温饱，一旦有了油，情况则完全不同了，就会变得"小康起来"。农村生活不能没有米、没有面，这是主食，但没有食用脂肪，食物就会变得索然无味，人也会变得无精打采。有一年我在党校讲课，我说不要责备上课不专心听讲或出出进进不安分的人，这些人不是思想有问题，而是食物出了问题，要么是长期吃化学污染的食物，要么是近期进食脂肪偏少。

对于这一点，现在中年以上的人都有最切身的体会。六七十年代，生产队给每家每户就分那么几小酒瓶油，许多农民家庭连一顿油饼和油馍

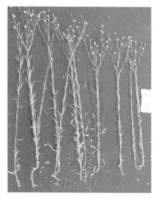

馍都舍不得吃，留着滋滋锅，打打面气。

那时候大家都在生产队干活，明知活里牵挂着自己的生存，但还是不好好干，能忽悠则忽悠。过去叫思想不好，现在看，很可能是大脑缺少α-亚麻酸。

那时候，谁家锅里炼点尖尖的胡麻油和葱花，全庄人都很受用，可惜这样的机会很少，也只有节节令令和过年的时候会有此"祥瑞"。

小孩子家放学早，回到家里，偷偷地用杂粮面馍馍蘸点生胡麻油，一口下去那可是能香个祖祖辈辈。

胡麻油的吃法很多，难以尽述，我发明的一种吃法在此可值得一提，那就是生胡麻油拌着蒸洋芋吃。

刚刚蒸出的洋芋热得烫手，皮裂得很花，面蒸得很散，一触即化。把蒸洋芋放到碗里用小勺子捣碎，乘着热气腾腾时浇上生胡麻油，再用小勺搅拌，使生胡麻油在洋芋的高温下熟化。胡麻油要适量，浇的时候也不能"一根筋"地往一处浇，而要慢慢绕动油嘴，细细地、比较均匀地浇在洋芋上，力争全覆盖。

浇完油的油嘴上会有小小的油滴，既回不去又一时半会掉不下来。怎么办？我发现这是个"世界级的难题"。我曾做过多少次的试验和研究，最开始用舌头舔，虽然舔得净，但后来发现舔油有两大问题：首先是听人说用舌头舔不卫生，不是对舌头不卫生，而是对油嘴不卫生；其次是有点不安全，那次是用一个敞口的器皿盛油，当扬起滴油的这面去舔的时候，滴油的那面油却泼了出去。呵呵，这些都是闲话。

往被胡麻油拌过的蒸洋芋里再加些食盐、花椒粉、辣子油搅拌均匀后即可食用。哪个可口，真是金不换。

我的这种吃法曾引起众多胡麻油食客的质疑，他们认为，没有经过热锅的煎熬，胡麻油就不会太熟，不太熟的胡麻油就是生油，生油吃起来就自然不好。最早的时候，我没办法反驳他们，但就觉得那样吃好，长此以来还是热洋芋拌冷胡麻油吃。

现在我自然有理由了，胡麻油里最耍人的就是α-亚麻酸，而高温煎熬后的胡麻油α-亚麻酸的丢失太多，多得无法挽回。

科学可能将证明，我的吃法是对的！

6月12日　　发育阶段

2015年　星期五　农历四月廿六　乙未年　【羊年】

2016年　星期日　农历五月初八　丙申年　【猴年】

2017年　星期一　农历五月十八　丁酉年　【鸡年】

2017年6月12日，今天全市晴间多云，气温13~27℃。

这几天主要是注意蚜虫和潜叶蝇的发生情况，适时打药。

胡麻要经过春化阶段和光照阶段两个发育阶段。

当胡麻种子在土壤里吸收种子重量42%的水分时开始萌发，进入春化阶段，时间一般为10~15天，早播的胡麻在出苗前已通过了春化阶段。胡麻春化阶段要求的温度是0~4℃，这就是前面我们一再提倡胡麻早播的理论根据。如果推迟播种，当土壤温度在8~12℃时则需要24~32天通过春化阶段。播期应以土壤温度不超过12℃为宜。

胡麻的光照阶段为花蕾开始分化到花蕾出现阶段。光照阶段占胡麻生育期的1/4~1/3，日照越长光照阶段通过越快，在光照阶段日照不能少于每天8小时，低于这个数值就不能通过光照阶段，胡麻只能增加分枝、分茎，茎叶繁茂而不能开花现蕾。因此胡麻适期早播，在低温下延长光照时间，使营养体生长好、分枝多，有利于高产。

光照阶段的快慢与温度有关，油用亚麻适宜的温度17~22℃，这也就是胡麻为什么喜欢冷凉的原因所在。土壤干旱也能加快光照阶段，光照阶段的长短决定生育期的长短。通过光照阶段也要求长日照，日照越长产量越高。

在阶段发育前期（进入光照阶段之前），胡麻地下部分生长快，地上部分生长慢。光照阶段完成后，则地下部分生长慢，地上部分生长快。

胡麻的生育期从出苗到成熟需要80~130天，分幼苗、现蕾、开花、结果、成熟几个时期。

幼苗期种子萌动出苗，发芽最低温度1~3℃，播种最适土壤温度8~10℃，温度太低容易造成缺苗，播种到出苗10~15天。子叶期不耐冻，如遇−5~6℃的低温，根易冻死。当子叶变绿后抗寒力变强，能抗−3℃的低温。特别是有两对真叶时，能抗−5℃的低温。农谚就有"半寸胡麻不怕冻"之说。这也是提倡早播的依据。

枞形期是指株高5~10cm、有3~5对真叶的时期，每天茎伸长0.1~0.2cm，地下部分生长快。枞形期前后开始分茎，分茎多少和有效分茎决定于水肥条件和种植密度。

现蕾期是枞形期末期到开花初期，光照阶段已经通过，生长非常迅速，营养生长与生殖生长双旺，茎秆伸长很快，每天伸长2~3cm，也叫快速生长期。这个时期需要肥水最多，田间最大持水量60%为好，不能低于40%，否则植株矮小，分枝减少，从而减产。这段时期水地要保证水肥，旱地要勤除保墒。

开花结果期在出苗后50~60天。胡麻是自花授粉作物，无限花序，每天早晨6点钟开花，8—9点授粉强度最高，一般中午12点后花瓣脱落。开花顺序是从主茎顶端由上而下，由内向外。花期长短与品种、营养条件、种植密度有关，一般15~25天，多雨年份花期超过25天。开花期对水肥要求很迫切，以最大田间持水量80%为宜。

种子形成期决定胡麻产量和含油量，种子发育的前10天含油量低，11~25天含油量增加最快，之后又逐渐减慢。种子形成30天含油量达90%以上。

开花到成熟期40~50天，田间最大持水量保持在40%~60%，过大会使胡麻贪青晚熟。这就是农谚说的"要吃胡麻油，伏里晒日头"。

6月13日　　人在公交

2015年　　星期六　　农历四月廿七　　乙未年　　【羊年】

2016年　　星期一　　农历五月初九　　丙申年　　【猴年】

2017年　　星期二　　农历五月十九　　丁酉年　　【鸡年】

2017年6月13日，今天晴转多云，气温10~25℃。

今天有闲，坐公交车到书店里浏览了一阵。在车上，我自己一边感受着公交，一边看着急匆匆上上下下的乘客，勾起许多坐公交车的片断，记录如下：

人们习惯把乘公交车叫坐公交，假如较起真来，多少是有点夸张的，应该叫挤公交、站公交才对。

挤公交是后浪推前浪，一个有"涵养"的挤公交者，当自己上车时，早已把别人推上了车。

我总是看着大家都挤上去了，才最后上车，也算是有点"涵养"了。但这并不讨好，往往还挨师傅一顿训：往里走往里走，别站车门口！

上了公交车，八成儿都得站着。无论站着还是坐着，只要是针对公交车而言，都不像挤公交那样痛快和单纯，站有站的尴尬，坐有坐的纠结。

高峰期站公交的人很多，都是人挤着人脚挨着脚。车在颠簸中做非匀速非直线运动，车上的人自然会出现相应的惯性运动。如此，踩脚就成了站公交最普遍的事。

踩脚不畏鞋子的好坏，专爱挑脚的模样子。夏天，男人蒲扇大的脚就爱踩女孩子的脚丫子。踩痛了怎么办？说声"对不起"呗，还能怎么办！

但也有个别人是不依不饶，一边跟着车晃荡一边斗嘴。斗嘴一二就开骂，骂声中自然就有双方长辈出现。每当出现爷爷辈时，总会有好心人出来相劝，但有时好心人也会把自己搭进去。

除了踩脚，就是挤着了挨着了。大夏天的，人们衣着单薄，谁挤着谁都不好受，一旦挨上，等于热线接通，热量瞬间传导。人体又是热的不良导体，热量在局地骤然升起，不难受才怪。单纯的传导也就罢了，复杂的是，在物理传导过程中还绑架了道德。而男士往往处于道德的底层。

男士站公交，当四面都被人挨着的时候，最君子的方法是力争把正面对着另一个男士，双手抓住车子上方的杠子。但裤子上有兜，左面装着钱右面装着卡，两个斜裤兜里装着好烟和手机。天知道被人挨着是个什么情况，万一遇上小偷小摸呢？故而，男士站公交总是半个君子半个小人。

所谓半君子半小人，就是男士们一般都是一只手吊在杠子上，而另一只手坠在下面，越是拥挤越是这样。上面的一只手算是君子，下面的一只手也并非小人，而是用来保护裤兜防"小人"的。

自己关照自己没有错，车上的广播都说"高峰人多拥挤，请保管好自己的贵重物品"。可要紧的是，坠在下面的那只手，碰到女士呢？敏感了、碰疼了，就尴尬了。单纯尴尬也还好说，万一对方要论个理儿呢，"惹臊度"可就立马飙升了。

公交车上最热闹的是学生，"呼啦"一窝蜂上车，"哗啦"潮水般在车厢里涌动。虽然拥挤不堪，但他们在人群里追逐嬉闹，异常灵动。学校的一树一花，老师的一言一行，同学的一举一动，都是极具趣味的谈资和笑料。憋了半天的他们，在这里才真正轻松了一把。

站公交尴尬，坐公交也不轻松，除了老弱病残等"资深"坐公交者，其他人都要经受让座的心理考验和纠结。

忙了一整天，有个座位坐下，刚要长吁一口气，就见颤巍巍上来个"资深"坐公交者。让嘛，自己太累；不让嘛，招道德谴责。绝大多数的80后、90后、00后都选择了"让"。但也有的扭头直看窗外，或低头玩着手机。

前不久的一次，我在公交车上刚抓住杠子站稳，就有一小青年"呼啦"站起来让座，使我不好意思了老半天。从那以后，在公交车上我都是避开座位站着，或者不看坐着的人，就是有人让座也是坚持不坐。

只要能站得住，我不主张"倚老卖老"等人让座，也从不难为有座的年轻人。五六十年代的我们，已安居乐业，衣食无忧，唯独的缺点就是坐的时间多、站的时间少，好不容易遇上个站的机会，还是不要轻易放弃得好。

80年代以后的年轻人，是真正走向社会的一代，穿着前卫，塞着耳机，玩着苹果，趿拉着凉拖，行色匆匆，东奔西走，给城市一抹亮色。哪里有他们，那里就充满活力。

可年轻人压力之大，前所未有。爬出了书山，又陷进了车子房子票子的绵延大山。我们是有多少钱办多少事，没钱双肩一耸了事。他们是没钱也得办有钱人的事，大件消费一样不能少，小件消费一样少不了。看不完的脸色，仰不完的鼻息，好不容易有个公交座平等一下，作为父辈的我们，实在没有必要去打搅他们。

年轻人要闯荡社会，可除了那青春，一无所依，多像一株胡麻。

一株胡麻，除了那摇摇曳曳的身姿，也是一无所有，可它要与大树、玉米一样面对同样的风雨雷电，多像年轻人！

6月14日　　对策和建议

2015年　星期日　农历四月廿八　乙未年　【羊年】
2016年　星期二　农历五月初十　丙申年　【猴年】
2017年　星期三　农历五月二十　丁酉年　【鸡年】

2017年6月14日，全市多云转阴，气温14~23℃。

水地胡麻株高73~78cm，已经进入盛花后期，株高基本定型。胡麻基部进不了阳光，基部茎秆有2~3cm的叶片开始枯黄。

农业部农村经济研究中心的许国栋和张雯丽研究员在宏观方面对胡麻产业有诸多研究，就促进我国胡麻产业发展为本书撰写了专稿：

近十年来，我国胡麻生产稳中有增，2016年以来年产量维持在40万吨左右。受资源禀赋、区域气候等影响，胡麻优势生产区主要以西北、华北北部为主。甘肃、内蒙古、山西、宁夏、河北、新疆是我国六大胡麻主产区，面积累计占全国胡麻总面积的97.6%。随着国内经济稳步增长、人均收入水平不断提升，消费者对优质、多元化食用植物油以及功能性食品的需求不断增加。胡麻籽富含α-亚麻酸和木酚素等功能性成分，是天然功能性健康油脂以及保健食品的优质原料来源。在消费结构升级背景下，我国胡麻消费有

望继续保持快速增加趋势，未来产业发展潜力巨大。

当前胡麻产业发展仍存在较多短板：一是胡麻生产产业化水平较低。胡麻生产主体是农户，家庭农场、专业合作社以及新型经营主体较少，生产分散，种植标准不一，难以形成规模化原料基地，胡麻的商品化率相对较低。二是胡麻产品深加工发展滞后。由于胡麻深加工开发起步较晚，并受市场准入门槛限制，我国胡麻加工仍以油脂生产为主，产品结构单一，深加工产品（如胡麻胶、木酚素及α亚麻酸提取、胡麻籽保健食品等）开发极为有限。三是国产胡麻竞争力总体偏低。突出表现在国产胡麻价格与国际市场持续倒挂，内外价差巨大，近年来价差最大时接近700元/吨。加工企业对进口胡麻籽的偏好和需求不断增加，2010—2016年，我国胡麻籽年进口量从21.84万吨增加至47.47万吨，增幅达117.4%，胡麻籽油的进口规模显著增加。

促进胡麻产业可持续发展，有利于满足群众对优质油脂和功能性保健产品日益增长的消费需求，有利于带动西北少数民族地区经济发展和农民脱贫致富，有利于优化我国食用植物油供给结构，有利于提高食用油供给安全保障水平。

一是提高胡麻生产效率。加快胡麻高产、高抗品种研发和推广，采取良种良法、农机农艺相结合，显著提高胡麻单产水平。加快胡麻生产优势区建设，推动胡麻种植集约化和适度规模化。加快胡麻主要病虫草无公害防控药剂减量保效技术研发与推广，确保胡麻的生产安全和产品安全。积极利用地理标志、原产地、绿色产品等助力地区胡麻生产发展，打造一批优质特色油料胡麻原料基地。

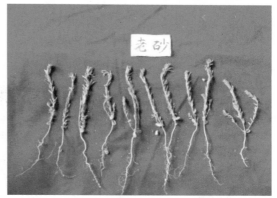

二是促进胡麻加工业发展。引导和支持胡麻加工企业改造升级加工设备和加工工艺，提高胡麻产品品质。培育一批胡麻加工龙头企业，引领和带动胡麻深加工产品研发，实现油用、食用、药用、保健等多功能开发，进一步延伸胡麻产业链，提升产业综合竞争力。加强胡麻产业品牌建设，扩大胡麻产品市场影响力。

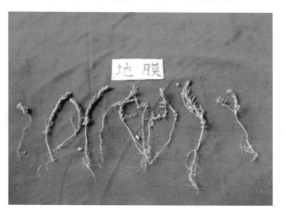

三是培育成熟的消费市场和消费群体。加大中国居民食用植物油健康消费引导和宣传力度，让消费者形成科学健康的食用植物油消费观念。向消费者普及胡麻原料功能性成分、胡麻油脂以及加工产品的营养和保健功能知识，减少市场信息不对称造成的错误消费观念。

四是鼓励三产融合。鼓励胡麻加工企业和农民专业合作社采取"企业+合作社+基地"的生产经营模式，共建利益和风险分担机制，打造生产加工联合体。引导胡麻加工企业借助互联网构建营销"新渠道"，扩大消费"新对象"，发展"新市场"，鼓励企业通过电商、微商、实体店等新兴营销渠道宣传和销售胡麻加工产品，提升胡麻产业综合竞争力。

6月15日　　信任

2015年　　星期一　农历四月廿九　乙未年　【羊年】

2016年　　星期三　农历五月十一　丙申年　【猴年】

2017年　　星期四　农历五月廿一　丁酉年　【鸡年】

2017年6月15日，全市晴转多云，局部地方有雷阵雨。

2015年的今天，刘川的刘小娥在日记中写道："早上起来和老太爷去地里拦胡麻，拦了一行时，把豌豆全部吊起来又压在了中间，农民们都说这样不行，豌豆这样卧倒会减产的，根本不能这样拦，我们就停止拦了。下午邻居跑上来让我去称铁丝拦豌豆（是给菜豌豆搭架用），我让他们自己去买，你称多少铁丝就多少，何必让我监督？做人要诚实，做出的事对得起别人，还要对得起自己。"

她所说的监督，是因为我们承诺试验户购买的铁丝算我们账上，农民清楚地知道铁丝公家报销，要报销的东西在购买和使用时必须有人监督。从这件小事上可见农民的质朴和认真。作为试验户监督者的刘小娥，她对她的农民朋友也很知根知底，很放心让他们

去干这点不算什么事的事。

每年正月的闹社火最使我这个曾经的乡里人感动，农民们在厚得臃肿的棉衣上套上演出服，在冻得发木的脸上打上油彩，天还未透亮就要挤上拉演出人员的双排座车进城，在寒风中把最软活的身段、把最精彩的节目展现出来，目的只有一个——为城里节日添彩，博得城里人一乐。

而城里人还不一定去看，就是看了还不一定开心一笑。

——多么开朗的农民，多么深沉的城里人。

是什么造就了农民的精神世界与物质世界这么大的差距？乍看起来，这是个有悖于哲学常理的问题。

当你与农民接触多了，与农民的关系贴近了，就会发现，这一切都源于信任！

农民最信任学校，拼尽家底也要把孩子送到学校，孩子高考落榜的时候，他们只抱怨孩子学习不认真，从不抱怨老师教得不好。

农民最信任干部，干部让种什么就种什么，干部让养什么就养什么，当种的养的过剩了赔本了时，他们只抱怨自己运气不好，从不抱怨干部指导得不好。

农民最信任社会，当城里人防盗门、密码锁、监控头把房子搞得密不透风时，农民的大门是敞开的，每个房门都是敞开的，白天敞开着，晚上敞开着，甚至家里没人也是敞开的……

信任是魂，信任是神，信任是社会的基石。

　　6月15日，大山川胡麻进入蕾期，株高44.7cm，叶片68片；吊沟胡麻株高进入最高期，达到62.3cm，底部叶片开始枯萎脱落；刘川胡麻株高64.1cm，叶片117片；西王胡麻株高53.2cm，叶片35片，相继进入盛花期。早8时各点各层次地温除刘川25cm土层较高外，其余各点各层次地温无明显差异，0~25cm各土层平均地温从高到低依次是西王地膜地、大山川地膜地、刘川露地、吊沟砂田，8时分别为18.26℃、17.48℃、17.15℃和15.91℃，16时上升为24.56℃、25.64℃、22.18℃和23.6℃，以大山川地膜地上升幅度最大，达到8.17℃；10cm土层地温以西王地膜地为高，8时达到17.65℃，16时上升到26.02℃，吊沟砂田为低，8时是15.73℃，16时上升到24.32℃。

附：2015—2017年的6月15日地温与胡麻平均生长动态关系：

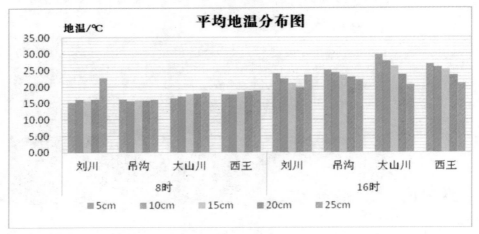

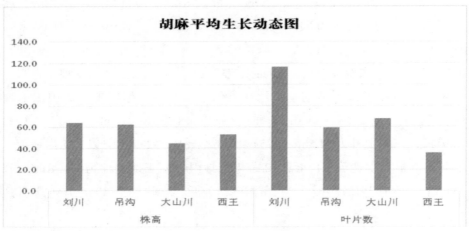

6月16日　　农家三宝

2015年　星期二　农历五月初一　乙未年　【羊年】

2016年　星期四　农历五月十二　丙申年　【猴年】

2017年　星期五　农历五月廿二　丁酉年　【鸡年】

2017年6月16日，全市晴转多云，14~29℃。

党家岘地膜地下午4点10cm土层地温24℃，露地22℃，西王地膜地31℃，刘川露地24℃，平川吊沟砂田26℃，露地25℃，较往年基本持平。

党岘的胡麻进入盛花期，平川胡麻花期已经结束，刘川胡麻株高75~80cm，个别地块有轻微倒伏。党家岘的老王还是喊着要对地膜胡麻进行矮化处理。

这天中午，我们在农家吃的是浆水面，非常可口，每人都是两大碗。

在会宁在西北，在人们的传统生活中有"三件宝"离不了，那就是夏天的浆水、冬天的熟腌菜、一年四季的秦腔。

浆水发展到今天不但没有断流，而且成了四季神品。浆水是天下第一水，春喝解乏，夏喝解暑，秋喝解困，冬喝解火。与面配合吃是会宁特色，与肉配合吃是天水特色。会宁吃出了状元县，天水吃出了白娃娃。

化瘀解表用什么？用浆水！十字路口送鬼用什么？用浆水啊！喝浆水，出将帅！吃浆水，长智慧！浆水，浆水，东方的可口可乐！

吃浆水是要炝的，炝浆水必须是胡麻油。油炼滚，放点葱花，将调好的浆水倒进锅，"刺啦——"一下，蒸汽上升，随着热气散发，一股"百里香"沁入肺腑。哪怕赶路的、公干的，都要停下来，深深地吸上几下。

熟腌菜更是天下第一的菜品。天下菜品数不清，菜中神品要数熟腌菜。祖厉河自从有了熟腌菜，炮制技术传世界。向东传，到高丽，韩国人，做泡菜。向西传，到中亚，驼铃响，丝绸路，一路吃的熟腌菜。唐三藏，去西天，取经路上先传经。取来的是阿弥陀佛经，传到西域的是阿门（白银方言：怎么的意思）腌菜经。腌菜经、陀佛经，都是普度众生的经。

外国人，爱体验，美洲欧洲都试验，大缸腌菜缸缸烂，罐头装菜了心愿。熟腌菜，功劳大，平民有它能救命，战争有它军不乱。打一战、打二战，其实打的腌菜战。

熟腌菜，技术精，一菜两刀四半个。先用凉水洗，再用开水烫。腌菜缸，陶瓷的，食盐还要疙瘩的。其他调料要适当，防止搞成杂货铺。盐要放到心心里，菜要盘到缸缸里。缸里装菜八九成，压上石头再倒水。缸封口，等半月，彻底腌好再进食。生腌的，没消毒，酸得大人直摆头。罐装的，成本高，高就高在罐头瓶。金碗装的洋芋菜，你说划算不划算。说话间，半月到，一层一层接了盖。我的天，我的地，这是黄金不是菜。看不够，吃不够，最记得，过腊八，猪肉粉条熟腌菜。吃一碗，看一碗，吃一顿，永不忘。熟腌菜，吃法多，顿顿不离胡麻油。

秦腔是什么，秦腔是天下第一腔，是西北人的"满口栓"，专业的唱，放羊娃也唱，男男女女、老老少少都唱；闲了唱，忙了也唱，吃饱了唱，饿着肚子也要唱；高兴了唱，郁闷了更要唱。秦腔是山里人的咸菜，秦腔是城里人的下酒菜，吃的不在多少，但不能没有。

平川示范基地不远处有一个山场，山场里的高音喇叭成天放着秦腔，震得山响。吃了浆水饭，吃了熟腌菜，再唱两句秦腔，那个精气神没得说。

……

天下第一腔——秦腔

一

三人去锄禾

一人东山峁

一人西山沟

一人北山咀上捉虱吃

又寂又寞还又困

又怕冒出一个大野兽

于是乎

东山的吼

西山的叫

北山的嚼着虱子支支唔

南山窝窝把家住

在家的娃娃敲家什

有灶具有农具

丁零当啷真的怪

老狼老虎不敢近

神神鬼鬼跑得快

西北人　有才干

一声抵过兵百万

吼的吼　敲的敲

一代一代往下传

传着传着变味了

生产生活升华成文学艺术了

秦腔从此诞生了

二

唱秦腔的好家子

大大小小有圈子

当官是最小的

公干是最少的

多的是生活刚能过去的

衣着是半新不旧的

晚上戴个黑坨子

不说也是首席拉胡的

左手指上有戒指

左手腕上戴手表

灯光底下真耀眼

弓弓儿抖指头颤

嘴里香烟不断线

打鼓敲锣攒邦子

吹笛打琴三弦子

吓得都像遛猴子

拉板胡的一瞪眼

该会的不会了

不会的吓尿了

三

唱戏的

古连怪道的

脸黑的脸大的

跨个流子唱净的

歪瓜劣枣的

装啥还真有点像啥的

嘴大的声音妙

岚萍公主把府闹

嘴小的像洪钟

五台山上出了家

虎背的熊腰的　　　　　　　大秦腔大肚量
西湖山水人憔悴　　　　　　什么声嗓都能用
瘦得前心搭了后背了　　　　又高又细把旦唱
马踏五营没人敢挡了　　　　次一点的挂个流
　　　　　　　　　　　　　毛里窟闯吼老包
　　　　　　四　　　　　　左里八几跑龙套
　　　　　　　　　　　　　咿咿咿呀呀呀
秦腔本是护身符　　　　　　白脸窝子娃哈哈
吼一声鬼蜮退　　　　　　　……
敲一锣魍魉没

6月17日　　　犟音

2015年　星期三　农历五月初二　乙未年　【羊年】

2016年　星期五　农历五月十三　丙申年　【猴年】

2017年　星期六　农历五月廿三　丁酉年　【鸡年】

2017年6月17日，今天全市晴转多云，气温15~29℃。

党家岘的王新民在日记中写道："午后白银胡麻综合试验站的同志和会宁县的技术人员来检查胡麻试验田、品种展示田，分析了地膜胡麻生长动态，决定不打矮壮素。"

展示田在山坡上，坡下是深沟，对面是红土山崖。只要在这面说话大声点，对面就有回声，回声还蛮好听。无意中发现了这个特点，我们就偶尔冲着山崖奇奇怪怪地大喊大叫几声，有时也冒半吊子秦腔，对面都是一声不落地给予回应。

因为喜爱秦腔，那一年我还写了篇叫《西安犟音》的短文，发表在《白银日报》，现录如下：

从去年的某个时候开始，平白无故地喜欢上了秦腔，由腔到秦，由秦到西安，秦人秦声秦腔秦韵，就觉得西安是一片"秦"了。有时竟后悔原先去西安怎么就没有触发一点"秦趣"呢？今年正月就做了打算，要抽空到西安专门触一下"秦网"。吆喝了多半年，最近才得以成行。

人有爱好就有幻觉，反正我是这样。从咸阳机场坐上出租车，司机就是我此行遇见的第一个秦人，就有一种天然的"秦感"，在第一时间我就从他的一举一动中努力去挖掘"真秦"。他虽太普通太普通，但我还是觉得他脑后的每根发尖都挑着一粒晶莹的"秦"，熠熠乎生辉，摇摇乎欲坠。

悠悠忽忽中"苏三离了洪洞县"，车已跑出了一大截，我才发现没有打表，便提醒并多次要求他打表，他更是多次清清楚楚地告诉我："甭打表，130，要打表就甭坐咱的车。"

西安果是秦腔之地，西大街有多家秦腔用品专卖店，品名繁多，琳琅满目，置身其中有一种久违了的亲近感，文袍武服件件想穿，刀枪剑戟样样

想试。

这是一家既卖胡琴又定做胡琴的小店，年轻的店员虽手不离活，但又一句不漏地回答着我的每一个问题。当得知我想买个板胡弓时，便喊来了店主——他的舅舅。瘦老头嘴里叼着的香烟已燃去了多一半，烟灰却没有掉，仍然努力保持着它固有的形状，真是骆驼死了架子不倒。他一进来就坐在外甥旁边干起了活，没有理会我这个要买弓子的顾客。我心想这老头好记性啊，转眼就忘了？情急之下我找了个非常学术性的话题搭讪：我的板胡弓怎么老爱断毛？这话外行人一听会笑，断根毛就是学术问题？神经问题吧！内行人一听也会笑，还真是学术问题，有人认为某个季节的马尾爱断毛，有人认为死马的马尾爱断毛……

店主没有回答我，起码没有马上回答，但他肯定听清楚了我的问题。因为我从他的右侧面看到了他脸上表情的变化，我的念白——"断毛"两字刚一落音，他嘴角的C形轮廓就明显而得意地抖动了两下。谁料想这一抖动，弯曲的烟灰就被抖到了他手头的板胡头里，他吐掉咬得湿不拉几的烟屁股，对着板胡窝"噗噗"吹了两口，这一吹可真是吹得拖泥带水，这个动作在秦腔里叫"不干净"，也叫"不干散"。照我的判断，这是一个资深人士就一个深入研究过的问题将要发表权威意见前的矜持，相当于王侯将相出场时的台架把式。果不其然，他瞥了一眼外甥，突然眼放幽光，一字一板地说道："毛不断，我们卖弓子的吃什么呢？"

太意外了啊，他嘴里吐出来的不单纯是烟屁股，还有真理！

在一个深洞般的乐器店里，四方脸的男店员坐在椅子上，伸着"兰花指"蜻蜓点水地挠着无聊的头，我作为唯一顾客乐得清闲，把文武场面各应乐器很自在地看了个遍。好不容易在近地面的角落处看到了我想要买的"牙子"，外行的说牙子就是三条木板，虽不值钱，可白银兰州的乐器店却没有。我对秦腔打击乐非常喜欢，也感到最为神奇，理论上说牙子为板干鼓为眼，可真要一板一眼、一板三眼地打，不论什么板都会打成 "呆板"，如果不这样打，就会打成无序的"乱锤"。我拿起一副尘封的牙子也不知如何挑选，想来响器应当听声儿，刚小心翼翼地摔打了两下，那挠头店员就冒腔了："甭敲了！甭敲了！敲啥哩！"我怔了怔问他："这东西不是敲的？""不会敲，敲啥哩！"看来这人还是个内行，久病都成医嘛。一瞬间我想了好多：和他辩白一下？过了那个争强好胜的年龄，算了吧！忍气吞声买下？好像有口气堵得慌，有点窝囊！不买还不行吗？呵呵，人有爱好就可怜！终归，我还是恋恋不舍地把它放回原处，拍了拍粘了浮土的手，慢慢起身去找大门。

"人世间你的性情傲，从不与人展眉梢——"

"打一仗败回营来"，再打一仗又败回营来，这样几场过场戏下来，"秦切"已成"秦怯"，只在店面门前探，不知哪家软和点。后来，我又循着悠扬的胡琴声进了一家乐器店，一个已经歇顶但皮肤光洁的中老年人正在拉二胡，我怯怯地站在对面真有点大气都不敢出。心想，前面一问问出了问题，一动动出了动静，这回可别一看也看出什么不该看的来，那岂不是"河东城困住了赵王太祖"。

一曲终了，他把二胡向我一递："来一曲！"

啊？不敢，不敢！不会，不会！我说。

惊愕之中我马上找到了感觉和自信，很绅士地和他聊了起来。我问他刚拉的这把二胡多少，他说一千一，我说一千二卖不？他奇怪地扫了扫我，很解人意地说：最低一千。我说我要了，一来二去又搭了一些零碎，他还为我亲自试选了一副牙子。

手提牙子肩背二胡，还有别的林林总总的东西，走在西安的钟楼大街上，只要唱一句"清早间奔大街去卖墨画"，说不准那厢就会转来胡府管家。只不过这回是要照顾我拉琴而不是买画。

吃碗西安的酿皮吧，再不准备淘神费劲买什么了，信步走到北大街一个地下通道旁，看见一个不小的酿皮店，这才觉得饥肠辘辘了。钱付了，抓酿皮的姑娘已经把手伸到玻璃罩下了，眼看一顿美餐就要到口了。

"要××还是要※※?"姑娘问我。

我现在想不起姑娘问的原话，反正和兰州这面"要面皮还是要面筋"是一个意思，但用词又有一点点不同。我说各半，姑娘淡淡地说："掺不了!"我问怎么掺不了，姑娘淡淡地说："掺不了!"我说应该能掺，姑娘淡淡地说："掺不了!"

"连抽三签无上下"，我说不要了! 姑娘淡淡地退了钱。

去机场，打道回府，打表! 一上车我就提醒司机，司机说打不了。打不了我就要下车，司机又劝我，最后讲到100块未打表去的机场。一路上司机反复解释为什么不打表，我果断地打断他："少泼烦!"司机又说他是嘉峪关的，七七八八说了一大堆老乡方面的话，这回我没有打断他，但一点也勾不起我的"乡情"。

"犟音"是秦腔花脸特有的一种唱法，比实际音要高八度，难度极大，很少有人运用自如。一般都是以假声冲真声，一味拔高，缺乏气口，无翻卷曲回，给人以声嘶音裂的感觉。

西安一路"未了秦"，"不由得豪杰笑开怀!"

6月18日　　五佛行

2015年　星期四　农历五月初三　乙未年　【羊年】
2016年　星期六　农历五月十四　丙申年　【猴年】
2017年　星期日　农历五月廿四　丁酉年　【鸡年】

2017年6月18日，今天全市晴转多云，局地午后有雷阵雨，气温17~31℃。

党家岘的王新民在日记中写道："午后雷阵雨，降雨1mm，基本无降水，现在露地胡麻土壤墒情较差，含水量11.1%，胡麻点了头，浇水如浇油，看来天气不争气，天旱又要出现了。"

2016年的今天，刘万景在日记中写了这样一段话："今天天气热，儿子从学校回来，他爸买了羊羔肉、西瓜，准备中午饭，女儿有意见，说是爸爸偏心儿子。女儿吃醋了，我们都知道了。"

那么可爱的女儿，心疼都来不及，怎么就偏心了！

　　每当我们路过试验田的时候，总会有一堆一堆的作物秸秆在路边。作物秸秆在胡麻、小麦生物产量中占一半，在玉米生物产量中占60%以上。辛辛苦苦一茬庄稼种下来，有一半的生物产量几乎白白丢弃了，无论从哪个角度看都不划算。

一

　　2016年的八月，中秋过后，我匆忙赶往五佛，目的是见证我多年的一个想法。扯开淡说，我研究弃耕盐碱地已经十五六个年头，别人研究的方法看不上，自己研究的方法用不上。几年前，我们提出：在积水低洼处挖池养咸水鱼，养海水鱼。拨来算去，发现投资大且管理不便，只好作罢。到如今，只成了一种扯淡之谈。其实，多时都忘掉了，连扯淡都谈不上。但是，只要有弃耕盐碱地方面的研究进展，总爱看上一二，总也免不了失望八九。过节那天，见微信朋友圈上说，五佛有人在咸水里养成了海产品，着实兴奋。今早，处理完紧要工作，便直奔五佛。

二

　　中秋五佛，到处如画。焦黄的玉米叶夹杂着深绿，好似人的青年与老年在交替，当举起手机准备拍照时，行间"呼啦"立起了一位小解的妇女，一阵提、系动作后，又整理了一下头上的帕子，走向行间深处。不由想起"红门大开，吉，吉，吉"的句子。金黄色的稻田，瓦蓝瓦蓝的天。田地里插着各种式样的旗子，弯弯的谷穗晃动着，好像在说：丰收啦！当我们走向近前时，却惊起了阵阵麻雀。呵呵，看来那旗子，只是插旗者给自己的一种交代。也许，许多事情都得这么虚化一下，不虚化过不了身。只是，虚化你别难过，便好。枣树，枣树可不是鲁迅说的那么两棵，而是成片成片。枣叶依然嫩绿，枣子已经变得相当成熟。今年的枣子好繁好繁，肯定是个丰收年，老百姓就盼有个好的收购价了。

三

　　五佛将近，噼里啪啦一顿好下。雨如注，天如夜，洪水卷着泥沙横漫柏油路。打闪灯，靠边停，直等到雨过天晴才上路。当找到我要找的老周和小周时，才发现，在大雨中我们已经路过了一次。第二次，我是去了镇政府，是在一位年轻的同志做了热情的介绍后才找到的，他给的手机号也帮了大忙。那年轻同志要找他们书记和镇长陪，我一一谢绝了，最后，年轻同志要带我去，我也婉拒了。还没见到主人，五佛的美，五佛人的热情，使我好生欣慰。我见小周时，他正把刚从鱼池里打捞上来的虾装袋，准备送往县城饭店。这种虾就是海水虾，是在脚下的盐碱水里养育的。今年是第一次试验，

成功了。明年小周有更详细更大胆的试验计划。给小周打下手的是一位白发长者,是小周的父亲。在老周的带领下,我还参观了他们的枣园、林下养殖基地、枣加工厂。

四

黄河九十九道弯,弯到眨眨(五佛语:意指这里),便是五佛沿。老周者,老五佛沿人氏(此处隐去名讳),七十有三,人矍铄,头花白,留小平头,衣帽整洁。改革开放前,五佛第一穷人。一九七五年,娶得甘谷女为妻,日渐富裕。老周在家中,主要负责筹划,并干些补缺之活。周妻,六十有二,人干练,衣着得体,落落大方,起早贪黑,主要负责一日三餐,家里卫生,千只鸡喂养,五十只羊放养。我们到她家时,刚把院里积水倒完。小周,年三十九,子承父业,遗传父母基因,人精干,热情大方,说话得体,主要负责鱼塘事宜。小周媳妇、孩子在县城,未谋面。

五

老周家,坐落于兴水村,原为老沙梁,寸草不生。20世纪80年代,老周发起改造,1984年起,广植枣树,现在枣树连片,有枣园80亩。当农民都学植枣树时,1986年起,老周又掘池养鱼,现有鱼塘60多亩,目前正在发展扩大中。2015年,他又盖起了枣子加工厂,为周围农民清洗、烘干枣子。枣树林放养土鸡千只,亦规模养殖羊、猪等。现在老周的产业,粗算产值也超400万。老周一家,第一印象,干净干练,得体大方,无农民之邋遢;老两口,相貌亦不老,言谈间更无"推日头下山"的农村老者之颓废,与任何一人交流,均有向上气象,其人生之乐观,其精神之抖擞,为我辈着实敬仰;老周思想解放,不受小农观念束缚,而且,思想实际,心想事成,他亦说:农民不能死干、干死,要想办法,动脑筋干轻活。

6月19日　　油渣面"美食"

2015年　星期五　农历五月初四　乙未年　【羊年】

2016年　星期日　农历五月十五　丙申年　【猴年】

2017年　星期一　农历五月廿五　丁酉年　【鸡年】

2017年6月19日，全市晴转多云，平川一带有小雨，党家岘周围午后有雷阵雨，气温17~31℃。

胡麻在白银人的生活中，特别是在干旱和半干旱地区农民的生活中扮演着非常重要的角色。前面说过，有了大米白面、有了胡麻油就是小康，没有胡麻油只是温饱，这是笑话，又是实话。

现在说胡麻通身都是宝，是从营养学和加工学的角度论述的胡麻的高级意义，在传统生活中，胡麻通身也是宝。

曾经的过去，榨完油的油渣也是生产队的一笔重要物资，要先留足生产队的牲口所需，剩余的部分才按照家庭人口和一年的工分分到农户家中。现在估计起来，一户人家多则二三十斤，少则也就那么几斤。分到农户的油渣作何用途了？家庭生活较好的农家一般是作为鸡饲料、猪饲料，与其他饲料调和着用。生活困难的农家，鸡和猪是没有那个口福的，仅有的那点油渣是要留作人吃的。

油渣搭配什么面来食用，我现在记得不是很准确了，很可能是搭配杂粮面（如豆面、莜麦面、糜子、谷子面）来食用。为什么不和白面搭配？仅有的一点白面谁舍得啊！那可不是在白白的宣纸上用中华墨汁写字画画，只能是

一团糟，既没有效果，更没有精品。

油渣食用的方法有两种，一种是做饭吃，一种是做馍馍吃。

做食品时要先把油渣敲碎、晒干、碾细、过箩，细碎程度基本上要达到杂粮面的水平。做饭时，在杂粮面里掺和一部分，掺和的数量也是看家庭的生活状况，摆明了说就是面的富裕程度，最多可能掺和到50%。掺和好的面按照正常做饭的方法操作，有的做成雀舌面，有的做成懒疙瘩（陇中一带的家乡饭），有油渣的饭很紧实，咬起来很有筋骨，还有点滋润的味道。

用油渣做馍馍时，和面的程序与做饭大致一样，不同的是有时候为了节约油渣和面，做馍馍时揉进一些野菜，比如灰条（藜麦）等。油渣做馍馍基本是圆形的饼子，像正常的烙饼子一样在锅里反复多次烙，所以油渣馍馍又叫"油渣干炕"（这个炕就是反复烙的意思）。油渣干炕刚出锅时比较软和，挺好吃的。放凉了就会很硬，嚼起来要有好牙口。

就是在20世纪六七十年代生活那么困难的情况下，吃油渣饭、吃油渣馍馍是会被周围的农民笑话的，因为你太穷。但我相信有很大部分的家庭都吃过油渣饭和油渣馍馍。因为，吃了油渣饭和油渣馍馍是会留痕的——油渣渣在牙缝间藏都藏不住。那个时候农民很少用牙具，不刷牙，只要张嘴说话，行家一看就知吃没吃。

油渣里面肯定含有油，一个好的油倌是会把油榨得很干净，油渣里就含油少。一个不咋地的油倌榨的油少，油渣里含油就高。农民们心里很矛盾，生产队分的油少了就爱骂榨油的油倌水平臭，当轮到分油渣时却都喜欢分臭油倌榨过的油渣，很显然这种油渣吃起来滋润。

不论油渣饭和油渣馍馍吃起来滋润不滋润，毕竟是油渣，吃多了或掺和的比例高了，不言而喻，消化就有问题，大便更是问题。

那个年代，我是吃过油渣饭的，也是吃过油渣馍馍的，上学的时候也是背过油渣面干粮的。现在回想起来，对油渣没有一丝的好感，也没想过去研究开发这种食品。理智地说，油渣食品还是有开发价值的。

6月20日　　一键搞定

2015年　星期六　农历五月初五　乙未年　【羊年】

2016年　星期一　农历五月十六　丙申年　【猴年】

2017年　星期二　农历五月廿六　丁酉年　【鸡年】

2017年6月20日，全市晴转多云，午后有雷阵雨，气温15~27℃。党家岘降雨7.4mm。

在前面曾提及党家岘胡麻试验田药害问题，今天王新民把来龙去脉说清楚了。他在日记中说："今天省上领导来检查试验田，结果发现胡麻品种试验田在16日打防虫药时，误用了别人的打马铃薯田的药液筒子，造成试验田胡麻药害。"

对操作人员粗心大意造成药害，我们觉得很不是滋味，花那么多精力做一个试验，到关键时期"一喷了之"，前功尽弃!现在只有期盼药害不重，胡麻后期能缓过来。

农民给作物用错药，或药箱里的残留物未清理干净造成药害的情况并不罕见，在其他地方的试验示范中也曾出现过。我们在靖远做的一个胡麻试验中，正当花期时就打错了药，造成了药害，花瓣凋零，花蕾萎缩，要多难看有多难看。

表象上是操作人员的失误，细究起来，是对农业科研工作提出了一个严峻的课题——如何让农业生产变得简约化，把冗杂烦琐的农业生产操作切换到"懒人模式"。

现在的庄稼地像个杂货铺，乱得无处下手。单就给农田用药这一项，一户人家种四五种作物，每个作物的病虫草害少说也有十几种，多则几十种，农药都是专用的，农药之间能不能参和用，要看说明书。专用农药要么用专用喷雾器（这个显然不现实），要么就必须清洗干净。农村用水都很不方便，要做到完全干净也不现实，在这种现状下，产生一点药害，实属正常。

再比如，农户的储藏问题，也很让人担忧，有的化肥、农药、工具、食物都在一个库房堆放，杂乱无章，不单是看着不舒服，关键是影响了农户的生产生活，甚至更宝贵的东西。

作为农业科研工作者，有时候我们也很矛盾，研究的基本都是单项的，种胡麻的不管种油菜的，甚至于研究虫的不管防病的。要种好一茬作物，林林总总都得十来项工具、肥料、农药，在地里实施起来就像打麻将一样，要条饼万齐全，一到九一个不能少，慢说农民，就是一个战略家也很难做到井井有条。

如何做到农家活的集成简约实在不是件容易的事，但并不是没有途径，从生产力的角度说，就在于农业的机械化和现代化，从生产关系的角度说，就在于农业的组织程度和社会化。

我们大家就在各自的岗位上为农业的"一键搞定"而努力吧！

著名专家王一航研究员来胡麻基地讲课时，一小朋友爬上台去，与王老师直接面对面

262

6月21日　　倒伏、倒茬

2015年　星期日　农历五月初六　乙未年　【羊年】

2016年　星期二　农历五月十七　丙申年　【猴年】——夏至

2017年　星期三　农历五月廿七　丁酉年　【鸡年】——夏至

2017年6月21日，全市晴转多云，气温15~28℃。

昨天午后的雷阵雨对华家岭旱区的胡麻旱情有所缓解，党家岘地膜地30cm土壤含水量16.4%，露地12.2%。

会宁党家岘是白银市最阴湿的地方，应当是半干旱地区。它有一个鲜明的特点：当其他地方庄稼收成不好的年份，党家岘肯定是个丰收年；当其他地方丰收的时候，党家岘恐怕连个平产年都很难保住。这是因为当其他地方雨水合节的时候，党家岘的降雨一定是过量了；当党家岘雨水合节时，其他地方肯定降雨偏少，甚至干旱。这是说得过去，即在自然农耕条件下的现象。现如今，略有不同，由于在广大旱区，普遍推行了地膜覆盖栽培，党家岘雨水合节的年份，其他旱区也可勉强维持。

今天，党家岘的王新民在日记中写道："今天整体看了一遍，旧地膜胡麻近几天长得特别快，快到分枝现蕾了，最高植株56cm，分枝期还要长高，怕遇到雨水有倒伏，要采取矮化处理，要与白银市农科所联系。"

王新民多年以前就做过胡麻试验示范工作，今年他不止一次谈到"地膜胡麻长这么凶，在当地还是第一次"，说明地膜胡麻在党家岘的确是成功了。

昨天，雷阵雨夹杂着冰雹对平川的农作物造成了一定危害。展示田里的胡麻与其他大田里的胡麻一样普遍有倒伏现象，属于半倒状态，今天上午，我们到展示区逐块查看了倒伏情况。

胡麻倒伏，在我们看来并不用完全上心。因为胡麻倒伏司空见惯，可以说有胡麻就有倒伏。对倒伏问题曾下决心研究过，还想了许多的"歪门邪道"，收效甚微，因为胡麻倒伏的成因非常复杂。

倒伏对于任何作物都是有可能的，曾有专家说过："玉米根茎够强大了吧，也倒伏。"关键是要抓住倒伏的成因，做到研究对路，措施对路，方法可行。

胡麻倒伏的根本性防治措施可能还在育种，关键是育种目标要做大的改变。科研工作方向要明确，目标还要多样化。这就是科研的神圣之处和不可替代性。

今年以来，在我们面前，还有一个挥之不去的问题，就是胡麻的轮作倒茬问题，特别是地膜胡麻的轮作倒茬难度很大，办法很少。胡麻不适宜连作，其产量低，病害多，20世纪80年代初，就有的立枯病到今天依然如故。连作造成对养分的单一需求和消耗，不利于地力恢复。有观察说明，胡麻连作发病率在60%以上，隔年种植在21.5%左右。教科书要求，胡麻倒茬应在5年以上。而地膜地最多也是两年倒茬，连作现象也出现过。

不同前作对胡麻产量影响很大，农谚说"倒茬如上粪""夏茬种胡麻，油籽一把抓""秋茬种胡麻，头顶一枝花"。据试验显示，胡麻种植夏茬地比秋茬地增产26.9%~104.9%。在秋茬里面，糜子茬比谷子茬和荞麦茬好。80年代有成功的轮作倒茬模式：第一种为豆类—小麦（莜麦）—胡麻，第二种为豆类—小麦（莜麦）—糜子（谷子）—胡麻—歇茬。

6月22日　　　家园

2015年　星期一　农历五月初七　乙未年　【羊年】

2016年　星期三　农历五月十八　丙申年　【猴年】

2017年　星期四　农历五月廿八　丁酉年　【鸡年】

2017年6月22日，全市晴转多云，气温14~28℃，下午在平川一带有雷雨。

昨天，平川倒伏的胡麻经太阳照晒，基本都恢复起来了，只有宁101–11还在地上趴着。这个品系是宁夏回族自治区固原地区农科所选育的，在白银市有比较好的表现，中早熟，蒴果大，成熟期田间长相好。据品种的选育人介绍，在其他地方表现一般，没有定名。

把胡麻置于三农的大背景下看待，现在正是发展胡麻产业的重大机遇期，这个阶段也是做好白银农业乃至甘肃农业的重大机遇期。

我们国家已经从总体上进入以工补农、以城带乡的新阶段。各项补贴多，大家都有饭吃，有房住。这种制度层面上的保证，使我们不再为生存的刚性需求而发慌，可以从容地考虑发展。

在国家关于支持甘肃发展的意见里，把甘肃明确定位为西部生态屏障。这种政策层面上的保证，使我们不再为被动的经济指标而着忙，可以客观地思考发展什么。

全膜双垄沟播技术的成功，表面上是一次农业的大革命、技术的大革命，更是一次思想大解放。这种思想上的大解放，使我们不再为命运而压抑，可以主动地为改变命运而努力。

农村建设重在观念建设，对新农村指导发展，对旧农村支持发展。

指导发展的概念是：对路边城边的农村，在科技教育产业方面给予指导，提高软实力。不搞强行的规模化、产业化，因为当前的科技引领水平还达不到。

支持发展的概念是：对山区落后的农村，汲取汶川陇南地震的教训，实行适度归镇、路田村庄配套的发展方法。

基本建设常抓不懈。农业上的许多方法是成熟的，最怕间歇性地抓和抓而不实。小流域综合治理和修梯田打水窖等基础工作都是持之以恒要抓的事。特别是小河流的综合治理，它是生态环境友好型的重点。

2013年的6月22日，我去了一趟杨坪。那天，原本是没有去杨坪的打算。

因为，要去杨坪，最快捷的路线是从白银到平川，过种田、刘寨，到达新塬乡。而今天我去的是会宁县的甘沟驿镇。在甘沟的地头与农民交流时，

农民讲了一条经验：胡麻种子第二代的比第一代的还增产。

一路看了沿黄灌区的胡麻，又听了农民对胡麻的议论，就顺溜向杨坪方向驶去。

自从胡麻产业技术体系实施以来，不论去不去杨坪，脑海里总不时地飘出"杨坪"两个字。

我们单位联系着会宁县新塬乡的四个村，老庄、常河、杨坪和甘岔，我们习惯叫它老常杨地区。

沿着兰宜公路，爬过几座山，转过几道弯，眼前突然出现了一抹重彩的蓝、一抹重彩的红，还有一片淡雅的白，在灰蒙蒙的大山中有点不可思议。

这不是杨坪，这是甘沟驿镇的一个村子。一年前我路过此地时，这里正在大兴土木，现已大见成效，规模养殖搞起来了，新村也建起来了。

沿兰宜公路继续前行，在去海原的岔路口左转拐进县乡公路，就可以直奔新塬而去了。顺道能遇见的只有甘岔村。这个村也在大山深处，好在村部就在柏油路边。在路上，我请杨坪的书记与甘岔的村干部取得了联系，但到了村部却联系不上了。

村部旁边是一座小学，我蹲在校门前的土堆上，茫然地看着对面的大山，听着学校里传出的学生朗朗的读书声和老师有点夸张的讲课声，终不见

村干部到来，便继续前行了。

到了新塬乡，柏油路就结束了。看起来，去杨坪的路的确比去年平展多了，但经历了一个整冬一个整春的干旱，新垫的土好比低洼里聚集的水，车行其上，"浪花"四溅，波涛涌动，车底盘好几次在地上刮擦。车过土龙舞，绵延几道弯，吞噬着路边的行人。当土龙慢慢散去时，行人却魔幻般地变成了兵马俑。

"你跑一趟，要多少农民吃土遭罪啊！"老杨说。

在杨坪，我们与包村干部和村上的老杨座谈，主要商量关于在上塬、杨坪、甘岔请省上专家讲课的事。其间，总被这样那样的话头打断。说我们单位的一个联系户的老人去世了，村上代我们表达了哀思。说我的一个联系户已经搬到了灌区，他的一个孩子在上大学，过不了几年就会脱贫。我单位的两个组正在老庄、常坪两个村开展抗旱培训，大家都很期待有什么抗旱妙招。我说，小抗旱抵不住天大旱，抗旱措施是对降水的巧用、妙用、集中用，不抗不行，也不是一抗就灵。年初，已向新塬乡赠送了好多的胡麻优良品种，这次再向近50家联系户赠送50袋化肥，以备降雨抢播。

我曾几次看见老杨劳动的情形，田里的泥土和汗水搅和得没了形状，他说：伟人和小人在田里都是泥人。可他一出门总是衣着整洁，都说这才是新时代的农民。由此又引发了一个大家都十分感兴趣的话题，我们便商量把农村卫生作为这次培训的内容之一。记得去年春季，在新塬乡政府做联系户培训时，我对衣衫不整、胡子拉碴、脏不兮兮的联系户提出了建议：再穷也要讲卫生，再难出门也要穿干净。

……

6月23日　　长征路上的示范点

2015年　星期二　农历五月初八　乙未年　【羊年】
2016年　星期四　农历五月十九　丙申年　【猴年】
2017年　星期五　农历五月廿九　丁酉年　【鸡年】

2017年6月23日，今天全市晴转多云，气温13~24℃。

这几天市农科所全体科研人员在忙着去各点观摩。今天早晨去了党家岘胡麻示范基地，去党家岘有好几条路可走，但都是山路，蜿蜒曲折，有的是老化的柏油路，有的是断断续续的石灰路，有的基本是土路。按常规这次走了柏油路，走到一半时发现修路堵车，只好掉头返回走了土路，但路面太窄无法前行，又折回去找路，本应一小时的路程走了一个上午。

我们设在党家岘的基地在山北面。在山南面的一个山湾里有个五七农场，正在建田园综合一体化体验基地，里面还有毛主席雕像和一些红军长征纪念的设计宣传。党家岘在会宁县城的南部，与通渭县和静宁县接壤，本就是红军长征经过的地方。三军会宁大会师时，毛主席没有到会宁县城，但据说毛主席由通渭路过华家岭，到达静宁，继续向前，翻越了六盘山。"天高云淡，望断南飞雁。不到长城非好汉，屈指行程二万……"毛主席站在六盘山吟成了《清平乐·六盘山》。六盘山距离党家岘好近哦，两座山秋天的景象也很相似。

巧得很，在2016年的今天，刘万景在日记中写道："邻居家女人说南干三泵那儿拍电视剧，我们就去看了。拍的是红军长征时期的，红军跟国民党军打仗，人挺多，有飞机、大炮，还有战壕，所有设备齐全，大巴就有十几辆。三泵沟的观众很多，只允许远处看。听说明天还要拍，演毛主席的唐国强乘飞机来，有一段会师讲话。"

刘川也是当年红军经过的地方，在我们所办胡麻基地不远处的吴家川和黄河的虎豹口，都有红军长征纪念碑。刘川在会宁县城以北，两地相距约170公里，在黄河北岸。从刘川向东几十公里处就是平川区，有一个地方叫打拉池，也是红军当年经过的地方。

　　1934年10月，中国工农红军实行战略转移，开始了举世闻名的二万五千里长征。

　　红25军首先进入甘肃，攻克两当县城，夜袭天水北关，北渡渭河，克秦安，逼静宁，北上陕北，与红26、27军合编为红15军团，之后又与陕甘支队合编为中国工农红军第一方面军。

　　1936年10月9日，红军总部和红四方面军指挥部抵达会宁县城，受到先期到达的一方面军的热烈欢迎。10日，两军在会宁召开了庆祝会师的盛大联欢会。红一、二、四方面军在甘肃静宁、会宁地区胜利会师。

　　1936年10月25日，红四方面军第5、9、30军在靖远奉命渡黄河西征。2万余名西路军指战员，在无粮草弹药补充、自然环境恶劣等极其困难的条件下一路血战，开始了悲壮的历程。

　　西路军首战在刘川的吴家川（距我们在刘川的示范点一步之遥），击溃马禄第1旅和祁明山第3旅；之后在白银市的景泰县一条山（距我们在陈庄的示范点一步之遥），歼敌2000多人，击毙副总指挥马廷祥。

　　……

　　我们建设胡麻基地，要经常经过这些红军长征会师和路过的圣地。每次经过，就有一种敬佩油然而生。

6月24日　　农民技术员

2015 年　　星期三　　农历五月初九　　乙未年　　【羊年】

2016 年　　星期五　　农历五月二十　　丙申年　　【猴年】

2017 年　　星期六　　农历六月初一　　丁酉年　　【鸡年】

2017年6月24日，全市晴，气温13~27℃。

今年党家岘的王新民可不轻松，前期被突然而至的黑绒金龟甲搞得焦头烂额，接着就是试验田的药害风波。还没消停两日，今天又说起新的药害，说的是他们邻近一个社里姓刘的农民买错农药，误用了玉米田禁用的除草剂"高效弗吡甲禾灵"，造成玉米严重枯死，面临绝收的事。

这个实例进一步验证了前面的说法，农户家里的庞、杂、乱使农民在生产生活中频频失手。生产生活无序化的问题不解决，农村就不可能实现真正意义上的现代化，农民也不可能实现真正意义上的小康。

去年的今天，刘万景早晨在做完胡麻田的观测后，仍然去了拍长征电视剧的地方看热闹，她的感觉是："人很多，山头都站满了人，场面也不太精彩，看了一会就回来了，下午还是去胡麻地做记载。"

我们的几位农民技术员，心态和状态各不相同，有时候感觉很有意思。

王新民成天陷入药害后遗症中不能自拔，他是老农技人员，是最懂这行的农民，今年第一次接手胡麻工作，就发生了农田药害，深深感到不好意思。

大山川2015年的技术员曾芳全，

很忙也很能干，有点空闲就写日记，很有文采，喜欢从露水、雨滴等小处着笔，见微知著。

2016年负责大山川基地的是老段，是个年过六旬的爷爷辈，因为长期农村生活的缘故吧，看上去五大三粗的。他曾在过去的生产队做过会计，记录材料很有条理，写的字很工整还很隽秀，实在没有想到。更没想到的是，他说他是村里唱戏的台柱子，而且还是唱青衣的。他绘声绘色地讲了一下午，我们疑疑惑惑地听了一下午，到第二天临走都没有把眼前这个粗粗的老头与端庄清秀的秦香莲、李彦妃联系起来。

刘川2015年的技术员刘小娥，她人也很能干，但通篇的日记总是愁，愁完这个愁那个，在这点上有点像党家岘的老王。我们能理解，但有时被她的惆怅所感染，感觉也很低潮。

刘万景性格开朗，他总是"忙里偷闲"和周围的嫂子、婆婆们聊两句转化心情的话，字里行间透着与家里人关系十分融洽和谐的气氛。去年的今天，日记的开头她就写了一件"很秀"的事："早晨第一件事是在挖好的地沟里放好管子，然后用铁锹铲土填沟，老公看见后生气地批评说这活儿重，得一汽车土呢，累死个你！他不让我手填，叫来了挖土机填土。"

2015年平川吊沟的技术员赵生军，很懂农业技术方面的知识，也承担着村子上许多公益事，为人精干，也很忙。我们有时还向他请教。

今天，我们单位的科研人员在平川观摩。

6月25日　　自娱自乐

2015年　星期四　农历五月初十　乙未年　【羊年】
2016年　星期六　农历五月廿一　丙申年　【猴年】
2017年　星期日　农历六月初二　丁酉年　【鸡年】

2017年6月25日，全市晴转多云，气温14~28℃。

早晨出发，半个小时就到我们的一个胡麻示范点。

胡麻正在开花，早晨又是胡麻花开得最旺盛的时候。这个季节，这个时间点，如稍有工夫，去胡麻田不失为一种好的选择，满眼的幽蓝，一身的清爽。

作为胡麻科研工作者，花期去胡麻田不单纯是为养眼，为爽身。花期是胡麻一生中最重要的时期，也是一个标志期。从胡麻品种间花期的迟早，就基本能看出其生育期的长短；从同一个胡麻品种花朵绽放的整齐度，就能看出其品种的一致性和分茎、分枝等许多特征。

车子下沟，过河，上坡，当快望见示范地时，示范点的技术员来电话说：有一个外地的观摩团要来示范点，马上到，您先在宾馆休息休息可好？

"停车！"第一时间我果断地命令师傅。

然后，然后是原地纠结。

这时，我们同行的团队成员就有话说：有人要参观我们的示范点，为什么不通知我们？

我们自己的示范点，我们去讲最合适，干吗要避，干吗要躲？

有话可以说，避还是避了，躲还是躲了。因为，我有最后的决定权。

我们就在原地无聊地打发着这段时间，有的玩手机，有的抽烟。玩手机

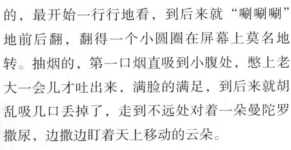

的，最开始一行行地看，到后来就"唰唰唰"地前后翻，翻得一个小圆圈在屏幕上莫名地转。抽烟的，第一口烟直吸到小腹处，憋上老大一会儿才吐出来，满脸的满足，到后来就胡乱吸几口丢掉了，走到不远处对着一朵曼陀罗撒尿，边撒边盯着天上移动的云朵。

说来也巧，就在前两天，有一个农业企业的负责人发来一个视频，视频是一个地方电视台编播的关于这个企业大力发展胡麻生产基地的新闻。新闻里把企业、农民、基层政府说了个遍，就是对我们只字未提。其实，那个千亩基地我们也是很重要的参与者，甚至是主导者，基地所有的品种和播种机械都是我们提供的。

胡麻产业技术体系建设的这些年，我们办过了好多的示范点和基地，有大的有小的，有与农民合作的，有与合作社合作的，也有与企业合作的。

一般来说，都是我们主动选择合作者，当把要送的要补的一切条件讲清楚后，对方会矜持地接受，但并不喜悦，好像他们只是大度而无奈地为我们解决了一个困难。合作伊始就"不被待见"。

整个合作过程都会是平稳的，有时合作者也会提一些要求，但都不会太离谱，当然我们也会尽量满足，因为甲乙双方心里都清楚"半途而废"谁会受不了。满足合作者要求的过程，也看不到合作者的喜悦，我们也总找不到甲方的感觉。

合作有了好的结果，好的成效后，肯定是

没有我们什么事儿了，基本不会有人提起我们。但只要留意，偶尔在媒体上会看到"某某地方某某单位或个人以科技为引领，大力发展某某产业"的报道。

合作是成功的，合作中，展示了好多的胡麻品种和栽培技术，而且基本上都得到了普及，我们的技术闲置率很低。合作中的"不被待见"也是司空见惯的。这，好像是一个定律，超准！

当"不被待见"遇见实例时，也许会因情绪左右，一下子转不过弯，认为特定的合作者有问题。当这种个案成为一种普遍现象时，我们会猛然发现，这与特定者没有毛的关系，而是我国农业进入重大历史时期的众多表现中的其中一种。

的确，我国的农业已经进入了农业结构的重大调整和变革的历史时期，突出表现为两大特征：一是当前我国的农业是历史上发展最好的时期，但比较效益又是历史上最低的时期；二是当前我国的农业是政府重视程度最高的时期，但又是农民的厌农思想最重的时期。这两大特征在我国农业发展的历史长河中都是前所未有的，都是绝无仅有的。

近些年胡麻产业得到了很大发展，但这种发展不足以让农民脱贫；虽然胡麻种子、种植指导都是免费的，但这种扶持不足以让农民致富。

没有幽蓝的胡麻花，哪有金色般的胡麻果实和种子？

但播种胡麻不是为了赏花，而是为了收获

果实和种子。

　　生活中常有一句话：自己要看得见自己。我们这个"类族"（从基层到上面）大概就是这样一群"走自己的路——让别人不说吧"的自娱自乐的人。国家级的首席、专家到了基层，基层搞不懂是什么级别，无法接待，我们就把基层的技术员安个这站长、那主任的，接待起来也很和谐；在田间为了能醒目的展示技术，有时候也拉一道横幅装点一下；开这个协会那个学会，也学大领导开会的样子，后面立个背景墙，前面放个座签，也很样儿、样儿的；传统上地州市的科研单位都叫所，最近几年大家都忙着"所改院"，美其名曰：改为院好争取项目，其实真正的意思是：院比所——好听。

　　今天，我们同行的团队成员在胡麻田里狠狠地摆拍了一把，把自己最美的影子，最爽朗的笑声投撒在了盛开的胡麻花田上……

6月26日　　老油倌

2015年　星期五　农历五月十一　乙未年　【羊年】

2016年　星期日　农历五月廿二　丙申年　【猴年】

2017年　星期一　农历六月初三　丁酉年　【鸡年】

2017年6月26日，全市晴，气温14~30℃。

大约到农历十一月，油坊就要准备榨油了，这时候村子里就要选油倌了。油倌是官，油倌是人才，像过去几十户人家的村子，要选一个油倌还是比较困难的。

油倌的标准在每个社员的心中，油倌品行要正当，榨油水平要过硬。品行正不偷油，有水平多榨油。油倌吃住都在油坊，有时候从家里提点饭，有时候从家里拿点杂粮面的馍馍，从油缸里舀一点油把馍馍炒一炒（暖油馍馍），暖油馍馍吃起来很受用。

在整个榨油过程中，油倌的地位最崇高，权力是至高无上的，也是最脏的，穿得像乞丐，脏得像济公。农村人嫌小孩不讲卫生就说"脏得像油倌。"

榨油先得炒油籽，炒到什么程度油倌说了算。火候不到榨的油不香，火候过了榨不出油。炒油籽虽然是苦力活，但那个时候大家还是争着去，因为毕竟可以一边炒一边往嘴里丢一点炒熟了的胡麻籽，也能用指头蘸蘸油水吸吮一下。

油籽炒好后要凉到温度降下去才上磨盘磨，磨油籽的磨盘不比家庭小石磨，估计直径在一米五左右，要两个牲口合力去拉，拉磨的也是生产队最有力气的牲口。磨后的油籽叫油粕粕，胡麻油粕粕黑绒绒的，非常好看，用手抓一把捏两下就会有出油的感觉，吃起来非常香。

现在想，把胡麻开发成可吃的油粕粕可能也是一个食品加工的方向。

油粕粕磨好后就要倒到大池子里由油倌踩油，油倌会背着双手赤脚在油粕粕堆子里一波一波地踩，助手根据油倌的口令不停地添水，直到油倌说好了就好了。

踩油也体现着油倌脚底板的功夫，不经油倌许可别人不要展脚，一旦贸然涉足，如果榨出来的油少了，会落下骂名，一失足成千古恨。

踩油结束就要包坨。事先要在地上挖一个大约三四十厘米深、大汽车轮台那么大的模子，包坨时先把准备好的草绳、冰草铺好（相当于箍子），再把油粕粕一层一层倒进去，由油倌踩实踩均匀，再用冰草包起来，用草绳捆绑好。

油坨踩满包好后，用模子抬到油锅上，如蒸馒头般去蒸。蒸好后就要安放到油担下面的油缸上码好（一副油要码五个坨子，每副油大榨600斤，小榨500斤），上面盖上木墩，在油倌的口令下慢慢放下油担开始榨油。

放油担之前有没有什么仪式不得而知，因为那时候我们小，小孩不得参加庄重活动。那时的小孩现已成老年人了，老油坊没保留下来，老油倌也早谢世了，这项非物质文化遗产也就没有传承人了，榨油的许多奥秘也就不得而知了。

从乡亲们做事的方式揣摩，很可能是有仪式的：老油倌带领众人面朝里深深地拜下去跪倒在地，点着一道黄表，直到燃尽才放手，然后奠上茶和浆凉水，最后共同磕头起身作揖。整个过程老油倌念念有词，说的什么谁也听不懂。但老油倌是放羊娃出身，没有念过一天书，念的肯定不是之乎者也，也不是伏惟尚飨，大不了就是"多出油，出好油，我给您老人家献油馍馍"之类的话。

礼毕，老油倌向旁甩一把鼻涕，威严地下达指令："放油担！"

一声令下，助手们抽掉辘轳的挡杆，手搬脚踩慢慢松开油担，不多时就听见油缸里滴滴答答地开始掉油。

油担每天往下放一点，到后来就把油担的整个重量全放下来，最后还要挂上石头加压，石头也是逐渐增加重量。

一副油要反复蒸三次、反复榨三次。每次榨完后就要起油担，是把上油担的过程倒着做一遍。

当起了油担搬走最后一个油坨后，油担下面的缸里就全是油了，油倌就会蹲在缸边，把长长的勺子伸到油缸里搅一搅，然后在勺把上捋一指头油，"滋啦"再捋到嘴里，稍停，便"吧唧吧唧"地张合着嘴巴品尝起来。

油倌品油并不是把嘴巴均匀地一张一合，而是很有乐感，一指头油捋进嘴里，"滋啦"之后便没了声息，如秦腔的一锤扣死。一阵恬静之后，有时是"吧唧吧唧"的连连咂嘴，似一板一眼急如风，有时又似一板三眼，委委婉婉，肝肠寸断……

每当这个时候，前来观看出油的生产大队、生产小队的领导们都紧张地盯着油倌的嘴，大气都不敢出。一阵静默后，但见油倌那蒙着凌乱胡子、留着油滴带着鼻涕的嘴张开了，开启之间带出一个字来：香！

于是乎，悬在领导们心头的一个石头落地了，大家雀跃，大家欢呼。

油坊里宝贝很多，渣水很滋润，洗脚泡脚非常好，老年人都喜欢去油坊泡脚，脚上的死皮都能洗得干干净净。

油坊还有一个宝贝就是油草，是点火的好材料，也能擦锅防锈，我们那时候也照大人的指令会到油坊去要一些油草拿回家用。

6月27日　　哥们乐

2015年　　星期六　　农历五月十二　　乙未年　【羊年】

2016年　　星期一　　农历五月廿三　　丙申年　【猴年】

2017年　　星期三　　农历六月廿四　　丙申年　【猴年】

2017年6月27日，全市晴，气温16~31℃。

我去了好几趟郭华生的茭白点，一是看茭白，二是与他商量研制播种机的事。他心灵手巧，改装机子是一把好手，每次说了他都会答应，但每次都没了下文，他实在太忙。

一、茭白

那一年，浙江人老郭过得泼烦，辞家离舍，带着两个茭白来到黄河边。他把一个茭白种在滩涂上，长得很壮实，给他带来了不少的收入。把另一个茭白安顿到简易房里，照例长得很壮实，把他的日子料理得有滋有味。那个茭白是植物，很有经济价值，这个茭白是老婆，乳名叫茭白。

二、鸭子

墙角外是鸭棚，好大的一群鸭子，一见老郭就点头哈腰，老郭就大声喊了句："哥们！"接着说了几句我们不懂的话，鸭群就下了池塘，穿过水面爬到了对岸。在对岸，鸭子们一边看着我们，一边"呱呱呱"地大声讲话，好像在说：看看吧，我们鸭子游水多平静，要你们人去游，非把一塘子水搅浑不可。老郭笑了笑，又喊了声："哥们！"接着又说了句我们不懂的话，鸭子们就扭着屁股，争相钻进了

茭白地。

三、狗

吃饭了，谦让，就座，客套，虚礼完毕，刚要放开手脚，那只牛犊般的大黄狗进来了，耷拉着耳朵半闭着眼睛，踏着稳健的八字步进来了。眼尖的女士一声尖叫，大家便一片唏嘘。本来如出入无人之地的狗，被唏嘘声吓得迟疑了，立定了。人被狗吓了，狗被人吓了，天下这事乱的。

"没事！"老郭说。大家又开始下筷子，尽管有人斜着眼睛用余光不时看看狗，大家又不时瞥一眼看狗的人的眼睛。一听没事儿，大黄狗略一迟疑就开始到处嗅。看来，老郭这话对人对狗都管用。

狗在外围嗅了一遍，就钻到桌子下面嗅。毛茸茸的大狗在腿间擦来摩去，鬼都说不出那种刺激。瞬间，一切都凝固了，没了呼吸，甚至眼睛都不动一下，大家在等待着，在静静地等待着……

"不咬！"老郭说。不咬？狗不咬人？谁信！狗的那条腿是怎么瘸的？还不是咬人被打的。

大黄狗爆发的那一刻终于没有到来，它在桌子下面嗅了一阵就钻了出来。人们刚要换口气，就见它突然转身，在两个女士之间立身而起，把前爪搭到桌沿上，对桌上的菜左看看右瞅瞅，好像在招呼大家：好好吃，这个好，那个不错。

说时迟那时快，只听俩女士齐声高呼了一个"妈……"字，就双双脸色蜡黄。

在一片哄笑声中，老郭瓦着脸对狗喊了声："哥们！"接着又说了些我们不懂的话。只见大黄狗哗啦竖起耳朵，大睁了眼睛，冷冷地把每个人电击一遍。那目光，勾魂摄魄，深如古井，冷若冰霜，令人毛骨悚然，不寒而栗。人，怎么能懂狗的心？

四、鸡

狗刚走，鸡就来了。先在外围瞅瞅看看，然后又到桌子下面瞎转悠。正当人们不注意时，突然跳上桌沿，左瞅瞅右看看，好像在招呼大家。鸡走的圈圈与狗走的如出一辙，都是畜生嘛，难怪。

从屁股望去，鸡高翘着尾巴，比狗高傲多了。但鸡走起路来那可是步步当心，要左看一下右看一下才下脚。下脚也是高高抬起，犹豫有度了才轻轻

落下。是的，鸡处在生物链的下游，除了能啄几个虫子，人和狗都能随便吃它，没有理由不小心。

鸡，最懂人和狗的心。

五、百鸟朝凤

狗走了，鸡走了，能好好吃饭了。老郭又开始学禽鸟叫了，鸡鸭猪狗，飞禽走兽，公的母的，打鸣的下蛋的，聊天的吵架的，百鸟朝凤联合国开大会的。客人们笑得人仰马翻，流泪的岔气的，捂着肚子蹲地的……一转眼，刚出去的狗和鸡，又来凑热闹了。

六、哥们

"哥们好！"

当大家笑得正岔气时，突听老郭又叫"哥们"，原以为又在使唤他的鸡和狗，定神一看，这回，老郭是要和大家碰一杯！

哈哈，哥们乐！

6月28日　　圣果

2015年　　星期二　　农历六月十三　　乙未年　【羊年】

2016年　　星期二　　农历五月廿四　　丙申年　【猴年】

2017年　　星期三　　农历六月初五　　丁酉年　【鸡年】

2017年6月28日，全市晴转多云，气温16~30℃。

党家岘下午4点10cm土层温度24℃，露地23℃。进入这个季节，地膜保温的作用就在其次，保水保墒的效果更明显一些，地膜地土壤含水量13.3%，露地10.7%。

2015年的今天，平川的赵生军写道："南风还在吹，天阴着，但没下雨，砂田胡麻进入成熟期，果实表皮由绿色慢慢地变为黄色，果子饱满而有光泽，籽粒也慢慢地长饱满了，风一吹过，随风摆来摆去的。"

植物的形态特征真是千奇百怪（动物也一样，只是我不愿意把话题扯远，那样的话一时半会转不回来），奇怪的不可思议。按理说是物种进化造成的，可有时候总感觉有个万能的上帝在专门设计。就拿植物的果实来说，苹果、桃子、李子，都在果枝上向下坠着，上面覆盖着几片绿叶，玉米又是把果实结在了主干的中间，小麦、谷子、糜子，还有胡麻，是把果实结在了茎秆的顶端，看上去比果树类更拟人化点，它们的果实就像人的脑袋，下面是主干和四肢。就这样还是各有不同，水稻、糜子、谷子的穗子是弯的，就像一弯新月，像一把洒壶洒出去的水，穗子越弯说明果实越饱满。小麦、胡麻则不然，假如他们的果实也弯下去，那肯定是歉收了，甚至没有收成。

胡麻的果实和它的花一样，一个分枝顶着一个果子。一株胡麻花盛开，是一个椭圆的网状结构，一束胡麻果实也是一个椭圆的网状结构。胡麻的果实具有神圣感，当果实成熟后，就端坐在展开的花萼之上，好似一位菩萨正襟危坐于莲花之上。果实由5瓣果皮包裹组成一个球体，每瓣果皮上都有3道凹凸的竖纹，中间的一道长而直，两边的两道短而略带弧形，即像"小"字又像"（1）"。5瓣果皮在球形的上方紧密合一，形成一个小尖尖，整个果实就是发育膨大了的子房，小尖尖是退化了的柱头。5瓣果皮之间并不参

和搭界，而是紧紧地挨在一起，成熟的果实的果皮之间的缝隙清晰可见，胡麻打碾的实质就是打碎果皮，让籽粒掉出来。

沿着果皮的裂缝打开果实，就会发现原来在外观上看到的竖纹在里面是条隔膜，将一个果皮隔成两个子室，每个子室有一颗种子。子室成竖的卵圆形，上小下大。很自然，籽粒也成扁平卵圆形，有什么样的模子就能做出什么样的点心。

我们赞叹果实的完美，为子室结构的精巧而倾倒，薄薄的隔膜把房间和位置定位得一清二楚，既相互独立互不干扰，又紧密相连互生互作。只是简简单单靠在一起的2瓣果皮，任凭风吹雨打不透一丝风雨。建筑师、设计大师们没有必要远涉重洋去国外学设计、学建造，只要把胡麻的果实结构研究透了、学到手了，敢说他就是宇宙的第一建筑设计大师。

胡麻的蒴果酷似一盏精致的宫灯，再加上剔透的金黄色，分明就是圣果。

6月29日　　胡麻油灯盏

2015年　　星期一　　农历五月十四　　乙未年　　【羊年】

2016年　　星期三　　农历五月廿五　　丙申年　　【猴年】

2017年　　星期四　　农历六月初六　　丁酉年　　【鸡年】

2017年6月29日，全市多云转晴，气温16~30℃。

旱山区党家岘和灌区的西王、刘川都普遍有点旱。平川老李这几天正专注于土地确权工作，他没有说旱，因为他那胡麻刚浇完第四水。党家岘胡麻地膜地土壤含水量12.1%，露地9.5%，刘川露地10.1%，含水量都到了一个临界值。

这几天的气温高，地温也高，单看下午4点的地温好像不是特别高，主要是早晚温差值比早先缩小了很多。党家岘胡麻地膜地早晨8点10cm土层地温18℃，下午4点25℃，温差小于10℃，露地是17℃和23℃，温差仅6℃。西王地膜地是21℃和24℃，相差仅3℃，刘川露地胡麻16℃和24℃，温差也是小于10℃。只有平川吊沟砂田14℃和29℃，相差15℃，露地15℃到27℃，相差12℃，可能是灌水所致。

灌区的胡麻株高已达70~78cm，正在灌浆，从蒴果期胡麻要求的最适温度（18~22℃）看，这几天气温和地温都偏高了。安维太老师在《宁夏油料作物》一书中说，如气温升到25℃以上时，会造成蒴果发育不良，产量降低。农谚说"要吃胡麻油，伏里晒日头"也是相对的。

在传统生活中，胡麻和胡麻油都

是多功能的，不单纯食用。一直到20世纪60年代，老百姓还有用胡麻油点灯的。那时候公家供应的煤油很有限，每月都有"购油证"限制，一家人放开点灯根本不够用，再加上购煤油需要钱，那个时代的一分钱都很不容易。胡麻油虽然也很少，但它毕竟是生产队分的、自己劳动挣的，不通过货币这一环节。也是从节约出发，有很多农家用胡麻油点灯。

胡麻油的灯盏要简单就很简单，要讲究也很讲究。最简单的胡麻油灯盏就是盛半碗胡麻油，靠着碗边放上灯芯，当灯芯吸上油后，把碗边露出的部分点着就可以了。

最好的灯芯是新棉花做的，把棉花拧成细细的长线，再对折过来让其自然拧成双股的线即可。在那个年代的年节前，人们赶集除了购买二两煤油、一斤食盐这些奢侈品和必需品之外，还必须要购买上二两新棉花做灯芯用。

胡麻油点灯亮度小，油烟十分大，一厘米的火焰油烟可能要七八厘米长，经常放灯的灯台墙周围全是黑乎乎的一片，甚至整座窑、整座房都是黑乎乎的。人们一早起来眼圈是黑的，鼻孔是黑的，大熊猫似的。

胡麻油灯很容易结灯花，灯花还结得非常大，就像爆裂的玉米花那么大，那么一个形状。那时候小孩子有个任务就是拨灯花，过十几分钟就要拨一拨，不然油灯就不太亮。

过去的过去，可能是民国时期或明清时期，传下来的胡麻油灯盏是非常有讲究的，有敞口的如碗状那样的青铜油灯，也有半封闭的如瓶状的。不论哪种形状，做工都很精细，雕饰着各种图案。就是再讲究的灯盏，使用时间一长，都会长油斑斑，很难觅到真实面貌。所以那时候过年前小孩子们还有一项任务，就是清除油灯上的油垢，那也是孩子们最不爱干的活，大人们从过了腊月初八就天天安顿、天天念叨，孩子们总要把它拖到腊月二十七八甚至除夕日，才草草完成任务。

还有一种高级的胡麻油灯盏，叫"气死狗"，具体形状现在已经无法说清，总体上是一个全封闭的，稀里糊涂丢在地上也倒不出油来，要吃油的狗都会被气死。那个时代的狗都是挨饥受饿，一盏胡麻油灯稍不注意就会被猫、狗甚至老鼠舔掉油，狗多时是叼上灯盏到僻静的地方去啃。点胡麻油灯盏要防狗，灯盏没有了，到狗窝里去找都是孩子们的事儿。

6月30日　　胡麻文化

2015年　星期二　农历五月十五　乙未年　【羊年】
2016年　星期四　农历五月廿六　丙申年　【猴年】
2017年　星期五　农历六月初七　丁酉年　【鸡年】

2017年6月30日，全市晴转多云，气温16~29℃。

午后，党家岘的胡麻有轻微萎蔫现象。

我老家的一个地名叫胡麻湾，庆阳市、武威市也有叫胡麻湾的地方，定西市有个高铁通过的大山叫胡麻岭，河北承德有个胡麻营乡。在小地名中叫胡麻嘴、胡麻岘、胡麻沟、胡麻川的地方很多。胡麻由植物上升到地名，成了一种地理文化。

胡麻很入歌，大同就有阎维文演唱的《胡麻花儿开》，固原、会宁一带流传有"三月里来三月三，我和王哥种胡麻……"环县民歌《拔胡麻》唱道："七月里来七月七，我和王哥拔胡麻，胡麻拔了一洼洼，我和王哥没说话……"还有"八月到了八月八，高高的山上拔胡麻，王哥一把我两把，拔下的胡麻抿头发……"等民歌。

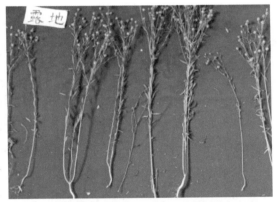

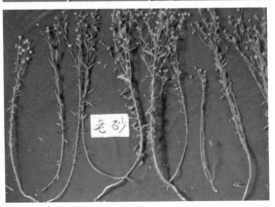

胡麻很入诗，唐代诗人李白有"举袖露条脱，招我饭胡麻"句，王维有"御羹和石髓，香饭进胡麻"句，王昌龄有"百花仙酝能留客，一饭胡麻度几春"句，戴叔伦有"宋

时有井如今在，却种胡麻不买山"句，宋代诗人胡则有"深倾玉液琴声细，旋煮胡麻月色底"句，不胜枚举。

胡麻很入戏，过去逢年过节农村唱戏耍社火，胡麻油是少不了的，演员化妆要用胡麻油打底，油彩才能洗得干净，蘸着胡麻油洗油彩才能洗得快。演唱的过程中要表达剧中人容光焕发，就要在脸上轻轻地涂一层胡麻油，在光线的映衬下十分显效果。要表达剧中人的悲壮和流泪，在眼睛下方涂点胡麻油，显得十分逼真。

胡麻很入医，农民的传统生活中，轻微碰伤、红肿都有涂胡麻油的习惯。胡麻的医用价值，市面虽有不少过分夸大的广告语句，但胡麻在提升人体抗压力、减轻过敏反应、改善皮肤脂肪含量，甚至在减轻哮喘等方面的功效已被越来越多的人所认同。李时珍对胡麻的总结是：胡麻取油以白者为胜，服食以黑者为良，胡地者尤妙。取其黑色入通于肾，而能润燥也。赤者妆如老茄子，壳厚油少，但可食尔，不堪服食。现代科学研究已经表明，胡麻将是未来很俏的食疗植物。

胡麻很入生活，比如胡麻与宗教就有着千丝万缕的关系，胡麻籽被视为神圣之物，亚麻布同样被视为祭祀的重要法物。仔细想来，宗教人士所用衣物被饰大多也是用亚麻为原料加工而成的。现在公认，胡麻是张骞出使西域引入中国的，胡麻的引入极大地改善了我国北方人们的饮食结构，促进了东西方文化的交流，胡麻成了外事活动的重要介质。现在，科学家们又在研究胡麻的观赏性，相信以胡麻主打或搭配的乡村旅游也会进入人们的生活。

胡麻的加入，极大地丰富了农耕文化，使农事活动和实践更加多样化，甚至多元化。在北方，胡麻之前的和没有胡麻的农作物栽培，除了夏田就是秋田，界限分明。由于胡麻的播期不严格，有了胡麻或加入了胡麻栽培，使得农作物栽培变得夏秋作物连贯和相衔接。胡麻还可以作为救灾作物，在伏天播种，深秋收获。

一个北方人，特别是西北人，或者是西北土生土长的成年人，胡麻的渗透是深入骨髓的，好比我，我自个儿几乎每天都离不开胡麻，不是在种胡麻就是在吃胡麻，一年中有那么几天离开了北方，既不种胡麻也不吃胡麻，但思绪中不时掠过的还是胡麻。

也许，这就是胡麻文化。

7月1日　　胡麻精神

2015年　星期三　农历五月十六　乙未年　【羊年】

2016年　星期五　农历五月廿七　丙申年　【猴年】

2017年　星期六　农历六月初八　丁酉年　【鸡年】

2017年7月1日，全市晴转多云，气温15~30℃。

今天是建党节，七一前后正是我们每年观摩各个科研点的时间。过去有好几年都是这个时间节点来到会宁，早晨出发前第一件事就是到红军一二四方面军会师旧址瞻仰参观。在纪念塔前敬献花篮，鞠躬致敬。有一年，我还提议大家向纪念塔敬少先队员礼，因为，在当年的红军战士和英灵前我们都是孙子辈，重孙辈，小不点。

2015年的今天，刘川的刘小娥正为胡麻倒伏愁眉不展，她说："到现在胡麻倒得一塌糊涂，没有一点空隙，起来的希望不大了，只有减产了，长到这个程度上多不容易，就这样成了一片乱麻了。"

对老百姓和没有比较深入的研究过胡麻的人来说，胡麻灌了水遇见大风易倒，不灌水，风大了也易倒。倒掉的胡麻只要有好太阳晒几天就会恢复个八九不离十。这些认识基本正确。

只要深入观察和研究，就会发现胡麻的倒伏成因非常复杂，复杂到不能完全理出头绪。简单地说，有胡麻自身形态特征上的原因，这是主因。胡麻基部茎秆在地面以上只有2厘米左右长，直径不过3毫米，而且还是空心的，要撑起几乎和它一样粗、高七八十厘米，甚至八九十厘米的三四个茎秆，每个茎秆上还有十七八个分枝，每个分枝上基本都有一个蒴果。在胡麻青果期称重发现，一株胡麻的鲜重是24~27g，而茎基部重0.84~1.01g，茎基部所支撑的重量相当于自身重量的23~31倍，这几乎相当于一个树干撑起了一栋四五层的楼房。

试想一下，如此沉重的负担，就是静静地在地里撑上一两个月也不是十分容易的事，何况每时每刻都要承受来自四面八方的多重因素的复合干扰，狂风暴雨、飞沙走石、乌云压顶、施肥、灌水、除草，等等，能有不倒之理

嘛？难能可贵的是，绝大多数胡麻都挺过来了，即便是倒了，正如老百姓所说，晒晒太阳，大部分也能重新挺起脊梁。

也不能一味地说胡麻易倒，在花期之前，胡麻是很少倒伏的，就是有倒伏也基本都能够重新站起来正常生长。花期以后结果了，果实开始灌浆了，籽粒和果实都一天天地膨大起来，重量在不断地上升，胡麻头部越来越重。在这种情况下，如遇胡麻自身不可抗拒的灾害，倒下去的胡麻就很难完全恢复之前的状态。

但是，胡麻一直没有放弃抗争，总是不间断地挣扎着、奋斗着，艰难地往起爬。就像一个负了重伤的战士在战场上那样，总会尽最大的努力，昂起那颗高贵的头颅。

到目前，我们还真没有发现因为倒伏而颗粒无收的胡麻，就是再困难、再艰苦，胡麻总要把它虽然瘦瘦而金子般的籽粒献给人们。

胡麻是有精神的，胡麻是有实力的，胡麻的精神源自它的实力，胡麻通过它的实力淋漓尽致地向人们、向大自然展示它的精神。

胡麻的精神是宝贵的，在7月1日的这一天，胡麻的精神更令我们浮想联翩。

7月2日　　结构是自然界的最高法则

2015年　星期四　农历五月十七　乙未年　【羊年】

2016年　星期六　农历五月廿八　丙申年　【猴年】

2017年　星期日　农历六月初九　丁酉年　【鸡年】

2017年7月2日，全市多云转晴，气温17~27℃。

这个时候，平川的胡麻生长已接近尾声，刘川和西王的胡麻正在灌浆期，党家岘山区的胡麻已经到开花的后期。胡麻到了生长后期，田间管理的措施也不多了，我们和农民一样，这段时期唯独能做的就是多在田里走一走，看一看，对不同品种、不同栽培方式下的胡麻评头论足一番。这项工作也非常关键，因为它决定着一个胡麻品种（系）和一种栽培技术的命运，有一个好的田间评价，再加上最终的产量表现优异，这个品种、这项技术就有前途。

除此之外，我们也是和农民朋友一样显得很无奈和力不从心，只有内心祈祷的份，希望在胡麻生长的最后一段时间里，风调雨顺别无它恙，顺顺利利地完成它的生育期，高高兴兴地向它的主人交上满意的答卷。

经过多少年大规模的压这个扩那个的农业种植业结构调整之后，人们对种植业结构调整有了新的认识，像胡麻这些作物被重新提起，许多地方都在着力发展胡麻产业化。但每当提起胡麻产业化，人们总会附加一句"胡麻产量低"，甚至许多专家都认为胡麻的产量提高太慢，新中国成立以来小麦、玉米、水稻等作物的产量都翻了一番，甚至更高，而唯有胡麻产量提升太慢。

我们不否认胡麻的产量是低了点，但对作物的产量也不能一概而论，小麦、玉米、水稻产量高有高的道理，因为，他们要养活地球上多少亿的人口和多少亿的家畜、家禽，温饱问题是否解决主要看粮食，历史上历次的大饥荒都是粮食的大饥荒。食用油（在我们这里主要指胡麻油）则不然，虽然人体摄取脂肪，特别是植物脂肪有一定的指标要求，但它毕竟是结构性食品，历史上还从来没有发生过类似于粮食短缺而产生饥荒的食用油荒，这也许是

物种在进化过程中一种科学的安排吧。在这个意义上说，天然的结构比例是自然界的最高法则。试想，世界上当胡麻的产量与玉米、水稻相当时，当油比面比米多时会是个什么景况？

当然，在这里为胡麻的产量低而去寻找牵强附会的理由并无意义，不争的事实是，有许多的动植物产量低反而价值高，群体和个体小反而珍贵。因此，下足功夫研究和开发蕴藏在胡麻里的内在潜能，让其放大和迸发出百倍、千倍的能量和价值，可能比天天为胡麻产量低而发愁更有意义。

研究已经表明，胡麻油有多种用途。胡麻油含有丰富的不饱和脂肪酸，碘值达170~200，容易吸收空气中的氧气而迅速干燥，是工业上良好的干性油，可以用来制造高级印刷油墨、油漆、人造橡胶、肥皂、医药等。胡麻种皮含有6%~10%的亚麻胶，是良好的黏合剂；胡麻油粕饼是制造尼龙、塑料、活性炭、味精、酱油的原料，也是饲养大牲畜、猪、羊、家禽的好饲料。油纤兼用型胡麻，出麻率可达12%~17%，具有细柔、坚韧、抗腐等特点，可制作各种纺织品、防水炮衣、帆布、传送带、麻袋等。

胡麻是一种经济价值极高的油料作物，现在的关键点是，我们还没有很好地开发和利用胡麻的这种经济特质（只处在原始的食用阶段）。

7月3日　文化自信

2015年　星期五　农历五月十八　乙未年　【羊年】

2016年　星期日　农历五月廿九　丙申年　【猴年】

2017年　星期一　农历六月初十　丁酉年　【鸡年】

2017年7月3日，全市阴有小雨，气温16~27℃。

天下事有时候很难猜得透，平川的胡麻已经灌了四水了，蒙蒙小雨还下个不停，党家岘的农民在不停地喊旱，可是头顶上只有几团云彩遮挡着太阳。

平川李长衡今天在雨声中拿起了书本，可爱的农民有闲暇应该少打麻将多读书，每个做三农工作的同志都应积极引导农民在文化上觉醒。

农民的一切消极情绪、消沉状态都是由于文化上的不觉醒产生的。农民，只有在文化上觉醒，才能蒸腾出持久而旺盛的文化自信，才能把党和政府的召唤潜移默化为内在行动。要重点引导农民走出三个文化误区：

一是要引导农民走出对大众文化误读的误区，树立文化自信。在一个时期的大众文化中，农民形象要么是身残型和脑残型，要么一个赤手空拳的农民就可以随便撂倒几个武装到牙齿的敌人，一个游手好闲坑蒙拐骗的农民最终还能修成正果。包括农民在内的文化受众都以此为乐，一笑了之，在不知不觉的文化浸淫中，连农民自己都认为这就是农民。我们可以在任何场合，包括中规中矩的会议和非常随便的餐桌炕头，当着农民的面说他们落后，说他们没文化，甚至说他们愚昧。对这些具有身份歧视和人格侮辱的话，农民不但不"燥"反而还会点头称是。可见对文化的误读是多么可怕，它能导致一个人、一个群体误入歧途，跌入深渊而不知自拔。这种自甘落后、自我认可、自认其辱的心态，就是文化的自卑和文化的不自信，也是农民成为弱势群体的根本原因。我们要用先进的文化引导农民重塑勤劳、智慧的形象，形成健康向上的农民文化观，提高文化鉴赏能力和水平，走出文化误区，培植农民的文化自信。

二是要引领农民走出对主流文化误判的误区，促进文化自立。我国总体上已经进入以工补农、以城带乡的农村经济发展的新阶段，有相当一部分农民，特别是中年以上的农民已经很满足了，打心里感叹党的政策好，认为做农民到了这一代算是舒服到了头。农民的惰性来源于对主流文化的误判，要引导农民正确判断主流文化：要认识到政府的各项惠农政策，是弥补农业经济发展后劲不足而采取的最基本措施，惠农不是惯农，而是为了促发展；要认识到政府的各项生活保障政策，是维持农民生存的最低保障措施，保农不是养懒汉，而是为了促自立；要认识到我们的农业还是很传统很落后的，与现代农业存在着巨大的差距，绝不能沾沾自喜、满足现状。要引导农民走出对主流文化误判的误区，激发文化自立。

三是引导农民走出对传统文化误解的误区，增进文化自强。农业文明和农业文化依然根深蒂固，深深地扎根于人们的脑海之中，当前最显著的特征就是"以农致富、以农奔小康"。总是习惯于拿百分之一的以农致富的典型去要求百分之九十九的农民，这是极不科学的，是对传统文化的一种误解。从产业性质看，农业产业是保障基本生活供给，提供维持生命和生活的基本物资。从历史进程来看，从农业社会走向工业社会是一种必然，正是农业社会无法满足人们日益增长的物质文化需求，社会才向工业社会迈进。我们的任务就是要引导农民破除对传统文化的误解，使他们认识到从农业文明到工业文明既是社会进步又是发展规律；社会的每个人包括每个农民干每件事情都应该依规律而动，向新的文明进军，向新的文明要致富、要小康，而不能抱残守缺，向不可能要可能；当前最紧迫的就是要引导农民调整好劳动力结构，向城市要小康，向工业要致富，向文化要自强。

7月4日　　同期播种的结果

2015年　星期六　农历五月十九　乙未年　【羊年】

2016年　星期一　农历六月初一　丙申年　【猴年】

2017年　星期二　农历六月十一　丁酉年　【鸡年】

2017年7月4日，全市晴间多云，气温16~30℃。

平川的胡麻基本成熟，平展展的砂田里，金黄色的小麦，深绿色的玉米，褐色的胡麻，很有画意。有的农民抓住夏收前的宝贵时间给玉米松土、除草，有的已开镰收割。李长衡家2.3亩小麦用收割机收，只用25分钟就收完了。如果切换到人工收割模式，四个强壮劳动力得用两天时间。

在平川、刘川、西王、景泰陈庄布置的胡麻、玉米同期播种试验也到了黄绿相间的良好观瞻期，胡麻进入黄熟期，玉米正在抽雄吐丝阶段。在前期，由于是多处理的试验，整个试验田显得有些凌乱，主要表现在玉米上，有的长高了，有的刚出苗，还有的正在顶土。我们和农民中的性急的人一样，忍不住老在点玉米的地方刨土去看，尽管小心翼翼，还是时不时一惊一乍地喊出声来。喊声一出，远远近近的人就会倒吸一口凉气，谁心里都清楚，那是把一个珍贵的玉米芽刨断了。

玉米就这样前前后后，七长八短地长着，还有的缺苗，甚至连着四五个窝子都缺苗。一个窝子里面没有苗叫缺苗，两个窝子里面没有苗还叫缺苗，连着四五个窝子或者更多的窝子没有苗就不叫缺苗，而是断垄、断行了。有一苗、没一苗，林林总总、疏疏密密，应该叫什么呢，那叫"胡日鬼"。

在玉米的营养生长阶段，各个不同处理（不同时期播种）的玉米很明显，有的根系粗而多，有的细而少，茎秆也是有很壮实的，有很弱小的。随着营养生长的结束，长势趋于一致，如果没有试验人员在地头一个一个地引导去看，是很难看到差异的。

2016年的试验结论大体是这样：

从出苗看，平川砂田3月16日胡麻玉米同期播种，24天后（4月9号）五个处理陆续出苗，最迟的27天后（4月12日）出苗，同期白籽播种的21

天后（4月6日）出苗。正常播期的（4月6日播种）12天后（4月18日）出苗。

刘川土地3月27日胡麻玉米同期播种，21天后（4月17日）各处理陆续出苗，最迟的24天后（4月20日）出苗，较同期白籽下种的迟6~9天出苗。正常播种的4月12日播种，4月26日出苗。

景泰陈庄3月18日播种，播种后30天（4月17日）陆续出苗，最迟的33天后（4月20日）出苗，与同期白籽下种的出苗期

略有推后。正常播种的4月14日播种，13天后（4月27日）出苗。

从观测到的地温分析，3处试验地从同期播种之日起，地温均稳定在10℃以上，满足了玉米萌动、出苗的温度要求。

从生长动态看，各点、各处理的玉米苗期均未出现对环境的不良、不适反应。在营养生长阶段，表现为生长略缓，后期生长正常。

从产量看，各点、各处理的试验产量具有较好的一致性趋势，与正常播种的（对照）产量差异不显著。同期播种试验取得了初步成功，而且带来了一个未曾料想到的结果，就是在白银砂田和黄河灌区，玉米正常播期完全可以提前5~10天，在3月下旬播种。玉米提前播种有利于壮苗和蹲苗，可抵抗4月15日左右的常发性冻害。

7月5日　　解放思想

2015年　　星期日　　农历五月二十　　乙未年　　【羊年】

2016年　　星期二　　农历六月初二　　丙申年　　【猴年】

2017年　　星期三　　农历六月十二　　丁酉年　　【鸡年】

2017年7月5日，今天全市小雨转多云，气温13~21℃。

党家岘的王新民激动地说："渴望已久的甘霖终于降了下来。"刘川的刘万景早早地起床，顶着小雨到地里去浇水。平川的李长衡说："吹风扬场，下雨抹墙。"

2015年的今天，刘川的刘小娥还在为一部分的胡麻套种豌豆试验而发愁，她在日记中说："下午把几行豌豆拔了出来，没有几个豆角子，但不拔怕坏掉了，又影响胡麻的生长。要告诉农科所这样的种法以后根本是种不成的。"

本来是试验，允许失败，何况还是因为搭架太迟和不规范所致。但我们常常遇到农民不允许失败的现象，由此想到了农民如何解放思想的问题。说具体点，农民思想不解放就做不了试验。说大点，农民思想不解放奔小康可能就是一个问题。

解放思想不是胡思乱想，不是胡说八道，不是胡作非为，不能被错误思潮所迷惑，也不能被一些失败的教训所束缚。解放思想的实质是实事求是，农民要大胆地探索事物内部和事物之间内在的联系和规律，并为我所用。

就农民"借钱"发展来说，也有个解放思想的问题。先以"我"为圆心，以家庭为半径画圆，叫它家庭弧线；再把半径适当延长画圆，叫它近亲弧线；最后把半径再适当延长画圆，叫它社会弧线。农民的一切经济活动都在这三个同心圆里：经济活动只在家庭弧线里兜圈子，钱多大发展，钱少小发展，无钱死扛着，就是故步自封、思想僵化，说明思想观念还停留在封建的小农经济思想阶段；经济活动在近亲弧线里转，通过血亲、姻亲及近亲圈借钱求发展，属较为正常的思想状态；经济活动超出了家庭和近亲两个小圈子，通过积极寻找各种间接的社会关系和建立新型的社会关系，寻求政府和

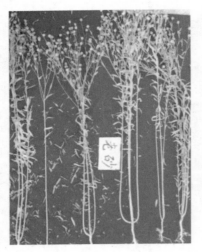

金融机构的资金支持，就是解放思想的具体表现。要鼓励和提倡农民把自己的经济活动置于社会弧线里。

解放思想的任务是双重的，不能只让农民解放思想而干部因循守旧，要特别注意解除普遍存在的"为民做主"的封建思想：干部进村进社了，穿着西装，讲着普通话，手白脸白，架子大口正，眼高手低，办法没有，看法不少。

要在干部中树立为农民服务、农民才是农民自己的主人的思想，这是提高农民政治觉悟的必要条件。

当2020年农村全面步入小康社会时，最刚性的指标就是农民年人均纯收入将在2010年的基础上翻一番。用数学的思路去求解这个社会不等式，农民收入翻番就应当小于或等于2倍的现有的各种收入基数之和（2×养殖业+2×种植业+2×务工+2×政府补贴+…≥小康农民人均纯收入）。讲透全面建设小康社会，先要讲透这个不等式。

这个不等式通过数学法则告诉农民、告诉我们，全面建设小康社会的任务相当艰巨，使命相当光荣。在向往小康美好生活的同时，应该预料到小康路上的艰辛。

这个公式之所以不是等式，关键在于农民人均纯收入翻一番绝不等于一切收入来源基数都要翻一番。这就告诉农民、告诉我们，小康路上再艰辛也是科学发展。

这个公式之所以是不等式，就在于它的省略号，它明白地告诉农民、告诉我们，全面建设小康社会必须要有新思路、新办法，广泛开辟新的收入来源和渠道。

这个不等式明确地告诉农民、告诉我们，小康社会只是目前农村发展的第一步，实现了全面小康还要倍加努力继续前进。小康远不是终点，仅是一个节点和新的起点。

向农民讲透全面建成小康社会，让农民明白自己走的是什么路，将走向何方，是目前提高农民政治觉悟的主要内容。

附：2015—2017年的7月5日胡麻平均生长动态与地温关系：

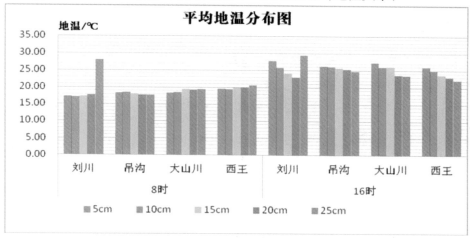

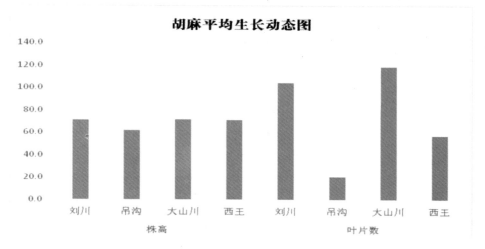

7月5日，大山川胡麻进入盛花期，株高71.4cm，叶片119片；吊沟胡麻叶片数降到21片；刘川胡麻株高71cm，叶片降到104片；西王胡麻株高71cm，叶片数达到高值57片。0~25cm土层平均地温早8时西王地膜地

19.92℃，刘川露地 19.55℃，大山川地膜地 19.01℃，吊沟砂田 18.14℃；16 时分别提升 4℃、6.46℃、6.33℃ 和 7.48℃，分别达到 23.91℃、26.01℃、25.34℃ 和 25.62℃。8 时 10cm 土层的地温以西王地膜地为高，达 19.51℃，16 时以吊沟砂田为高，达 26.09℃。

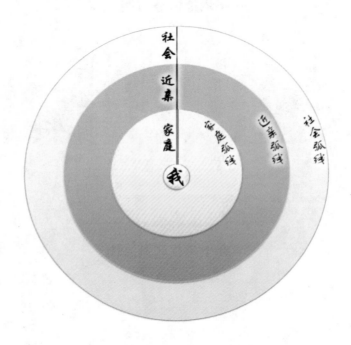

7月6日 首席科学家党占海

2015年　星期一　农历五月廿一　乙未年　【羊年】
2016年　星期三　农历六月初三　丙申年　【猴年】
2017年　星期四　农历六月十三　丁酉年　【鸡年】

2017年7月6日，全市是个大晴天，气温12~28℃。

昨天一场雨过后，旱作区的旱情有所缓解，多日的高温也被浇凉了一点。党家岘露地30cm土壤含水量上升到14.5%，地膜地上升到16.4%。

地膜胡麻最初的提出人是国家胡麻产业技术体系的首席科学家党占海研究员，时间大约在2009年的春季，党占海召集白银综合试验站、定西综合试验站、兰州综合试验站、平凉综合试验站和体系有关专家在会宁召开了研讨会，并布置了任务，会后大家齐心协力把地膜胡麻这件事做了起来。

说来也巧，党占海就是党家岘人，他从党家岘的一名民办教师干起，上大学做科研，与胡麻结下了不解之缘，成了世界杂交胡麻之父；从一个普通的胡麻育种工作者干起，成为我们国家重要的胡麻育种者，主持选育的胡麻品种陇亚系列从7号开始，已排到了陇亚14号，陇亚10号、陇亚11号已经成为白银地区的主栽品种。

党占海是我国胡麻抗枯萎病育种的开拓者，胡麻温敏型雄性不育系和两系法胡麻杂交种的首创人，我国胡麻育种科学的领头人，农业部油料专家指导组成员，有国际影响力的胡麻育种科学家。5次

受邀在全美亚麻学术会上做学术报告，2项成果达国际领先水平。享受国务院政府特殊津贴，是国家有突出贡献的中青年专家，入选国家"新世纪百千万人才工程"第一、二层次，先后入选甘肃省"333"人才工程第一层次和甘肃省千名领军人才第一层次，是全国先进工作者，全省优秀共产党员，2009感动甘肃十大陇人骄子，2012年兰州市道德模范，二级研究员。

"十一五"后期，国家组建现代农业产业技术体系，胡麻被列入50个产业技术体系之一，党占海在对国内外胡麻产业技术现状进行充分调研的基础上，设计了从种植到加工，覆盖整个产业的技术研发和展示的体系构架。组织体系人员深入进行产业调研，凝练体系任务。经过几年的努力，育成新品种13个（杂交种3个），研发新技术23项，新工艺1个，新产品4个，制定地方标准19项，制定企业标准4项，取得发明专利23件，取得实用新型专利6件，新品种权3项，发表论文185篇，其中SCI、SSCI、EI等论文11篇，论著7部。获省部级一等奖2项，二等奖1项，三等奖3项。

胡麻产业技术体系覆盖区胡麻单产由"十一五"的平均63.62公斤/亩，提高到81.34公斤/亩，提高了27.9%，高于世界平均水平。各类新产品、新技术累计推广面积达到2089.7万亩，新增产值17.5亿元。加工设备及技术被十几家企业推广应用。应用企业新增产值14.93亿元，新增利润1.74亿元，新增税收5472万元。胡麻消费由农村拓展到城市，由产区拓展到全国，由低消费人群拓展到高消费人群，既为胡麻生产者增加了效益，又为消费者带来了实惠。

7月7日　　夏雨

2015年　星期二　农历五月廿二　乙未年　【羊年】——小暑

2016年　星期四　农历六月初四　丙申年　【猴年】——小暑

2017年　星期五　农历六月十四　丁酉年　【鸡年】——小暑

2017年7月7日，全市大晴天，气温15~30℃。

党家岘的地膜胡麻花期快要结束了，露地胡麻正在盛花期。平川的胡麻已经成熟，黄褐色的一片，煞是好看。

我们敢自信地说，在所有粮油作物中胡麻优良品种的普及是最高的，虽然，有的地方的老百姓对自己种的品种叫不上名，只知道是从谁家串换的，或从哪购买的,但从根源上说，要么是定亚系列，要么就是陇亚系列，靖远、会宁、平川定亚系列占比较高，景泰陇亚系列的成分大。这些系列的品种都是育种家们一个一个选育成功的，一个品种选育成功，顺顺利利也要七八年。

胡麻育种以常规育种技术为主，近年来育种方法在不断创新，诱变育种、生物技术育种、杂种优势利用等新技术不断应用于胡麻育种中。

在与王新民配合工作一段时间后，大大咧咧的我有时也变得多愁善感起来了。有时候刚玩得高兴，突然冒出个奇怪的念头——嗷，这胡麻是不是被麦牛（金龟子）吃了？刚聊天海吹得起劲，又横空跑出个杂念——吆，是不是有雷阵雨，胡麻要倒了？前几天王新民天天喊"旱"，"怎么还不下雨啊？""盼望甘霖降临啊！"……

王新民喊过不知有什么"后遗症"，对我的影响可大了，刚一刮风就感觉要下雨了，天上出现一朵云彩，就以为要下雨了。天亮惊醒，明明是隔壁人家冲马桶，但还是认为天在下雨，而且还下得不小。

这不，最近一段时间就动不动冒下雨的泡泡，稀里糊涂地下了好几场雨，而且一下就是好几天。

立春那天，我找来朱自清的《春》诵读了几遍，北方人很难理解《春》里描写的景象，但当你在南方度过一段春天的时光，就会吃惊地发现，原来朱自清的春与南方的春是那样地契合。

　　既然是写夏雨，干吗要搬出朱自清的《春》说事儿？因为，思来想去老半天，还真不知道如何把这场心中的夏雨描写出来，这时候我突然想到了朱自清的《春》，想到《春》里那段关于春雨的描写，我们的夏雨活脱脱就是搬过来的南方的春雨啊。不信，你瞧——

　　雨是最寻常的，一下就是三两天。可别恼。看，像牛毛，像花针，像细丝，密密地斜织着，人家屋顶上全笼着一层薄烟。树叶儿却绿得发亮，小草也青得逼你的眼。傍晚时候，上灯了，一点点黄晕的光，烘托出一片安静而和平的夜。在乡下，小路上，石桥边，有撑起伞慢慢走着的人；还有地里工作的农民，披着蓑戴着笠。他们的草屋，稀稀疏疏的，在雨里静默着。

　　像吗？何止像，简直是妙极了。6月下旬以来的雨就是最寻常的，一下就是三两天。下起来像什么？就是像牛毛，就是像花针，就是像细丝，就是密密地斜织着，人家屋顶上就是笼着一层薄烟。平时蔫蔫的灰蒙蒙的树叶儿是不是绿得发亮，就是，太就是了！小草怎么样了？小草就是青得逼你的眼啊！靖远郭城一带的山，还是靖远郭城的山吗？哪是呀？那青、那逼眼分明是更南面的会宁南边的山啊！会宁南边的山还是会宁南边的山吗？哪是呀？那青、那逼眼分明就是更南面平凉、陕西的山啊！到了平凉就发现平凉就是江南啊！傍晚时候，上灯了，又是什么情况？一点点黄晕的光啊，烘托出一片安静而和平的夜啊。在乡下，小路上，石桥边，又怎么样了。还能怎么样啊？就是有撑起伞慢慢走着的人；还有什么？还有地里工作的农民啊，也基本是披着蓑戴着笠那种打扮啊。他们的草屋呢？他们的草屋，稀稀疏疏的，就是在雨里静默着啊。

　　写夏雨，原本的想法是要写我们这地方十年九旱，好不容易等住了今年这个好雨年，可又下得农民发愁、政府发愁。成熟的麦子发黑了，灌浆的胡麻倒伏了，有的地方玉米也倒了。山洪了，河水涨了，抢险了、救灾了……

　　可，当刚才把朱自清描写春雨的这段套用了一遍后，我突然觉得雨是那么可爱，再不忍心去说它的"坏话"。本来嘛，雨没有错，假如有错，是人有错。

7月8日　　胡麻后复种和中国胡麻

2015年　星期三　农历五月廿三　乙未年　【羊年】

2016年　星期五　农历六月初五　丙申年　【猴年】

2017年　星期六　农历六月十五　丁酉年　【鸡年】

2017年7月8日，全市多云，气温18~31℃。

2015年的今天，平川的赵生军在日记中写道："和往常一样，去胡麻地里观测完地温，就去四档子地里看了一下墒情，觉得可以种了，就回去拉上播种机去种黄豆，共2.5亩，种了3个小时就完工回家了。"赵生军说的种黄豆，是当地小麦收获后复种黄豆。

复种是在同一耕地上一年种收一茬以上作物的种植方式。主要是为了提高土地和光能的利用率，在有限的土地面积上，通过延长光能、热量的利用时间，使绿色植物合成更多的有机物质，提高作物的单位面积年总产量;同时使地面的覆盖物增加，减少土壤的水蚀和风蚀。复种的发展受当地热量、土壤、水利、肥料、劳力等条件的制约，其中热量条件常是主要的限制因素。白银市平川区井泉灌区海拔较低，年平均温度较高，热量丰富，而种植胡麻生长期短，产量不高，效益较低，无法充分利用较丰富的热量资源。井泉灌区砂田胡麻收后还有1000℃多的有效积温和近3个月的无霜期，可以满足小秋作物和多种蔬菜的生长，具备复种的先决条件。

复种是一种传统而古老的种植形式，复种又是很忙乱的一次夏收夏种农活，农民把夏收叫虎口夺食，把夏种叫争分夺秒，夏收和夏种抢的都是时间。夏收的先几天就要做好开镰、运输、施肥、播种的一切准备。夏收正式开始这天可是一气呵成，早晨五六点就要出门，边走边啃馍馍，一旦进地，那可是腰不得直、汗不得擦，就是"唰唰唰"的割镰声。一块地到11点左右收割完，气儿都来不及大歇，又是装车，背、挑、驮，要赶时间运输到场，把地腾出来。麦场一般都在家门口，正好赶运输到场的空档，女人做点最简单的饭，男人给牲口添料饮水。狼吞虎咽吃过午饭，锅顾不上洗就得上地。女人背着种子肥料，男人扛着农具吆喝着牲口。在地里女人撒肥料，男人驾牲口搭籽。春播结束已经好长好长时间了，这牲口早已忘记了拉耧播种的步伐，还要女人在前面牵着走几个来回，熟悉一下基本动作。是的，牲口没必要死记硬背那些人类定的规矩，因为干得再多，主人对它们扬起的是鞭子，干得再好，啃的永远是秸秆。

正因为太过紧张，复种一度被停了下来，许多农民现在也不是太热心。但现在复种比过去从容多了，开个手扶或四轮拖拉机进场，收割机一半个小时就能收割完毕，都不用打捆直接装车拉运到场，接着播种机也是一半个小时就能播种完毕。因为一户人家复种也就二三亩，最多三四亩。

传统中，复种主要是小麦后茬复种，胡麻体系建设以来，我们就做胡麻后复种。目的是通过复种保住胡麻在这一地区的种植面积。

复种变一年一熟为一年两熟，有效地解决了胡麻效益偏低与保证农民吃油问题，较好地提高了土地生产效益。总体上土地有效生产时间延长40天以上，生长期增加36.4%～45.5%，在保证亩产胡麻168～178kg的基础上，土地生产率和劳动生产率显著增加。复种粮食作物亩收益增加34.8%～51.4%、复种蔬菜亩收益增加14.2%～427%。这里有几组我们试验过的数字：

复种糜子每亩可多产粮食171～187kg，亩净收益达到1213～1411元，较单种胡麻提高34.8%～51.4%；

复种早熟大豆每亩可多产粮食135～165kg，亩净收益达到1240～1640元，较单种胡麻提高37.8%～97.6%；

复种油菜每亩可多产油籽148kg，亩净收益达到1448.8元，较单种胡麻提高74.5%；

复种萝卜每亩可多产蔬菜4200～5100kg，亩净收益达到1076～4114元，较单种胡麻提高19.5%～313.8%；

复种大白菜每亩可多产蔬菜4000～4800kg，亩净收益达到1028～4654元，较单种胡麻提高14.2%～427.6%；

复种小白菜每亩可多产蔬菜1150kg，亩净收益达到2060元，较单种胡麻提高148.2%。

……

2017年的今天，因一篇文章的需要，我对胡麻做了一个生产概况，现整理于下：

胡麻是现代文明的奠基作物之一，汉武帝时期中国开始胡麻栽培。第二次世界大战增加了胡麻纤维和胡麻油的需求，20世纪中期，胡麻商品遍及世界。

胡麻的种植国有40多个，有俄罗斯、加拿大、印度、中国、哈萨克斯坦、美国、埃塞俄比亚等。

我国是世界胡麻主产国之一，主要分布在西北和华北北部的干旱、半干旱高寒冷凉地区，以甘肃、内蒙古、山西、宁夏、河北、新疆、陕西等地种植较多。2011年，我国胡麻种植面积35万hm²，占世界种植面积的17.11%，居第一位；总产量35万吨，占世界总产量的21.85%，位于加拿大之后，居第二位。

甘肃胡麻总产量居全国首位，2001—2011年，年均总产量15.41万吨，占全国总产量的40.69%；宁夏年均总产量为5.33万吨，所占比例为14.08%；山西和内蒙古总产量相近，年均总产量都在4万吨以上，所占比例分别为12.69%和11.45%；河北、新疆所占比例依次为7.25%和5.74%。

2000—2011年，我国胡麻单产年均增长3.14%，平均年增长率高于世界年均增长率3个百分点，高于美国和加拿大5和2个百分点。年均单产927kg/hm^2，同期世界平均水平为854.75kg/hm^2。

2000—2012年，我国胡麻油年均产量为11.4万吨，占同期世界胡麻油平均产量的19.8%。

2000—2005年（除2001年），我国胡麻进出口均呈顺差；2006—2010年，胡麻进出口呈逆差，且逆差逐年拉大，2010年贸易逆差为21.54万吨，占我国胡麻产量的63.35%；2001—2010年年均贸易逆差为4.467万吨，胡麻进出口值年均贸易逆差为1799.79万美元。

2000—2010年，胡麻油贸易始终为逆差，年均贸易逆差2万吨，进出口值年均逆差1103.82万美元，逆差额逐渐缩小。

由于胡麻的独特功效，主要的胡麻生产国都投入了大量的人力和物力进行胡麻籽的综合开发利用。目前在我国已经开发生产出了亚麻籽保健油、保健胶囊、亚麻籽果胶、亚麻籽蛋白。

7月9日　　富贵之美

2015年　　星期四　　农历五月廿四　　乙未年　【羊年】

2016年　　星期六　　农历六月初六　　丙申年　【猴年】

2017年　　星期日　　农历六月十六　　丁酉年　【鸡年】

2017年7月9日，全市晴，气温16~34℃。

党家岘的王新民在日记中写道："今天天气晴得格外好，土壤含水量正常，胡麻生长得挺好，正在胡麻最关键的时候，好天气有利于对产量的提升！"平川的李长衡在日记中写道："早上起床，太阳火辣辣的热，天气热得人没处藏。观测完胡麻地温后，看了看胡麻长势，已经出现了黄色，看来收割没几天了。然后我就去四分子地里看了一下胡麻陇亚14号，今天把水浇上了，明天早上就去收了。"

胡麻在成熟期也是最好看的时期之一，通体金黄，金黄的茎秆，金黄的枝条，金黄的小灯笼，连脱落在地的小小叶片都是一片金黄。那种金黄不是淡淡的黄，而是深褐色的，有点像褐色的金子。胡麻的这种黄是任何作物所没有的，也是任何作物都比不上的。

这个时期走过胡麻田，任何人都有一种满足的感觉，甚至富贵和荣耀的感觉。我们团队的人员在这个时候也是爱到田里去，到田里去既是做胡麻最后的观察和评价，也是抓紧时间去享受那一片金子般的黄，去享受那一片富贵的黄，尽管天气炎热。

胡麻成熟的好坏从它的颜色上就能够判断。假如颜色淡淡的，茎秆上、蒴果上还泛有轻微的白色，淡而无光，产量一定不会高，籽粒也不会饱。

一般来说，植物的形态包括它的颜色好，价值就高，生长得也比较好。胡麻长在地里，路过的小孩都能看出它的好坏，只要是小孩喜欢的颜色，肯定就没有错。

有的胡麻虽然整株颜色很深，但黯然无光，甚至发黑。这种胡麻是成熟不好的，可能在灌浆的关键时候降雨多了，雨水打搅了它的受光，变得暗淡。产量最好的就是整株通体金褐色，似乎有金子般的光要发出，当然，这

种光是心灵的感应，并不是一种植物真的在那里熠熠生辉。

一个欣赏大自然的人，一个喜欢旅游的人，或者说一个有心情的人，千万不要错过胡麻的这个季节，在胡麻金褐色的季节里一定要走到田里与胡麻亲近，那种喜悦是难以言表的喜悦。

在做胡麻工作的多年里，我们就是有个感觉，胡麻是观光旅游必不可缺的一种植物，花蕾出现之前那种嫩嫩的绿非常纯粹，开花时期的绿非常厚重，而且花又很幽深，成熟期的颜色由绿变为金黄色。就胡麻整个一生来说，纤纤细细的植株形象、摇摇摆摆的行为动态都是那样可人，整个生育期都值得观赏。

人类很会欣赏，当他爱一个人的时候，从小欣赏到老，各个时期有各个时期的可爱，越是欣赏越是可爱，越是可爱越是欣赏。

人类也有不聪明的时候，甚至笨的时候，费了九牛二虎之力把胡麻种下去了，却对胡麻一生各个阶段的美熟视无睹，好似闭着眼睛专等胡麻的老迈，长长的春夏、免费的美白白地流淌了……

7月10日　　三维新农村

2015年　星期五　农历五月廿五　乙未年　【羊年】

2016年　星期日　农历六月初七　丙申年　【猴年】

2017年　星期一　农历六月十七　丁酉年　【鸡年】

2017年7月10日，今天全市多云，气温17~35℃。

平川的李长衡在日记中写道："今天天气真热，吃过早点，去胡麻地里观测了地温。下午给玉米浇水，明天早上准备把胡麻收了，回茬60天的小黄豆。"

刘川的刘万景在日记中写道："今天气温是35℃，真的热。早晨我到胡麻地里，胡麻浇了水，黄澄澄的真好看。邻居家说我家胡麻蛋蛋不繁，我感觉是因为种的有点稠。"

党家岘的王新民在日记中写道："今天天气较昨日稍凉快些，但最高温度要26℃，还是闷热状态，冬小麦有青干现象，对雨后的胡麻生长极为有利！"

胡麻与山区有善缘，最早的胡麻栽培就是在山区开始的，起码在甘肃的大部分地方，在白银市的大部分地方是这样。在山区栽培胡麻的过程中我发现了一个与胡麻似乎没有关系、又有点关系的现象。

最近几年山区水平梯田发展较快，都是用推土机推，改变了过去人力、架子车做梯田的历史。胡麻种在水平梯田里一道道、一层层很有画面感。由此想到农村水平梯田的建设可以和新农村的建设结合起来，再在村子的周围配以作物，那个山湾，那道梁，就是一道风景，就是一幅画。

可以改变一下做水平梯田的随意性，搞些规划。黄土上做梯田很容易，与其动了干戈又把梯田做得宽宽窄窄，随意性很大，不如做些设计，比如把农户居住的新农村做成15米到20米宽的梯田，在20米宽的梯田上靠近地埂的部分建造居住的房屋和庭院，庭院的两边建造成塑料大棚和养殖的暖棚，梯田的前半部分是通车的道路，并且每隔一段要建造一个集雨水池。

梯田的上一层也是如此，梯田的下一层也是这样。

  房屋和庭院后面的山根也不是自然夯起来的土埂，而是用水泥或者砖混做起来的窑洞。庭院正后面的窑洞做贮藏室用，塑料大棚和暖棚后面的窑洞有的可以发展养殖业，有的也可做贮藏室、车库、农具室，等等。这些窑洞除了具有贮藏功能还具有调节温度的作用，使前面居住的庭院和两边的暖棚有冬暖夏凉的感觉。

  总体上这种新农村可以是两层，可以是三层或更多层，远远望过去，有点像延安窑洞。

  每层的水池子不是同层用的，而是留给下一层用的。下一层的居民把水引到厨房，引到卫生间和需要的地方，通过地势差的压力，就可以把水送到灶头上，送到地里。庭院两边的大棚里种植的蔬菜和养殖的鸡鸭可以保证家庭的基本所需，而村庄之外的土地则用于商品性的较大规模的生产。

  建设新农村应该因地制宜，应该建出当地的特色。除了搬迁移民外，就地建新农村没有必要都集中在路边、沟边和仅有的那点川台地上，而是在土地整理的过程中把新农村镶嵌其中。

  相信，这样的农村就是我们所要的农村，才配得上高贵的胡麻去点缀、去衬托、去提升。

7月11日　　皆大欢喜

2015年　星期六　农历五月廿六　乙未年　【羊年】

2016年　星期一　农历六月初八　丙申年　【猴年】

2017年　星期二　农历六月十八　丁酉年　【鸡年】

2017年7月11日，全市晴，气温19~35℃。

每个做农业工作的同志、做农业科研的同志应当有理由、有信心去爱上胡麻，去研究胡麻。就农业的种植业和养殖业来说，谁研究胡麻就是大自然对谁的偏爱，也是人生绝佳的运气所致。

玉米那样高大，在玉米行间走，就像钻进了蒸笼，玉米的叶片在脸上擦来擦去像刀片在削。小麦植株高矮虽然适宜，但小麦的麦芒、小麦的颖壳都会使人皮肤过敏，有难以抑制的痒痛之感。种马铃薯要蹲到地上一粒粒地掏，一窝窝地挖，阴冷潮湿。更别说做养殖业科研了，就那牛圈、羊圈、猪圈、鸡圈的气味就让人很难受，观察一头猪，还不得隔三岔五去和它零距离接触，去称它的重量，猪粪、猪尿就在脚下踩着，猪的体肤就和人接触着，有时候还感染人畜共患病。

说这些并不是贬低这些作物和动物，更不是轻看这些行道的科研工作者，而是说做这些作物和动物的科研更辛苦、更脏、更累，更值得敬佩。相比而言，做胡麻科研就要好得多，胡麻看上去舒服，抓在手里也很有手感，是一个很能体恤人类、善解人意的植物。做农业科研的人能到胡麻科研的团队里工作，是他们的福气，应该倍加珍惜，倍加努力，多在胡麻田里走走看看，多享受胡麻田带来的快乐。

胡麻的确无处不给我们带来快乐，胡麻的秸秆也是如此。在过去那个非常困难的年代，三料俱缺（饲料、肥料、燃料），一个农家没有好的燃料，一顿饭也做不熟，一个炕也烧不热。

燃料在过去是个大问题，那个年代大家都铲草皮，地里没有一根草，连所谓的荒山荒坡都被掘地三尺，哪像今天到处都堆着玉米秸秆。

过去做饭用的燃料有野草，也有一点植物秸秆，也有驴粪、羊粪、牛粪，在这些燃料里面，最攒劲的要数胡麻秸秆。

家里来了客人，挖破缸底都要做顿白面饭，最开始的烧水都是用火焰不太硬的牲畜粪便和山里拾来的草胡胡，风箱拉得山响，到处冒烟，有时候呛得鼻涕眼泪……

这些都还算过得去，最怕的就是好不容易水烧开了，精美的白面条下锅了，眼看着要泡化了，锅就是不开。

锅不开是最怕的。

所以，那时候农村做饭，特别是给客人做饭，都要准备一股股子胡麻秸秆。当饭下到锅里时，再不能用牛羊粪和其他软绵绵的柴火烧锅了，而是要用胡麻秸秆追两把火。胡麻秸秆的火焰非常旺，一锅饭追上两三股子锅就大开了，有时候不注意，面汤还会溢出锅来。

这时候，做饭的老奶奶、老妈妈、大嫂姐姐们都会笑的，一边点着水一边笑，好似完成了一件百年大计。

胡麻秸秆带来的不是简单的锅开，而是一家人在客人面前的尊严与体面。面子有天大，面子比天大，这就是人。此时此刻，胡麻秸秆为主人长了精神，一切皆大欢喜。

皆大欢喜的背后是胡麻燃尽了自己。

7月12日　　拨毛线织口袋

2015年　星期日　农历五月廿七　乙未年　【羊年】

2016年　星期二　农历六月初九　丙申年　【猴年】

2017年　星期三　农历六月十九　丁酉年　【鸡年】

2017年7月12日，全市晴，气温19~35℃。

党家岘地膜地10cm土层下午4点地温23℃，露地24℃，刘川露地28℃。

党家岘的王新民在日记中写道："今天天气不错，早上阴有潮气，农民朋友借潮气收割冬小麦，干得热火朝天。今天因潮气对多日高温的胡麻有一定的湿润作用，品种展示田的胡麻花开得很活跃，十分好看，真是一派丰收的景象。今天最高气温26℃！"

当胡麻秸秆作为燃料化作青烟的时候，萦绕在人们心头的是兴奋与快乐。岂知，胡麻秸秆的作用远大于此，它的另一个重要作用就是纤维用。

在胡麻收割打碾时，要选择生长整齐，个头比较高的胡麻秸秆作为纤维留用。留用的胡麻不能打碾，要掐头去尾，用铡刀把根和分枝以上的部分铡掉，果实部分打碾，中间部分（即工艺长度）作为纤维的原材料。

作为纤维原材料的这部分秸秆要在水里沤，叫沤胡麻毛。沤胡麻毛的时期一般是冬天，把秸秆摊开，上面堆些积雪，腊月下旬或正月上旬（立春后），雪水渐渐消融，当胡麻皮能从秸秆上顺利剥离时就算沤好了。

胡麻秸秆为什么要沤，我也没有深究过，现在想起来可能是脱胶吧。胡麻纤维表皮有层胶，水泡的过程中会慢慢脱掉，也使胡麻的纤维与茎秆的木质部分离。脱胶的胡麻纤维柔嫩、细腻，纤维与秸秆也容易剥离。

胡麻毛为什么要在冬天沤，可能是因为过去冬天才碾场，而且要利用冬天的雪水，冬天人们才有闲工夫的缘故吧。

沤好了的胡麻茎秆要晾晒，待到半干程度时就要用棍子敲打，把木质部分敲打掉，敲打的过程中纤维也慢慢变得纤细起来、柔软起来。

当所有木质部分都敲打抖落完了，胡麻毛就是虚虚的一团，很蓬松很有弹性。这时候就要把它扯成大约擀面杖般粗的长股子，再稍稍拧巴几下，任

其自然团拧起来。

团好的胡麻毛就可以拨胡麻毛线了。拨就是捻的意思，因为捻线时要吊个线坨子（或线杆子），只有让线坨子转起来才能把线捻紧，而要让线坨子转就得拨，所以捻胡麻毛线又叫拨线或拨胡麻毛线。

拨胡麻毛线一般都在农闲或间歇性休息的时候。每天出工时都带着线坨子，走在路上都在拨，歇干粮（上午10点左右）或缓晌午（下午4点左右）的时候也在拨，在家更是利用一切空闲时间拨。特别在春节前后，是拨线的好时候，休闲外出、走门串户都是线杆子不离手，抓住机会就拨。公众休闲场合还会有闲人帮忙拨，扯得老远老远，拨得过瘾，进度也快。

如胡麻毛线是家用，一般是家里人拨，也有亲戚朋友帮着拨的。如果是生产队用的，就要选几个拨得巧的人，由生产队确定一个量，即拨多少斤记一个工。

为了拨出来的线一般的粗细，在最开始扎线时，几个拨线的人要在一起找感觉，从开始就把线扎得一般粗。拨线的人每隔几天就要走到一起对线，对一下是否一致，交流一下拨线的体会，嘴里咬着旱烟嘴子，一边抽烟一边说话，还不断地吸着口涎水。

对线有时候会转化成偷懒。刚在地里干了一阵活，就找线友对线去了，而且一对就是老大一回。最初时，其他的劳动者都忍着，只是在眼神里、鼻子里相互交流一下，表示一点不满。到后来，对线的频率越来越高，对线的时间越来越长，有人就向记工员提意见了——拨线是业余的，不能拨线挣着工分，在地里不干活又混一份工分啊！

记工员本来对拨线人时不时对线的做法就不满，见有人提意见，就对拨线人说：社员们对你有意见，要么好好干活，要么回家拨线去！

拨线人是手艺人，手艺人都高傲，听了此话哪能受得了，便回敬道："有本事他拨去啊！我还不爱拨呢，××××。"后面还带一句骂人的脏话。

这时，如果记工员忍了也就无事了，要知道记工员也是官，官是有脾气和尊严的，哪能在众人面前丢面子。于是记工员就道："嘴放干净点，骂谁呢？"拨线人道："谁嚼舌根我就骂谁，你又没嚼舌根，心虚什么？"

这是一场"行政领导"与"知识分子"之间的战争，有各种版本的结局，恕不赘述。

到最后自然是拨线人撂挑子不拨了，经队长再三动员就又拿起了线坨子。记工员也要在队长面前发发牢骚，但不敢辞职，因为后面想当记工员的人排着长队呢。从此，拨线人对线的频率更高了，对线的时间更长了。记工员只能梗梗脖子，社员们只能私底下议论一二。

那时候拨好的胡麻毛线大多织了口袋。织口袋更是个技术活，一个生产队可能就那么一两个人会织，或者没有，得从其他地方请。织口袋的程序和工艺，与我们见到的南方的织布差不多，要有机子把经线拉上，要有梭子横着穿来穿去，穿一梭纬线，用木刀砍紧，再提压一下倒绞器倒个绞，再穿下一梭子，如此来来去去，不断向前推进。

织口袋是个力气活，木刀砍得有力，织出来的口袋紧密有骨力。织口袋也是个艺术活，把式们织出来的口袋很讲究，有各种条纹和图案。还可以织成钱褡子，织成腰带，织成炕上的铺盖。

7月13日　　爷爷和孙子

2017年7月13日，全市晴，气温19~35℃。

2015年的今天，赵生军在日记中写道："天气晴，风停了，雨也没下，气温很高，试验田也有成熟的胡麻，定亚22号，看来生育期较短。生长期长的有杂1和杂2，陇亚10号、晋亚11号等。"

2016年的今天，李长衡在日记中写道："天气晴好，无风，气温很高。试验田胡麻也渐渐进入成熟期，定亚22号生长期较短，早熟几天，而杂3、陇亚10号、晋亚11号较晚，这几个品种长势都好。"

2017年的今天是老李的孙子写的日记："今天，爷爷去胡麻地里观测地温，地温很高，热死人呢，我也去了。胡麻金黄色的，第一块地，胡麻陇亚14号，我们班同学尚立坤的爷爷和奶奶在地里收割。马瑞金的爷爷和奶奶在收张亚2号。今天天气也太热了，农民伯伯干活真辛苦。"

前面提及老李是爷爷辈，带着孙子去金灿灿的胡麻地里转一圈，教他地温计的读数，看看谁在收割哪个品种，回来指导他写篇日记，想来都是一件充满幸福感的事。

我们团队的王红梅也是有感而发，写了如下一段话：

看了老李孙子的日记，不由回忆起自己小时候，暑假都是和哥哥去农村姥爷家小住几日。姥爷肩上扛着锄头、嘴里哼着小曲儿去地里，我和哥哥

还有舅舅家的孩子们一起跑跑停停，时而跟在姥爷身后，时而跑到前面。男孩子们总是比较闹，为了抢个小铲子或是装蟋蟀的小笼子，一路上赛跑、吵闹。我的心思全然和他们不一样，眼睛里只有花，一路上黄色的蒲公英、紫色的毛刺球，还有粉色的摔碗花……直到手里捏不下了，就扔掉一些蔫掉的花，再去摘更好看的。但我从来不折一支胡麻花，这可能就是缘分，参加工作后，我的第一份工作就是做胡麻产业技术体系的事。

哥哥们有时为一件小事会互相告状，这时候的姥爷会停下手里的活，认真地听完他们说辞不一的诉状，像法官一样皱着眉头对某一位哥哥做出批评，然后打发他们继续去捉蟋蟀之类，自己哼着秦腔继续锄地。

傍晚时分，我们踏着彼此的身影回家。这时候的哥哥们安静多了，甚至有时候最闹的哥哥已经睡着了，被姥爷扛在肩上，我和其他人抬着姥爷的锄头，嘴里念叨着姥爷"偏心"就回了家。

如今，姥爷已是八十三的高龄，身体也还硬朗。每次回老家我都会去看望，姥爷总会摸着我的手说"要多吃点，要吃好一点"，然后搜罗出一堆胡麻油炸的好吃的让我吃，我一推辞他就会显出失落的神情，所以即使很饱，我也会挑个小东西很大口地吃下，并大声告诉姥爷"很好吃，你也吃一点吧"。这时候的姥爷就像孩子一样咧嘴笑，说"多吃点，要不把这些全带上……"

7月14日　　轻轻飘落的叶片

2015年　星期二　农历五月廿九　乙未年　【羊年】

2016年　星期四　农历六月十一　丙申年　【猴年】

2017年　星期五　农历六月廿一　丁酉年　【鸡年】

2017年7月14日，全市晴，气温19~35℃。

这样的天气在海拔两千米的华家岭是最爽的天气了，微微的南风里裹着丝丝的潮气，农民们正甩开膀子收割冬小麦，胡麻花在温润的气候里竞相开放着。

刘川和平川则是另一番景象，农民们直喊"热得要命！"胡麻也已成熟，平川的老李在下午时就开镰收割了一部分。刘川胡麻的叶片已经变黄，有的自行脱落，掉在地上，金黄色一片。

民间有句俗话"红花配绿叶"或者"好花还得绿叶衬"。在我们见过的所有完全形态植物中，胡麻的叶片就像一位忠于职守的骑士那样，发挥着它对花和果实的衬托和辅助作用。它不像玉米叶片那样张扬，也不像大树叶片遮天蔽日，就一片叶，一片宽不过0.5cm，长不过3cm的小叶，安静地长在胡麻的茎秆上，接受着阳光，吸收着大气中的二氧化碳和水分。

与观赏植物比，与其他作物比，胡麻的叶片实在是平凡，小的让人忽视了它的存在，好像所谓胡麻就是茎秆上挑着几朵花、几粒果。其实胡麻叶片——这个绿色的守护者，是有它丰富而深刻的内涵的，在一枝胡麻茎秆上，不同部位的叶片有不同的形状。

胡麻开始出土的一对叶叫子叶，是椭圆形的，胖乎乎肉嘟嘟十分可爱。胡麻的顶端是被叶片包裹着的生长点，随着植株长高，外部叶片不断成熟展开，内部不断分化新的叶片。胡麻的叶无叶柄和叶托，全缘，叶面有蜡质，有抗旱作用。叶的排列方式因部位不同而有差异，下部的叶片互生，每次成对儿展开，叶片较小，多为汤匙状；中上部的叶片螺旋状着生，中部叶片较大，为纺锤形；上部的叶片尖细而长，为披针形。

一株胡麻茎秆上有多少叶片呢？教科书上说有90~120片，我们也对胡

麻的叶片做过统计，但统计数字相差较大。胡麻叶片小而密，成株期基部叶片随时都有发黄脱落现象，很难准确统计。

胡麻叶片的色泽是标准的不需要做任何人工修饰和雕琢的养眼绿，有充分理由相信，人们追求的绿色就是胡麻的叶片绿。幼苗期胡麻顶端的叶片呈嫩绿色，嫩得清澈，嫩得能滴水。成株期茎秆中部的叶片为翠绿色，翠得不忍触摸。下部的为深绿色，深得发蓝，正所谓"青出于蓝而胜于蓝"。

胡麻的叶片是百分百的奉献者，从不无谓地消耗一丁点儿养分。基部的叶片当贡献完了一生的青春，接着又贡献自身，把仅有的一点儿养分都输送给茎秆，自行槁黄。就是到了风烛残年，也不连累它曾为之奋斗过的胡麻，借点儿风力默默地离开，轻轻地飘落在地上，不发出一丁点儿声响，不打搅任何邻居，化作一抹泥土回报大地。

7月15日　　一草一世界

2015年　星期三　农历五月三十　乙未年　【羊年】

2016年　星期五　农历六月十二　丙申年　【猴年】

2017年　星期六　农历六月廿二　丁酉年　【鸡年】

2017年7月15日，全市晴转多云，气温20~31℃。

大家都在喊热，平川的胡麻开始进入收割繁忙期，刘川的胡麻也到了黄熟期。

今天有两件事特别值得一提：一件事发生在2016年的今天，刘川的刘万景在写完胡麻长势和病虫害的情况后，突然话锋一转，写道："接到儿子电话，他说他想出国，被我骂了一顿才收心了。常言道：儿行千里母担忧，以前从没体会到，现在真的体会到了。"

孩子长大了，只要是走正道，就要及时放飞，而且要助跑助力。现代社会，再不能用封建社会的传统思想来对待孩子。好比金灿灿的胡麻种子，春播的时候如果爱惜它，舍不得撒到潮湿阴冷的土地里，怎么会有今天的丰收呢？

另一件事是闲不住的农民又在堤埂边上铲草了，一边铲草一边等待胡麻成熟。做任何农业科研，和做胡麻产业技术体系一样，绕不开的就是病虫草害的防治，我们在一边用恨不得一次就斩草除根的农药防治，一边又叹息自己的无能，不能够做到让生物互生共长。

我在20世纪90年代与植保专家杨振翠专门做过农田杂草区系分布与结构组合的研究课题，查明，白银市的农田杂草共103种，属30科78属，其中禾本科16种，菊科12种，豆科9种，藜科9种，十字花科5种，蓼科5种，莎草科4种，旋花科3种，蔷薇科3种，石竹科3种，唇形科3种，车前科3种，毛茛科3种，锦葵科3种，茄科3种，苋科1种，马齿苋科1种，蒺藜科1种，大戟科2种，伞形科2种，萝藦科2种，紫草科2种，茜草科1种，眼子菜科1种，浮萍科1种，木贼科1种，鸢尾科1种，罂粟科1种，牻牛儿苗科1种，星接藻科1种。

在那个课题的最后，我写下了如下的话，现照录在此，算我对草的另一面的认识。

假如要做个自我评价的话——

"白银市农田杂草区系分布与结构组合"更像一部白银市农田杂草"档案"，尽管它还很肤浅。

从自身职业和课题主题出发，我们把杂草是作为"害"去研究的，草在农田中的确是一大害，它和农作物共用有限的水、肥、光。一般状态下，一亩农作物8.5%~10.5%的产量被杂草剥夺。杂草还会传播农作物的许多病虫害，后患难以穷尽。

可当我们徜徉于"细草微风岸"的草世界时，真不忍心叫它"杂草""草害"。草和农作物一样，也是植物，也是很重要的植物资源。在物种加速灭绝的今天，草种不应再减少。农田草种肯定会被系统开发利用。一片荒草萋萋的农田，会令人感慨不已，甚至恼怒。一个没有草的世界呢？

草——是农田的一大景观。

火红的香薷花，橙色的山丹花，水红的牵牛花，粉红的打碗花，湛蓝的锦葵花，橙黄的旋覆花，洁白的狗娃花，粉白的翠菜花……百般红紫斗芳菲。

自当逢雨露，行矣慎风波的甘露子；世事无端何足计，但逢佳节约重陪的千屈草；四顾山光接水光，凭栏十里芰荷香的千里光；问渠那得清如许，为有源头活水来的问荆；挥手自兹去，萧萧班马鸣的独行草；更有那如膝下爱女芳名的画眉、田旋花……群芳烂不收。

问荆，利尿，止血、消肿；

萹蓄，消炎，止泻，清热解毒；

326

地肤，清湿热，利尿；

藜，止泻，止痒；

反枝苋，治腹泻，治痢疾；

牻牛儿苗，清热解毒，祛风湿；

田旋花，祛风，止痒，止痛……

凡荒之年，苣荬菜是救命菜，如今又是餐中佳肴。保护水土，恢复植被，都离不了草。

……

草——作为农田之害要防除，作为植物资源要利用。不论现在的防除还是将来的利用，它的种群数量与结构、区系分布与特征、作物栽培制与杂草发生特点研究等，都是最基础的工作。就这方面而言，我们真还有一点为填补了白银空白而感到欣慰。

随着工作逐渐接近尾声，我们越来越感到更深入、更诱人的工作才刚开始。现在查明的草种有103种，再每发现1种，我们肯定都会激动一次。希望有识之士以我们这点微弱的基础为起点，去做更为深入的研究。不论你是搞植保的、搞中医的，还是搞综合开发利用的，草的世界很广阔，草的文章还很多、很多。

草"害"作为我们研究的主题，在课题"正本"里，它的种种好处自然未多罗列，但总觉得有必要一提，故以此篇短文补缺。

附：2015—2017年的7月15日地温与胡麻平均生长动态关系：

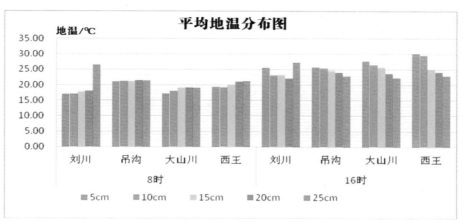

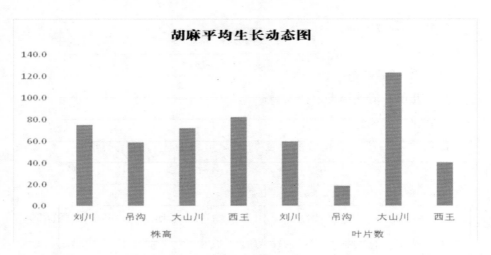

胡麻平均生长动态图

7月15日，大山川胡麻进入盛花后期，株高、叶片数达到生育期最大值，株高为72.2cm，叶片为123片；吊沟胡麻叶片数降为19片；刘川胡麻株高达到生育期最高值，为75cm，叶片数降到60片；西王胡麻株高达到生育期最高值，为82.1cm，底部叶片开始脱落，降到41片。0~25cm各土层平均地温依次是吊沟砂田、西王地膜、刘川露地、大山川地膜地，8时分别为21.26℃、20.17℃、19.28℃和18.48℃，16时上升为24.5℃、26.37℃、24.22℃和25.17℃，以大山川地膜地上升幅度最大，达到6.69℃；10cm地温以吊沟砂田为高，8时达到21.1℃，16时上升到25.3℃，刘川露地为低，8时是17.02℃，16时上升到22.93℃。

7月16日　　科研主体

2015年　星期四　农历六月初一　乙未年　【羊年】

2016年　星期六　农历六月十三　丙申年　【猴年】

2017年　星期日　农历六月廿三　丁酉年　【鸡年】

2017年7月16日，全市多云间晴，气温20~32℃。

平川砂田的胡麻正在收割，党家岘的胡麻进入盛花期。天热得要命，上午10点到下午4点都没法干活，大都是早早起来干一阵子，下午凉快些再下地。示范田的收割随农民的日程安排走，团队的同志们站在地里都晒得红彤彤的，一个个咧着嘴喊热。

每当农事活动进入繁忙杂乱的时候，作为科研工作者，总是感觉农业科学研究还是太落后，太单调。不能把农民从繁重的体力劳动中解放出来的科研，算不上真正的科研和积极的科研。现在有句话叫"补短板"，农业最短的板还是科研。

中国农业有三大特点：一是中国农业的社会责任主体是国家，全党办农业；二是以农户为基本支撑；三是基本任务是保供给。这与西方发达国家的企业办农业、农场做支撑和商品生产完全不同。社会责任主体不同，技术创新主体也不相同。就是在西方，科技创新总是高度依附于社会责任主体。

强化科研创新主体要避免两个误区：第一个误区是科研主体企业化。在一个有待建立和完善的社会体系里，人的逐利心态和从

众心理会被无形放大，落寞的科研必然会被热闹的市场所淹没。第二个误区是科研推广一体化。科研和推广看上去很接近，也常被乱点鸳鸯谱，但他们之间是有本质区别的。农业科研是人对自然的工作，属自然科学的范畴；农技推广是人对人的工作，属社会科学的范畴。

国情决定，中国的农业科研必须是公益性的和公共性的。在可以预见的未来，中国的农业不可能轻松改变其自给自足的基本特征，这就是国情（当然这也需要市场去调节品种余缺和区域差异）。

而发达国家的农业则是发达的市场农业，是农产品被高度商品化了的农业。

为什么样的农业服务，就有什么样的农业科研。用高度商业化的科研服务于自给自足的农业，势必造成农业成本的畸高和农业的畸形发展。企业的自重价格操控会扰乱农产品市场，打破国内基本自给平衡的格局，甚至造成经济社会秩序紊乱和恐慌。高度市场化的科研只能服务于高度市场化的农业。

科学研究作为改变人类生产生活方式和思维方式的决定力量，永远是国家和政府手中的王牌。在发达国家，也没有把农业科技创新无度地推向社会和企业，绝大多数的科技创新成果都是在政府拨付的美金堆里拣出来的。中国的农业科研必须要让农民以廉价获取，甚至无偿应用优秀科技成果。这种非市场公平性的"交易"，只有政府能够办得到。

农业企业要努力争做农业科技创新的主体，自觉接受社会责任的约束，科研目标一旦确定，不可以随时调换科研的重点和方向，不可以回避不赚大钱的粮油作物，更不可以搞得一片花海不见粮和油。

在历史上，白银的农业科研曾经在全省是很有成就的。20世纪70年代的会宁10号小麦，几乎与甘麦8号齐名；80年代河西推广的小麦玉米带田，就是70年代从白银市景泰县的五佛乡传过去的；90年代白银市的日光温室技术走俏全省甚至西北，直到今天，甘宁蒙新到处都是白银的农民在指导当地的日光温室生产；"121"水窖也发明在白银；2000年以来，白银科技型的蔬菜产业、肉羊产业和种子产业在全省是很有名气的。白银今后要在全省农业中继续有作为，还在于创新适用技术，即在产业链的上游做文章。

就胡麻品种而言，在国内所有作物育种方面可能是比较乐观的，目前国内种植的品种全部是国内自有品种，而且都是国家科研院所育成的。

330

7月17日　　创新臆想

2015年　星期五　农历六月初二　乙未年　【羊年】

2016年　星期日　农历六月十四　丙申年　【猴年】

2017年　星期一　农历六月廿四　丁酉年　【鸡年】

2017年7月17日，全市晴，气温9~32℃。

平川在继续收割胡麻，综合试验站的同志都在各个示范基地忙碌着。

灌区胡麻在收割的日子里，党家岘的干旱引发了我们一大堆的议论和想法。

先前看到一则过时的消息，说：有一位老科学家，领着一个团队，把飞机上的一个什么东西，攻关了十多年，久攻不下。具体说，就是一个什么线圈匝数，怎么也搞不对。刚开始攻关时，老科学家并不老，十多年过去了，并不老的科学家老了。当他老了的某一天，突然有机会参观国际上的一个同类产品，老科学家颤巍巍地打开那个劳什子，瞥了一眼，就瞥了那么一眼，便放声大哭起来。为什么呀，十多年过去了，终于能知晓谜底了，怎么不仔细观看反倒哭啊？原来"我们是整圈整圈地绕，人家最后只是绕了半圈啊！"

20世纪70年代，我们用柴油机抽水，有一天，冷却水龙头突然不怎么进水了，冷却水不循环了。我们便对照着机械图，在师傅的指导下，一件件地拆开机子检查，确定没有毛病后，再原样装了上去。先后用时几天，拆装好几遍，可是，问题亦然。实在没招了，我们便躺在地上，仰望着蓝天唱"王家哥"。我们的师傅压力大，躺不住，围着柴油机胡乱转圈圈，看啥啥不顺眼，看着进水的半截子胶皮管子更生气，便使尽全身力气，一个猛子拔下来，甩在了地上，还狠狠地骂了一句。管子落地，旁边一位一看接口，哈哈大笑，怎么了？大家凑过去一看，都大笑起来，并学着"智取威虎山"上三爷和八大金刚的笑，笑了个底朝天。怎么回事啊？原来是胶皮管子已经很旧了，不知谁在插管子的时候没太注意，把钢管插在了二夹皮，把管子堵住了。

前面说唱"王家哥"，"王家哥"是我们老家，也就是华家岭区域流行的一种古老山歌，音调略带悲调，有基本歌词但不固定，主要由现唱人根据现场气氛即兴发挥现编。人们在无助时、消闲时，甚至高兴时都唱"王家哥"。有的人在受到突然的惊吓或兴奋时，也会不由自主地喊一声"哎哟，我的个王家哥"，与"我的个妈呀"通用。

前几天我和同事们聊天，大家都认为，世界上汽车科技那么发达，为什么不把汽车门子改成推拉门，举手之劳可免出多少麻烦。还有，现在汽车多是自动挡，新手们右脚踩得稀里糊涂，把油门当刹车的大有人在，麻烦不断，而左脚又闲得发慌。这种"胡乱踩"已经成为一种公害。据我观察，大凡开自动挡汽车两年以上的人，都有"汽车腿"。什么是"汽车腿"？有三个特征：一是右腿显然比左腿粗而长，二是右脚显然比左脚大而肥，三是走路显然爱往左面偏。假如把刹车改到左面，并且把刹车的有效角调到比油门大5度，就OK了。就算是新手，在情急之下，双脚同时踩下，由于有5度的提前量，刹车优先作用，油门自动失效。就完全可以根除"胡乱踩"和"汽车腿"的问题。

现在航母上的飞机起飞是个大问题。滑跃起飞，飞机自身要鼓很大的劲，对飞机的非作战性能要求极高。弹射起飞，对航母的要求极高，除了美国还没有其他国家能弹射起飞。其实，我们根本不用跟着他们的老路走，完全可以走出一条全新的第三条路。什么路？旋转起飞！就是在航母起飞区设立旋转台，将飞机嵌入旋转台边缘，需要起飞时，旋转台开始旋转，旋转达到一定速度时，靠离心力把飞机抛出去。简而言之，相当于链球运动员甩链球。这种设计简单，可靠可行，优点多多：一是，旋转产生离心力的技术很普通、很普遍，很容易实现；二是，飞行员的防离心力装置，我们已有载人航天的实践基础，也很容易达到；三是，旋转起飞的起飞质量几乎不受概念限制，大型轰炸机都可起飞。

当今人员流动大，天南地北。老公去了南方，想吃老婆的私房菜，办不到。怎么办？3D打印啊。老婆中午在北方做菜，数据自动录入电脑。老公中午回寓所，打开3D机，不到半小时，老婆那边的中午饭就复制了一份。

电脑键盘要想敲得快，得练指法。年纪大了练不来，就一指禅。一指禅慢点不要紧，看了屏幕还要看键盘，把头搞成了脑晃荡。怎么办，把键盘上的字母刻上去啊，就像麻将，手指所到，不用看就能轻松打字。老年人没指法，摸麻将一摸一个准。就纳闷，亿万人民天天在麻将桌上练，为什么不把这些功夫引导到正行上来呢？哎，搞电脑的人真笨。哈哈！

7月18日　　神奇的韩独石

2015年　星期六　农历六月初三　乙未年　【羊年】

2016年　星期一　农历六月十五　丙申年　【猴年】

2017年　星期二　农历六月廿五　丁酉年　【鸡年】

2017年7月18日，全市晴，最高气温31℃。

平川的胡麻收割接近尾声，刘川的胡麻已经成熟。当地的农民说，由于几天的高温，胡麻成熟的进度在加快。在胡麻收割方面，我们的研究还不多，只是购买了普通的四轮带动的收割机，在景泰、刘川和西王都进行了示范性收割。机械化这一块的研究有点卡壳，设想难，设计难，制造也很难。

会宁一中有个韩独石工作室，工作室的主人就是韩独石，他是个发明创新的高手，用老百姓的话说，他眼睛一挤就能搞出个发明来。每当思路卡壳的时候，我总会想起韩独石——有点韩独石的智慧该多好啊！

那一年，我们专门去参观了，并写了篇短文发表在《白银日报》，现照录如下：

韩独石——不是石，他是会宁一中高级工程师，甘肃省普通高中新课程通用技术组组长。

10月中旬，我们一行二十多人慕名参观了韩独石工作室，真正见证了一把神奇。

六十多岁的韩独石老师谦逊而质朴，给我们一行人做介绍时，一道细汗不断从鬓角跑下。

他的实验室里一件值钱的东西都没有，每个单件基本不超过2元，几乎都是生活废弃物。

在韩老师的带领下，我们旋风

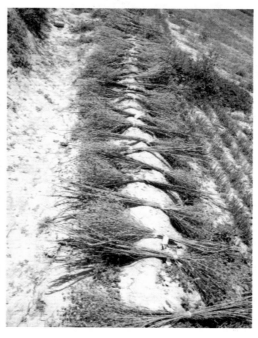

般地浏览了第一个实验室，看样子许多人都是这样"浏览"的，他已经习惯于这种快走少说的"走台"形式，既不浪费自己的时间，也节约了别人的时间。虽然我们也不时赞美几句，实质上并没有从一堆一摊的小制作中看出什么门道。

平平常常吧——第一感觉就这样形成了。

在第二个实验室，我们请求韩老师演示一下创新成果。

"什么是创新？创新就是解决实际问题。离开实际想创新不会有创新。"提到演示，韩老师像换了个人似的，话也多了，精气神也足了。

验证动量守恒定律的实验，通常是把实验斜坡安在桌边让小球碰撞大球，在地下铺上印记纸记录球的首个落地点，全国都通用这个标准方法。但学校实验都是一桌一组，一室32组，非常拥挤，实验一开始就乱套了。铁球一落地乱弹乱滚，同学们也是乱喊乱叫到处找球，印记纸上烙下铁球多次反弹的印记，很难区分首弹点。一次简单的实验下来搞得实验室一片混乱，有的实验员干脆就停了这个实验课。停开不是韩老师的初衷，改进才是他的性格。韩老师把实验斜坡安装在铁架台上，置于实验桌的一端，铁球碰撞

后就落到桌面的印记纸上，当铁球第一次落下反弹后再落时，在落点处等待它的是一个小小的沙盘，那点多余的能量全被消解了，铁球再也蹦不动了。同学们可以站着做实验，印记纸上也没有了乱点，更不用到处找球了。

有谁见过分子间的共振？在韩独石工作室我们看见了。用双手向相反方向轻拨两个保持相对距离的"分子"，松手后两个"分子"在引力作用下先靠近继而在原位置往返滚动；用双手向相对的方向轻拨，松手后在排斥力的作用下，两个"分子"先远离继而在原位置往返滚动。分子间力的关系很费解，如同社会上人的关系那样斩不断理还乱，岂料想几十年后，在这里看破了"西洋景"。这其实是有机玻璃板下两块小磁铁在吸引着板上的两个小铁球。

……

韩老师的自制实验教具接近两千件，布满了好几个实验室，从分子运动到宇宙运行包罗万象。上学时背得烂熟，但半辈子似是而非的"糊涂问题"，在不经意间大彻大悟了，甚至这辈子不再准备劳神费力去弄明白的"不解之谜"，在随意的一瞥之中迎刃而解。

太神奇了！那些破瓶烂罐后面有没有玄机？是幻觉还是现实，是魔术还是科学？

韩老师对事物的感受通透而灵动，云遮雾罩的原理，千奇百怪的物象，在他那里都能拨云见日，得到准确的理解和表达，讲到地球就能想到用篮球制作教具，讲到废气就能想到用矿泉水瓶做回收实验。这种秒穿时空的思维，把握事物内在联系的灵感，化繁为简的能力，令人叹为观止！科学原本是和简单画等号的，只不过往往被人们搞复杂了，也把自己绕进去了。

韩老师的动手能力非常强，只要想法成熟就有办法展示。以铁球演示分子，以篮球制作地球公转和自转装置，以矿泉水瓶制作工业废气循环利用流程。他用天底下最低廉的材料，以最简约的方式，能够一目了然地揭示一个深奥的科学原理，化腐朽为神奇，真正是巧夺天工。看来创新并不是堆金砌银，而是对大众材料的巧设计妙安排。

韩老师说："创新就是知识与技能相合，过程与技巧结合，情感与价值观融合。只要踏实工作，灵感就会涌现，思维就会活跃，创新成果就会越来越多，除非您是一个不愿把工作做好的人。"韩老师是一个全天候工作的人，用无节假日、顾不上做家务来说事儿，有点太初级，但家人的执着支持与韩老师的执着追求的确是密不可分的。

这——就是韩老师的工作照。"执着"支撑了他的心灵和手巧，三者的完美结合创造了神奇的韩独石！

韩独石——是石，是智慧之石。

7月19日　　主力军

2015年　星期日　农历六月初四　乙未年　【羊年】

2016年　星期二　农历六月十六　丙申年　【猴年】

2017年　星期三　农历六月廿六　丁酉年　【鸡年】

2017年7月19日，全市晴，最高气温32℃。

这几天的地温也是最高的，党家岘地膜胡麻地10cm土层下午4点温度23℃，露地22℃。西王地膜地37℃，刘川露地29℃。党家岘当天测得30cm土壤含水量胡麻地膜地9.3%，露地5.5%。

刘川的胡麻开始星星点点地收割。

夏收的时候，在百十里以内打工的农民一般都要回家夏收，他们是家里的顶梁柱，是里里外外的一把手。在城里打工是为别人干活，自己换得个辛苦钱，在家里干活是为自己干活，求的是颗粒归仓好上加好。

全面建成小康社会首先就是要解决好农民为谁干的问题，就是要发挥农民工的主力军作用。在农村，自从实行了包产到户责任制之后，好像为谁干的问题已经解决，其实在许多方面，这个问题还在制约着农村社会经济的发展。就我们做农业科学试验而言，具有很强的目标性，围绕目标又有许多独到的做法和办法，甚至有些做法有悖于农民心中的常规做法。科研人员在落实这些研究工作时，都向试验户深入浅出地讲清楚了这些道理，而且在经济效益方面也为农民周全考虑了补偿，但在具体实施中却还是问题百出。一方面，试验户觉得做法上和他们的想象

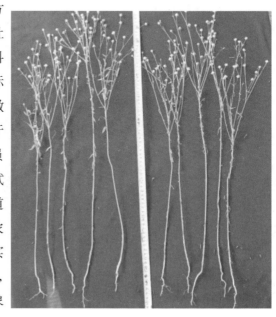

不一致，就会有抵触情绪，有点消极怠工；再一方面，如若试验结果出乎试验户预期，他们在认识上、说法上就有强烈的反应，甚至会出现挖苦、讽刺的现象。

这只是举个小例子来说明为谁干的问题。

在全面建成小康社会中，农业产业要当好替补队员，农村农产品加工业要逐渐强大起来。实现小康的主力队员就历史性地落在了农民工的肩上，农民工将是向小康社会冲刺的主要得分手。

大农村概念下的农民，主要由进城的精英阶层、进城的大学生、进城的农民工、留在农村的老少和妇女儿童四部分组成。前两部分已经是城市的主宰和主体，农民工在当今的经济发展中，既是城市的生力军，又是农村的主力军，是城乡经济发展的桥梁和纽带。

在农民纯收入的所有组成里面，扒来扒去，富有弹性的只有农民工的收入，农民工这件事情如果做得好，农民收入可以成倍甚至几倍的增加，小康收入就可以实现。所以说应该把主要精力放在城市经济的发展、扩张、升级上，放在对城市经济从业人员素质的强化提升上，放在对农民工待遇等一系列现实问题的解决上，使农民工在政治、经济、文化等各个方面真真切切地感受到是在"为自己而干"，实实在在地享受到"为自己而干"带来的丰硕果实，从而调动他们的积极性，使他们在小康建设中发挥主力军作用。

全面建设小康社会，农村情况千差万别，增收渠道五花八门。表面上农民在八仙过海各显神通，实质上是在展现政府的能力，是政府工作职能的科学转变。农村全面小康社会的建成，其实是在考验着城市经济。农民人均收入翻番，其实是工业经济的翻番。除此别无他途。三农工作在农村，为民富民其实在城里。农民工问题做好一好百好，农民工问题搞活了全盘皆活。

7月20日　　短期靠打工，长期靠教育

2015年　星期一　农历六月初五　乙未年　【羊年】

2016年　星期三　农历六月十七　丙申年　【猴年】

2017年　星期四　农历六月廿七　丁酉年　【鸡年】

2017年7月20日，全市晴，气温20~33℃。

刘川刘万景在日记中写道："天气太热，我看胡麻边边子的也黄了，能收了。今天农科所的几位同志来采集胡麻标本。"

年复一年，在伴随着胡麻的种种收收过程中，派生出一个三农问题，就是还要解决好怎么干的问题。

在农村工作中，怎么干的问题是一个提高农民的科技文化素质和农村科技文化水平的问题。对科技，农村是一片干涸的土地，农民对科技的需求是全方位、多层次的。

农民的生产生活各个环节都充满着不科学、传统和落后。拿农民生活来说，起码有四个科技关系没有处理好：一是没有处理好人与牲畜的关系，主要是接触性传染问题。养殖业要发展，但如何保持人畜的安全卫生距离，既是科学问题又是生产问题。二是没有处理好人与垃圾粪便的关系，主要是非接触性气味污染问题。如何科学处理垃圾粪便，既是科学问题又是生活常识问题。三是没有处理好人与水及食物的关系，主要是食用污染问题。从种子到餐桌，从集雨到饮用，既是科学问题，又是生活常识问题。四是没有处理好人与人的关系，主要是个人卫生习惯和尊重他人的问题。

农村生产中起码有五个科技问题：一是农业生产还没有从传统落后的生产方式中解脱出来。有些农村机声隆隆，有些仍然二牛抬杠。有些初具机械化，有些耕牛打马。二是劳动力还没有从繁重的体力劳动中解放出来。山区人背驴驮、人畜共役，川区人机共劳，安全无保障。三是劳动还处在高污染和有损健康的恶劣环境中。农民喷药施肥基本无安全保障，长期从事温室生产，频发高温高湿病害。四是老工艺、老传统、老技术、老品种充斥着生产的各个环节。五是生产性污染严重，影响了农产品的质量和食物安全。

拿农村教育来说，起码存在两个问题：一是教有类。对学生划类分等的教育在城乡之间、乡村之间、重点班和普通班之间普遍存在。二是学有别。城乡间、区域间在师资配备、设施配置、基本建设等方面差异巨大，导致乡村学生受教简单、试验简化、课外活动单调，"先天不足"。

积极性只有凭借以科技为主的先进工具才能释放出正能量，只有依靠以科技为主的先进手段才能发挥出正效益。要积极倡导健康卫生的生产生活习惯，普及卫生知识。鼓励农民学科技、用科技。把科技作为推动农村工作的主要措施，把教育作为提升现代化农村的首要任务。

农民的出路何在，短期靠打工，长期靠教育。

7月21日　　科技和市场

2015年　星期二　农历六月初六　乙未年　【羊年】

2016年　星期四　农历六月十八　丙申年　【猴年】

2017年　星期五　农历六月廿八　丁酉年　【鸡年】

2017年7月21日，全市阴转晴，气温19~32℃。

高温和干旱是这几天的主要矛盾，在旱区，已经造成了不良后果，党家岘的王新民说："现在旱情十分严重，农作物午后到天黑一直萎蔫，部分作物已青干造成秕粒，玉米正是抽雄期，叶片已失绿。地膜胡麻也改变了颜色，进入了成熟阶段，如此干旱可能造成后期蚜虫发生。"

做农业的，包括我们也包括农民，每当看到一个事物有希望时，就会想到钱，假如有经费就可以把有希望的事儿做起来。每当非常无助时就会想到科技，因为只有科技才能从根本上解决问题。

从农业产业特点看，科研是农业产业的重要组成部分，发达的农业必须要有科研、生产、市场三大板块组合。科研不发达的农业是传统农业，生产不发达的农业是温饱农业，市场不发达的农业是自给性农业。国外现代农业的三大板块结构呈哑铃形，为发达结构。我们的农业三大板块结构都呈橄榄球形，为典型的传统自给性农业。就品种而言，据农业部的资料，我国50%以上的生猪、蛋肉鸡、奶牛良种，90%以上的高端蔬菜、花卉品种都是国外的，粮食品种也是越来越依靠国外品种。有时候中国企业给国外制种论公斤卖，国外企业给国内供种按粒卖。国际农业科技市场的严重失衡，暴露出的是本土科技创新的不足。市场方面，近年来被几个小宗农产品价格搞得跌

晋亚11

定亚22

内亚9

张亚2

宁101/11

宕起伏，说明我国的农业市场也很不成熟。

从农业发展历史看，科技在农业发展中长期发挥着支撑作用。农业的每一步都是以科技进步为主旋律，在政策、资金的和声中前进的。

从农业现状看，科技进步是农业经济效益的核心。市场经济下，一定的规模、一定的企业是必要的，但规模上去了，效益也要上去，土地利用率、资源利用率、劳动生产率要上去；企业数量上去了，产品质量也要上去，不能加剧资源浪费和污染。老品种、老工艺再不能弥漫在各个环节，不能规模掩盖了效益、掩盖了科技进步。规模效益、企业效益都是以科技进步为前提的，科技没有跟进的规模，只能是简单的数据叠加，不可能有乘数效应。

从农业工作的抓手看，科技是解决农业主要矛盾的关键。长期以来，我们抓农业的方式主要是抓生产。抓生产的确解决了战争年代的供给问题，解决了20世纪80年代以前的农产品短缺问题。在短缺经济时代，抓生产无疑是抓住了农业的主要矛盾，在世界农业发展史上创造了奇迹。在发展现代农业的今天，我们虽然还是不遗余力地抓生产，可效果不尽如人意，不但没有出现奇迹，反而带来了许多始料未及的副作用。生产上去了，可价格摔下来了，农民在价格的过山车中只有惊呼几声的资格。这说明，农产品在告别了短缺经济后，农业的主要矛盾不是生产，而是科技和市场，科技决定农产品的质量和特色，市场决定农产品的目标和规模，而生产的提高是在科技和市场一推一带下的同步提高，不再是独步天下。

7月22日　　春夏秋冬

2015年　星期三　农历六月初七　乙未年　【羊年】

2016年　星期五　农历六月十九　丙申年　【猴年】——大暑

2017年　星期六　农历六月廿九　丁酉年　【鸡年】——大暑

2017年7月22日，大暑，全市晴，气温21~33℃。

干旱仍在继续。党家岘0~30cm露地土壤含水量为4.98%，旧地膜地土壤含水量为7.8%。如此高温下，在田间活动的人群基本是两类，一类是农民，另一类是科研人员。我们的科研人员正在刘川胡麻试验田取样和做最后的田间观察记载。

1.入伏已10多天了，头伏热，热得人们大呼小叫。进入中伏了，老天爷突然变得有点温和了，看来老天也会顺乎民意，你们不是怕热吗，调来几片云朵挡一挡太阳，举手之劳。天气温和了，人们又怕今年再热不起来了，伏天不好好烤烤太阳，数九天是会后悔的。看看看，这都什么事儿啊，热了喊，凉快了也喊，老天爷不好当啊。

2.四大季节各有各的好，春季管"生"，夏季管"长"，秋季管"收"，冬季管"藏"。生长化收藏，从植物学看，"化"就是对太阳能的转化、对生物能的转化，要把太阳能、生物能转化成人类需要的粮食，所以"化"应该包含到秋季。从动物学看，是各种自然能在人体内的转化，通过转化满足人的需要，那么，"化"就无处不在，应包含在四季里。

3.生长化收藏，生是基础。"生"在春天，总免不了对春天多一点眷顾。春回大地，多么吉庆。春暖花开，多么有希望。青春年少，多么美好。立春的那一天，虽然春寒料峭，但我还是觉得精神为之一振，早早爬起来，拿起朱自清的《春》读了几遍，总感不过瘾，便大声朗读并录了下来，发到微信朋友圈去了。在朋友圈里有违心叫好点赞的，也有明确提出意见的。朗读是一种有声的感受，感受并不是普通话的专利。

4.北方人、西北人实际上很难理解朱自清的《春》，立春的那一日，那个春天在北方并不存在。妙的是，读罢《春》，这个春节我就在南方过，庭院里、公园里走一走坐一坐，哎哟，那个春天就是照着朱自清写的在"做"，毫无例外。

5.3月底的春天简直就是夏天，桃树、杏树、梨树全都开花了，北方的世界成了花的海洋，城里乡下，老老少少都出来了，赶趟儿似的，哪知，清明节就那一场沙尘、一场冻害，一树一树的花全冻死了，刚出土的胡麻也冻死了。这个春天，希望来得快，走得也快。立春了，啊春天来了，这下要好好享受享受，春光明媚每一天。没承想，几场沙尘暴一吹，吹得什么意思都没了，匆匆过吧，过了这倒霉的季节。

6.一年之计在于春，刚起头儿，有的是工夫，有的是希望。这话仿佛是昨天才说的，一转眼，一个春天已经没了。

7.立夏了，啊夏天来了，北方的初夏就是南方的春天，该好好享受享受了，斗柄朝南天下皆夏。这个立夏节气，我是盖着两床被子等来的。在我们这个地方，立夏后还有一段春光要渡过。没怎么经意，伏来了，进入烧烤模式了，于是乎，人们又在不耐烦中打发这个季节。

8.秋天真好，秋高气爽，天高云淡。可，秋天并不完全是这样，八月秋高风怒号，卷我屋上三重茅。哀怨声中，秋天的美好就被吹落了。冬天，大概穷人家都是抱着恐惧心理被动进入冬天的，天还没怎么冷，人已经开始打战了。整个冬天就是在这样瑟瑟发抖中熬过。好不容易熬到春节了，天气不但没有转暖，反而成了穷富大比拼的季节，那个心累啊，真的没法说。

9.就这样，走过了春夏秋冬，要么匆匆忙忙，要么愁烦江河。当终于腾出了一点闲工夫，照了照镜子。呜呼，怎么是一个满头银发布满皱纹的糟老头啊？老娘常说的那个"三翻六爬九坐坐"、刚出生就会笑的"你"上哪去了？

10.我提倡人们到田间去，我们必须到田间去。去与不去各有利弊吧，去了，养眼，但也伤感，昨日刚把胡麻种子播下去，转眼间已长成了幼苗，再转眼已长高，开花了，结果了，枯黄了，一个生长季结束了。常在田间走，最现实的感受就是——岁月催人老！能不去也不去吧，"躲进小楼成一统，管他冬夏与春秋"。搞农的人对四时太敏感，难怪"老"得快。

7月23日　　缓冲带与蓄水池

2015年　星期四　农历六月初八　乙未年　【羊年】——大暑
2016年　星期六　农历六月二十　丙申年　【猴年】
2017年　星期日　农历闰六月初一　丁酉年　【鸡年】

2017年7月23日，全市晴，气温20~33℃。

党家岘依然干旱，王新民说："云眼里的太阳火辣辣的，把地里的作物烤得全部萎蔫，实在可惜，眼看一天不如一天，还望这老天快降雨缓解缓解旱情。"

我们习惯性的概念是别的地方干旱，华家岭的党家岘就会丰收，而今年的情况大出意外，是特别干旱。更令人深思的是，农民承担了历史上所有农业灾害所造成的恶果，尝尽了酸甜苦辣。在现代市场经济下，生产者不应该百分百地再承受不可抗拒的灾害造成的后果，应当是社会、企业与生产者共同担当，而生产者承担的比例应是最小的。

现实的问题是，农业企业还不成熟，起不到农业的缓冲带和蓄水池的作用，更无法在高层次上担负农业科技创新的重任。

现实决定，建立现代企业制度是当代农业企业的首要任务。能够担负科技创新重任的企业应当是市场规则极度熟化了的企业，是法律极度熟化了的企业，是企业员工法制观念极度熟化了的企业，是社会约束力极度熟化了的企业。

农业企业的首要任务是健全自身，完善自我。目前：

在制度层面上，还没有形成完善的农业企业制度、政策以及社会环境，都在"摸着石头过河"。照搬国外的做法不符合国情，国外做法加国情又不能很好地找到结合点，纯国情土办法扶持土企业显然又不是办法。

在文化层面上，农业企业还没有很好地树立自己的社会责任和担当意识，企业体量小对一方农业的带动作用小；设备差，工艺落后，科技含量低，产品质量不稳定，有时还有掺假掺毒现象；企业与企业产品的主要生产者（农户）没有建立起工业化流水作业的关联关系，而是在一定程度上利用农户、盘剥农民。

在资本层面上，农业企业还没有规范的步入一般资本积累的正常轨道，虽没有"暴力"，但原始积累的特征非常明显：

——资本原始积累的第一源泉是行业主管部门。大多数的农业企业几乎都得到过行业主管部门的扶持（而且是大力的扶持），场地无偿使用或低价购买，生产流通环节享受各种免税免费待遇，行政部门在原料供给、基地落实，甚至产品出售各方面都是重要的推手，企业家在当地享受多种优厚待遇。同时，各级各类项目也潮水般地流向企业，甚至有的企业以经营做门面，以"要"政府的钱为目的。

——资本原始积累的第二源泉是农村。企业的基地几乎都是通过一定的手段以极低价格从农民手里拿来的，用农民不是太情愿的手段使农民与生产资料分离，又将农民以较低或极低价反雇于企业。企业里的农民工以增加劳动强度和延长劳动时间来获取较多的报酬。

——资本原始积累的第三源泉是科技单位。几乎所有的科技企业都有科研单位的影子，有的是著名的科研人员挂单在做顾问、做指导，有的把高代材料和半成品以并不明晰、不规范的办法"转让"给了企业，当然还有科技人员带着原科研单位的科研成果和资源下海经商办企业的。

缓冲带正在建设，蓄水池池不固水不丰，农民就成了农产品的生产主体和市场主体，以零碎的个体和单薄的体量与大自然拼命，与无情的市场博击，四面出击筋疲力尽。这，既是现状，更是我们工作的重点。

7月24日　　蹒跚而来

2015年　　星期五　　农历六月初九　　乙未年　【羊年】

2016年　　星期日　　农历六月廿一　　丙申年　【猴年】

2017年　　星期一　　农历闰六月初二　丁酉年　【鸡年】

2017年7月24日，全市晴，气温19~33℃。

刘川和西王的胡麻都在等待收割，叶片已凋零，果实已经完全黄透，但茎秆还有点绿，再有几天茎秆完全干透了，收割比较容易。党家岘等旱作农业区干旱仍在持续，王新民说："我搞农业试验38年，测定土壤墒情无数，1995年大旱时，1m深土层还能取上湿土，现在1m深土层已无法取上湿土。"党家岘大旱，旱区都是大旱。好在这个时候夏作物已接近成熟，收成是会有一些的。秋作物如玉米，营养生长阶段已经完成，只要近期有雨也不至于没有收成。

农作物越是在逆境中生存，科研工作者越是感觉到工作的渺小和责任的重大，尽管忙忙碌碌，干了许多工作，但是在大旱面前，除了萎蔫的叶片，真的再也"晒"不出什么来。

农业中的问题越多越需要科研来解决，问题越大越需要科研。要不断加强农业科研院所的科技创新地位，在这个前提下凝聚一切社会认知和意志，在历史的新起点上形成空前的社会气场，保证农业科研的健康发展。

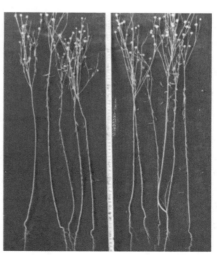

农业科研院所是中国农业科技创新的主创者，这是历史筛选的结果。新中国成立以来，我国的农业科研院所经历了三个不平凡的阶段，其担负的科技创新主体角色也在不平凡中倍受考验和洗礼：

——第一阶段（新中国成立后到20

世纪70年代末） 社会普遍认同农业科研院所是农业科技创新的主体，是农业科研院所发展的黄金期。从50年代末开始，陆续建立了国家级和省地级的农业科研院所，有的县也建立了农科所。这一阶段聚集了大量的成果和人才，为80年代全国农业大发展储备了极为宝贵的科技力量。至今，这一聚集效应仍然发挥着辐射作用，许多当家品种是那个时代的产物，更为重要的是，许多科研的思路和方法也是那个时代的产物。

——第二阶段（80年代到新世纪头一个十年初） 科研院所的创新主体地位开始动摇，是农业科研院所的徘徊期和求生存期。这一阶段最宝贵的是，随着高考制度的恢复，为其注入了大批的科研人员。到了90年代中期，开始了以"断奶"为主的农科院所改革，断奶的实质是要否定农业科研院所的创新主体地位。回头看，当年的"断奶"改革虽已灰飞烟灭，但影响却极为深远：一是造成了农业科研院所的萎缩和停滞不前；二是部分科研人员下海办企业，形成了中国首批的农业科技企业，也开启了中国农业科研力量的第一次大分化；三是部分科研资源流向社会，农业科研基础被极度弱化；四是"断奶"的做法虽已成为过去时，但"断奶"的想法还是进行时，当前的许多思路、设计，甚至政策都透着那个时代的印迹。

——第三阶段（新世纪第一个十年初到现在） 企业欲成为农业技术创新的主体，是农业科研院所的求发展期。大约从2000年以来，政府基本认同农业科研院所为公益性的事业单位，不再"断奶"，农业科研院所生存有了保证，开始找关系跑项目，进入了求发展的时期。同期，农业企业则表现出了两大特点：一是数量膨胀性地上升，科研教学单位以单位资产和成果为资本纷纷成立公司，行政事业人员纷纷领办企业，形成了事业人员企业老板的双重身份，由此看出，中国的农业科技型企业从一起步就做成了"夹生饭"。二是科研成果膨胀性地上升，《种子法》出台后，中国农业企业掀起了出成果、出品种狂潮，来势之猛前所未有，企业在向科技创新主体的地位发起了猛烈冲刺。也是在同期，国外品种海啸般地冲进国门，迅速在中国大地蔓延，我们的自有品种在"坚船利炮"面前几无招架之力，还有土崩瓦解的危险。农业科研部门、农业科技企业、国外农业企业都在中国的土壤上自由竞争，三家在争夺一顶帽子——中国农业科技的创新主体。这场争夺战正在进行中……

348

7月25日　　那根那芽

2015年　星期六　农历六月初十　乙未年　【羊年】

2016年　星期一　农历六月廿二　丙申年　【猴年】

2017年　星期二　农历闰六月初三　丁酉年　【鸡年】

2017年7月25日，全市晴，气温20~34℃。

当胡麻收割的时候，当眼看着胡麻美丽的一生愉快结束的时候，抓起一个植株来，细细端详慢慢回味，无不为胡麻坚强而近乎完美的生长发育动态所折服。

胡麻的种子为扁平肾形，0.2cm×0.5cm大小，种皮呈深褐色（大多数的胡麻品种），也有棕色、黄色和白色、红色的。胡麻种子表面平滑而有光泽，流散性好，棕褐色的种子堆放在一起，总是给人以错觉——好像是一堆经过专门加工的碎金子。种皮下面是胚乳层，是胚生长时的养料。种子的中心是胚，由两片子叶、胚芽、胚根组成。种子的千粒重一般为6~10g，同一植株以主茎上的种子较大（这一点也是我提出改变胡麻育种方向，向主茎要产量，减少分茎、防倒的依据所在）。

种子表皮层内含有多糖物质和植物蛋白质果胶，是国际上流行的第六大营养物质之一，被誉为纯自然食品添加剂。胡麻籽的细胞间隙存在木酚素前体，在人体肠胃酶的作用下可转化成木酚素，木酚素能够阻碍激素依赖型癌细胞的形成和生长。胡麻籽是人和其他哺乳动物摄取木酚素的最佳来源和渠道。

在土壤温度和水分都适宜的时候，胡麻种子就会生根发芽。首先是胚根冲出种皮，沿着胡麻籽的小头向下生长，靠自己细嫩的身体在坚硬的土壤中争得立锥之地，并不断发出侧根和毛根，在土壤耕层中编织出一个由主根主导下的分层型的网状结构，既稳固了自身又吸收了耕层中的养分和水分。

胡麻的根纤小秀气，干重只占植株总重的9%~15%。胡麻的根是直根系，一般能扎30~50cm长，长长的根如果在松软的土壤中任性生长，可到达100~150cm的土壤深处。直根的周围分布着多而纤细的侧根，每条侧根可生长4~5条支根。胡麻的根系比纤维用亚麻根系发达，主根入土也比较深，能够较充分地利用土壤深层的水分和养分，所以胡麻的耐旱、耐瘠薄能力比纤维用亚麻更强。

当胚根生长到一定程度后，通过吸收土壤中的养分，为发芽和出苗提供了支撑，胚轴和胚芽也突破种皮向上生长，与根的生长一样，靠自己细嫩的身体在坚硬的土壤中争得空间。胚芽初生于地下，但志在地上。

附：2015—2017年的7月25日地温与胡麻平均生长动态关系：

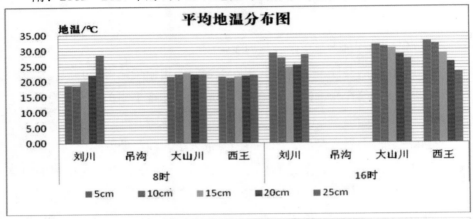

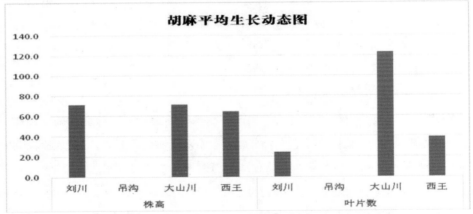

7月25日，吊沟胡麻已经收获，刘川、西王即将进入收获期。刘川胡麻叶片数降至24片，西王胡麻叶片数降至39片。三个点0~25cm土层平均地温早8时相互间差异不大，大山川地膜地22.13℃，刘川露地21.62℃，西王地膜地21.5℃；16时大山川地膜地29.87℃，刘川露地26.95℃，西王地膜地28.61℃，以大山川提升幅度最大，达到7.73℃；8时10cm土层的地温以大山川地膜地为高，达22.19℃，16时以西王地膜地为高，达32℃，较8时提升11.1℃，提升幅度最大。

7月26日　　需肥规律

2015年　星期日　　农历六月十一　乙未年　【羊年】

2016年　星期二　　农历六月廿三　丙申年　【猴年】

2017年　星期三　农历闰六月初四　丁酉年　【鸡年】

2017年7月26日，全市阴转多云，气温19~30℃。

在胡麻黄熟的时候，看田间长相，总感觉大田的胡麻有缺肥迹象。从技术研究的角度出发，我们已经储备了成熟的技术；从生产的角度看，农民们对胡麻的重视程度还有待提高。他们把胡麻总是作为稳赚不赔的作物对待，能少施肥则少施，甚至不施。这样虽然产投比上去了，但没有绝对量的生产不是真正意义上的生产。一片土地、一缕缕阳光被白白地浪费了一年，是最大的产投比失调。

在白银，水地胡麻最高产量的亩施肥量是：纯氮10.0公斤、五氧化二磷8.5公斤、氧化钾4.5公斤，氮、磷、钾配比为1:0.9:0.5。

利润收益最大的亩施肥量是：纯氮9.0公斤、五氧化二磷7.5公斤、氧化钾2.5公斤。

氮肥施用方法试验表明，总施纯氮10公斤时：

——以70%做追肥，胡麻枞形期、现蕾期和盛花期追肥比例为5:3:2时，亩产最高，为154.6公斤；

——以50%做追肥，三个时期追肥比例为5:3:2时，亩产居第二，为148.5公斤；

——以50%做追肥，三个时期追肥比例为1:1:1时，亩产居第三，为146.5　公斤；

——以30%做追肥，三个时期追肥比例为1:1:1时，亩产居第四，为126.3公斤。

胡麻正常生长发育必须吸收16种营养元素。

胡麻从出苗期到枞形期虽然只有22天，但吸氮量却占整个生育期吸氮总量的36.2%，从枞形期到现蕾期只有14天，吸氮量却占整个生育期吸氮总

量的33.3%，此时是吸氮高峰期。从现蕾期到蒴果形成期，吸氮量只占整个生育期吸氮总量的30.5%，从蒴果形成期到种子及麻茎完全成熟时，还有20天左右，此时基本不再吸收氮素。所以，对胡麻施用氮素应该早施，要求底肥施足，种肥施够，追肥慎重。如果错过了胡麻的吸收氮素高峰期再施氮素，不但无益，反而有害。胡麻对氮素形态的要求与一般经济作物相反：胡麻喜欢铵态氮肥，如硫酸铵、碳酸氢铵、氯化铵及尿素（尿素施入土壤中会很快转化为碳酸氢铵）等。施用铵态氮肥，麻茎健壮，长纤维数增多，纤维弹性和伸展度强。在诸多铵态氮肥中，又以氯化铵最好。

胡麻吸收磷的规律同吸收氮的规律大体相似：从枞形期到现蕾期出现吸收磷高峰，此间只有14天，吸磷量占整个生育期吸收磷总量的43.9%；从现蕾期到蒴果形成期，吸磷量明显下降，这几乎是胡麻独有的吸收磷的特点。胡麻蒴果形成期以后基本不再吸收磷。因此，对胡麻施用磷肥也应早施，强调基肥施足，种肥施够。如果追肥，不应迟于枞形期。磷肥品种则以过磷酸钙和重过磷酸钙为宜，磷酸一铵、磷酸二铵既含易被胡麻吸收的磷，又含胡麻所喜好的铵态氮，也是胡麻适宜的肥料品种。

胡麻对钾肥非常敏感，施用钾肥可以明显提高胡麻产量和品质，施用氯化钾好于施用其他钾肥。从枞形期到现蕾期也是胡麻吸收钾的高峰期，到开花期吸收钾基本结束。因此，钾肥也应早施。

硼肥是胡麻必须施用的肥料，这是胡麻不同于其他作物的又一特点。在持续严寒和多雨的春季，在持续干旱、炎热的夏季更易缺硼。缺硼会降低胡麻的产量和品质，还易感染病害。

胡麻对锌也很敏感。

7月27日　　播量与密度

2015年　星期一　　农历六月十二　　乙未年　【羊年】

2016年　星期三　　农历六月廿四　　丙申年　【猴年】

2017年　星期四　农历闰六月初五　丁酉年　【鸡年】

2017年7月27日，全市小雨转阴，气温16~30℃。

当胡麻盛花期的时候，对土地的覆盖度和对空间的占有率都是最高的，用农民的话说就是"土都撒不进去""水也泼不进去"。现在看着金黄色完熟的胡麻，茎秆也瘦了，叶片也掉了，细小的枝头上只挑着一个个小果子，一行行的空地也露出来了。每当此刻，人们总会有点儿后悔：这胡麻是不是种的稀疏了？

对胡麻的下籽量和密度，不能简单地在成熟期判断。

灌区品种密度试验表明，陇亚杂1号亩播30万粒保苗21.84万株，亩产第一，214.74公斤。亩播35万粒保苗25.38万株，亩产第二，186.97公斤。亩播25万粒保苗18.25万株，亩产第三，185.90公斤。亩播45万粒保苗32.67万株，亩产第四，173.08公斤。亩播25万~35万粒时的产量，与其他播量的产量差异显著。

陇亚10号亩播50万粒保苗35.30万株，亩产第一，172.22公斤。亩播60万粒保苗42.72万株，亩产第二，155.56公斤。亩播40万粒保苗27.56万株，亩产第三，143.52公斤。

在不同亩播量（40万粒、50万粒、60万粒、70万粒和80万粒）5个水平的水地胡麻密度试验中，株高和工艺长度随播种密度的增加而呈先增加后降低的趋势。亩播量从40万粒增加到70万粒时，株高和工艺长度分别由65.5cm和39.3cm增加到68.0cm和42.7cm，亩播量为80万粒时，株高和工艺长度又分别降为64.3cm和41.7cm。

分茎数、主茎分枝数、主茎分枝长、果层厚度随播种密度的增加而逐步降低。从亩播量40万粒到80万粒，分茎数由1.1个降到0.1个，主茎分枝数由5.4个降到4.7个，主茎分枝长由17.8cm降到13.8cm，果层厚度由16.6cm降到12.7cm。

单株生物产量、籽粒产量、果粒数和经济系数随播种量的增加呈先增加后降低的趋势。亩播量为40万粒到50万粒时，单株生物产量、籽粒产量和经济系数分别由3.93g、1.23g和0.313增为3.94g、1.32g和0.335，亩播种量为60万粒时又降为3.73g、1.23g和0.330，亩播种量达80万粒时分别降为2.10g、0.66g和0.314；果粒数亩播40万粒时最少，为7.1粒，亩播种量增至60万粒时最大，为8.5粒，亩播种量增加到70万粒时又降为7.5粒，亩播种量为80万粒时降至7.4粒。

单株果数和千粒重随播种量的增加而逐渐降低。亩播量从40万粒增加到80万粒时，果粒数和千粒重由26.0个和6.67g降为13.8个和6.42g。

单株粒重随播种量的增加先增加后降低。亩播种量为40万粒时单株粒重为1.23g，亩播种量50万粒时最大，为1.32g，亩播种量60万粒时，又降为1.23g，亩播种量达80万粒时降至最小，为0.66g。

低密度时分茎的贡献率高于30%，高密度时主茎的贡献率在87%以上。亩播种量40万~60万粒时，主茎贡献率低于70%，幅度为62.9%~69.1%。亩播种量70万~80万粒时，分茎的贡献率低于13%。亩播种量达到80万粒时，分茎贡献率仅有3%。

7月28日　　明天开镰

2015年　星期二　　农历六月十三　乙未年　【羊年】
2016年　星期四　　农历六月廿五　丙申年　【猴年】
2017年　星期五　农历闰六月初六　丁酉年　【鸡年】

2017年7月28日，全市晴间多云，最高气温30℃。

前天晚上和昨天迎来了一场较大范围的降雨，雨虽不大，但持续时间长，达一天一夜，总降水量11.6mm，对缓解旱区的旱情有很大帮助。

刘川和西王的胡麻进入成熟期。西王的老范把收割机在电焊部里拾掇了一下，准备明天开镰收割。这种收割机老百姓叫搡倒机，安装在四轮拖拉机头部，由四轮拖拉机供给动力。从2013年开始，我们就在景泰县的基地陈庄和刘川、西王做示范展示。在景泰的展示效果最好，因为景泰胡麻成熟时，果实与茎秆一同风干脱水，茎基部很脆易断，很好收割。在刘川的效果很一般，因为这个地方胡麻果实完全成熟时，茎秆特别是基部茎秆还呈一定绿色，含水量较高，收割起

来不容易割断，特别容易缠绕机子，造成收割机打滑和死机。前两年在会宁西王的示范也不错。今年把展示的重点放在了西王，暂时放弃了刘川。

关于西王胡麻收割的时间，最近几天与会宁老范保持了热线沟通。老范每天都到西王去，与老百姓确定收割时间，明天收割是老范和老百姓给的最后期限，说不能再等了。我们也充分考虑了这几天的天气状况，说刚下过雨胡麻茎秆估计可能有些柔，机械收割起来吃力，但老百姓认为这个季节正是雷雨冰雹频发期，虎口夺粮，能早一天是一天，晚一天有晚一天的后悔。

面对这些不可控和未知的变数，谁也不好打赌似的拍板决定，我们的一切工作都是按照明天开镰准备。

准备工作有两大项：一项是通过甘肃省电视台全程跟踪，对胡麻新品种陇亚14号进行现场实收实打实记产；另一项是由甘肃省农牧厅组织的专家对白银综合试验站的"一膜多年用胡麻节本增效栽培技术研究与应用"和"灌区胡麻立体高效栽培技术研究与示范"两个课题进行验收。

对于科研人员来说，在田间搞科研，并不担心什么，最闹心的就是组织科研课题的验收，验收之前的许多林林总总、反反复复的工作莫要说起，单就围绕验收日期的敲定这件事，可是很费周折。先要和验收主持单位决定验收日期和专家名单，之后要一个一个地与相关专家和其他参加人员联系沟通。

一场验收会必须邀请人员少说也得10位左右，在联系和沟通过程中有一位时间挪不开，验收会就得改期，而因一个人改期，其他人的档期就又铆不上。在现实中，这种情况常常发生，而且还不是一两个人，往往是甲说只有星期六有空，乙说能不能挪到星期天，丙说本周内没时间，丁说实在顾不上你们另请别人吧。

要同一时间点约定10个人，不知道概率是多少，但感觉告诉我们，这个概率是很低的。

今天，我们原计划中午饭后就去会宁，就因为这个那个，那个这个，下午5点都无法如愿，只好强行离开，因为明天开镰。

7月29日　　重要成果

2015年　　星期三　　农历六月十四　　乙未年　【羊年】
2016年　　星期五　　农历六月廿六　　丙申年　【猴年】
2017年　　星期六　　农历闰六月初七　丁酉年　【鸡年】

2017年7月29日，全市早晨大雾，气温28℃。

早晨在一片雾茫茫中，省农科院、省农技总站、省农牧厅、"12316"走进三农热线和甘肃省电视台的同志来到了西王川里，与西王的农民一起见证胡麻现场实收。

当四轮拖拉机"突突突"带动着收割机对测产田开始收割时，没有走多远，就被茎秆卡住了。反复修理了三四次，又卡了三四次，最后决定放弃机械收割，组织人力收割。西王川的农民都很友好，特别是妇女同志们表现得更踊跃，一个个从家里拿来镰刀，挥镰收割，到中午1点收割完毕。

下午时分雾气散去，经过大太阳的照晒，茎秆很快干燥，农民朋友就用收割机收割大田胡麻，一路顺畅，不再缠绕。大家都笑这机子害羞，不争气，该它表现的时候"拉沟了"。

这天晚上7点，开始对两个项目进行验收。

对"一膜多年用胡麻节本增效栽培技术研究与应用"项目的验收意见是：

1.确立了不保灌区新膜玉米—旧膜玉米—旧膜胡麻、旱地新膜玉米—旧

膜胡麻的一膜多年用少免耕轮作种植模式。筛选出陇亚10号、陇亚11号和定亚22号3个适宜地膜穴播栽培的新品种；确定了以一次性施足磷钾肥，亩追施纯氮9公斤，穴行距均为14cm的高产栽培技术。

2.研制成功了手扶拖拉机牵引6行、四轮拖拉机牵引10行联合穴播机，实现了地膜穴播胡麻穴数和下籽量的调控性，比单头穴播机播种效率提高12.5倍，出苗率提高20%，费用节省75%。

3.新技术累计示范推广49.4万亩，较露地栽培胡麻增产18.9公斤/亩，总增产胡麻933.6万公斤，新增经济效益7150.2万元，经济效益显著。

4.获国家实用新型专利1项，发表论文7篇，制定栽培技术规程1套。验收组认为，该项目完成了合同规定的各项任务指标，经费使用合理，在一膜多年用胡麻栽培、穴播机具研制等方面有创新性，同意通过验收。

对"灌区胡麻立体高效栽培技术研究与示范"项目的验收意见是（摘要）：

1.试验研究出了沿黄灌区胡麻间作套种高产高效栽培的7种最优结构模式，即胡麻大豆套种、胡麻玉米套种、胡麻花葵套种、胡麻油葵套种、胡麻甘蓝套种、胡麻豌豆间作、胡麻蚕豆间作优化栽培模式带型结构。

2.研究集成了沿黄灌区胡麻间作套种高产高效栽培技术规程，针对上述模式从合理轮作、整地施肥、品种选择、播前准备、播期确定、播种方法、种植密度、优化带型、中耕灌水、适量施肥、病虫害防治、适时收获等方面进行了研究，制定了配套的技术规程。

3.试验研究了白银市沿黄灌区胡麻间作套种对作物特征特性及生育表现的影响。

4.示范显示胡麻间作套种高产高效栽培模式效益显著，从2015年到2017年，在白银市黄河灌区成果累计示范应用6.2万亩，已获经济效益2244.9万元，还可能产生2089.4万元经济效益。该项目已完成项目合同所规定的指标和工作任务，经费使用合理，同意通过验收。

这两项技术也是胡麻白银综合试验站工作的最重要的两项成果。

7月30日　　打赌

2015年　星期四　农历六月十五　乙未年　【羊年】

2016年　星期六　农历六月廿七　丙申年　【猴年】

2017年　星期日　农历闰六月初八　丁酉年　【鸡年】

2017年7月30日，全市大晴天，气温30℃。

上午10点的时候，专家们都来到了实收现场，围着农户的晒场观看胡麻打碾、扬场、水分测定、装袋、过称等活动。下午5点多记产结果出来了，在现场举行了估产发奖。我在后来的微信朋友圈中对这一活动做了描述，题目就叫《打赌》，现摘录如下：

1.打赌是天下第一的玩法，不用任何的专业场地和工具，只要吃饱了，两个人以上，见什么赌什么，图个痛快。有时候，一个人也能赌，自己与自己赌，面对一事物一动态赌单赌双、赌高赌低。但到后来，赌渐渐地变味了，变得什么都敢赌。我这里说的赌仍然是娱乐性的活动。

2.周六，省上的好几位专家和当地的几十个农民，在当地南部的一块四膜胡麻地里进行了估产和实收实打实计产活动，目的是通过有趣的活动推动胡麻的地膜栽培、机械化播种和收割，促进人们对胡麻节本增效的认识。所谓四膜胡麻，就是在第四年的旧膜上种胡麻，当年播种时没有施肥，只浇了一次水。甘肃电视台和"12316"三农服务热线现场见证了全程活动。

3.省里农技站的领导宣布活动开始后，实收小组对面积进行了丈量，长方形地块，实播面积1.65亩。之后便是估产，

有10个专家和20名当地农民进行了现场估产，实收小组一一登记在案。最低估产280市斤每亩，最高估产360市斤——是我估的。

4.估产后，由四轮带的小型收割机开镰收割，由于之前的周五周四都是阴雨天，胡麻秸秆柔性很大，收割机无法收割，又组织农民用镰刀收割。上午11点出了太阳，1点钟收割完毕，在实收小组的监督下拉运到晒场晾晒。周天中午打碾，下午扬场清选，5点左右装袋过秤。

5.在整个活动中，估产竞猜不断，人们普遍的看法是不太乐观。当2/3的堆子扬出来时，参与扬场的一位中年妇女说，她昨天的估产是280多斤，看来估低了。我让她现在再估个产，她说304~306市斤，并说不能再高了，她们年年种胡麻，她敢肯定。我说我和她打个赌，如果上310斤就算她输，上不了就算我输。赌的筹码是：一顿油馍馍，两个蛋公水（荷包蛋），一顿罐罐茶。

6.当胡麻子装到6麻筋袋子、场上还剩些许时，气氛马上活跃了起来，主要是我这个估产最高的人有点小兴奋。最后实称折合亩产350多市斤，很接近我的估产数字了，大家现场评估，打碾中浪费20多斤。当这些实收扣掉5%的水分后，最后核准亩产336市斤。

7.胡麻基地负责人老范获得估产第一名，他的估产数与实打数只差0.5市斤。在一、二、三等奖获奖的6名人员中，专家4名，农民2名。建伟食品油公司提供了奖品。

8.有趣的是，在估产中，农民参与率占66%，而获奖率只占33%，专家参与率占33%，而获奖率66%。这里面有什么规律吗？思考了一周，我的认识是：从表象看，农民干农业并不精通农业，农业的弱质与农民的弱势相互作用，造成了这个行业和这个群体的进一步弱化。其实质是，农业对农民只是职业，而对专家则是事业。

9.当一切活动进行完毕，大家准备离开时，与我打赌的那位妇女邀请我上她家里去，烙油馍馍打鸡蛋。我说你忙着连面都没有发，怎么烙啊？她说死面油馍馍更好吃。我说下次吧。她说下次你怕就忘了。我说一定记着。

参考文献

［1］党占海.甘肃胡麻的发展概况及可持续发展对策[J].甘肃农业科技，1998（10）：42-44.

［2］党占海.甘肃胡麻生产和科研[J].甘肃农业科技，1995，11（5）：4-6.

［3］佘新成.甘肃胡麻生产现状及产业化发展建议[J].甘肃农业科技，2001（7）：11-13.

［4］刘晓华，马玉鹏，苏存录.旱地有机胡麻栽培技术[J].宁夏农林科技，2015，56（1）：17.

［5］王宗胜.胡麻膜侧沟播机械化栽培技术[J].农业开发与装备，2017（6）：124.

［6］胡晓军.胡麻食品开发的研究综述[J].农产品加工，2017（7）：42-44.

［7］石大为，王瑞，马崇启.胡麻资源开发与利用的关键技术研究[J].毛纺科技，2016，44（12）：1-5.

［8］陈伟俊，陈翠贤.景电灌区胡麻—玉米—胡萝卜三套田集成技术应用效果[J].现代农业科技，2013（12）：215-216.

［9］赵利.兰州地区胡麻田杂草群落生态位及优势伴生杂草化感作用研究[D].兰州：甘肃农业大学，2011.

［10］李建政，王道龙，高春雨，等.欧美国家耕作方式发展变化与秸秆还田[J].农机化研究，2011（10）：205-210.

［11］朱力志.对新时期我国生态农业建设的思考[J].现代农业，2013，28（3）:322-328.

［12］牛树君，胡冠芳，刘敏艳，等.我国胡麻田杂草防除技术综述[J].甘肃农业科技，2010（10）：44-46.

［13］赵玲，腾应，骆永明.中国农田土壤农药污染现状和防控对策[J].土壤，2017，49（3）：417-427.

后　记

　　正当胡麻收获高峰期，《胡麻春夏》戛然而止。

　　一年之中，胡麻后续工作还有许多，党家岘的胡麻要到8月中下旬才能收割，灌区的胡麻9月才有空打碾归仓。试验田的工作粗算才进行了一半，考种、小区打碾、整理标本、总结，一般到12月或翌年1月才能全面完成。《胡麻春夏》只管春夏，不及秋冬，冗长的工作只能在此一言带过。

　　我们的体会：

　　胡麻生产的目标（以白银市为例）就是产量主导下的"一主三辅"，即以产量为主导，辅之以抗旱、抗病、抗倒。旱地亩产要在100kg左右，水地及水砂地亩产要在150kg以上。

　　胡麻生产的效益：旱作地膜区亩年投入300元左右，亩产值1000元，产投比3.3；沿黄灌区亩年投入550元左右，亩产值力争2000元，产投比3.6；水地砂田亩年投入500元左右，亩产值1600元，产投比3.2。

　　胡麻病虫草害的防治原则是：秉持绿色理念，实时防治、交替防治、重复防治，可防可不防——不防。重点是"绿色"，关键点是"可防可不防——不防"。

　　胡麻的终极目标在于产品开发与社会应用。与其他农业产业一样，胡麻的效益是"吃"出来的、是"看"出来的，不是种出来的。要重视产量，要重视效益，但不能陷入"产量低、效益低"的困惑，要迈入高值化，向高端产品、健康产品、功能产品和观赏农业要效益。

　　正当本书初稿即成时，国家胡麻产业技术体系也发生了重大变革，并入了国家特色油料产业技术体系，与芝麻、向日葵一起支撑起中国特色食用油料的如画河山。站在这个节点上远远望去，《胡麻春夏》的出版更加意味深长。